普通高等教育“十三五”规划教材

Visual Basic.NET 程序设计上机实践教程

主　编　何振林　罗　奕

副主编　胡绿慧　杨　霖　何剑蓉　李源彬

中国水利水电出版社
www.waterpub.com.cn
·北京·

内 容 提 要

本书是何振林、罗奕主编的《Visual Basic.NET 程序设计》（中国水利水电出版社出版）的配套实验教材。全书共安排了 11 个大的实验，采用循序渐进的方式，在每一个实验中安排了几个相对独立又存在联系的实验指导题，同时给出了 166 道课后实验练习题，使读者通过阅读和实际操作，能够做到举一反三，加深对所学内容的理解和掌握，提高编程能力。

本书不仅是普通高等院校学生学习 Visual Basic.NET 程序设计的同步实验教材，同时也是各类计算机与信息技术知识培训所开设的“Visual Basic.NET 程序设计”课程的自学入门教材。

图书在版编目（CIP）数据

Visual Basic.NET程序设计上机实践教程 / 何振林，罗奕主编. -- 北京 : 中国水利水电出版社, 2018.1
普通高等教育“十三五”规划教材
ISBN 978-7-5170-6217-2

Ⅰ. ①V… Ⅱ. ①何… ②罗… Ⅲ. ①BASIC语言－程序设计－高等学校－教材 Ⅳ. ①TP312.8

中国版本图书馆CIP数据核字(2017)第326297号

策划编辑：寇文杰　　责任编辑：封　裕　　封面设计：李　佳

书　名	普通高等教育“十三五”规划教材 Visual Basic.NET 程序设计上机实践教程 Visual Basic.NET CHENGXU SHEJI SHANGJI SHIJIAN JIAOCHENG
作　者	主　编　何振林　罗　奕 副主编　胡绿慧　杨　霖　何剑蓉　李源彬
出版发行	中国水利水电出版社 （北京市海淀区玉渊潭南路 1 号 D 座　100038） 网址：www.waterpub.com.cn E-mail：mchannel@263.net（万水） sales@waterpub.com.cn 电话：（010）68367658（营销中心）、82562819（万水）
经　售	全国各地新华书店和相关出版物销售网点
排　版	北京万水电子信息有限公司
印　刷	三河市鑫金马印装有限公司
规　格	184mm×260mm　16 开本　16.5 印张　416 千字
版　次	2018 年 1 月第 1 版　2018 年 1 月第 1 次印刷
印　数	0001—3000 册
定　价	32.00 元

编 委 会

前　言

Visual Basic是美国微软公司（Microsoft Corporation）推出的、深受用户欢迎的程序设计语言。本书使用Visual Studio 2010简体中文旗舰版作为程序开发环境。Visual Basic.NET（VB.NET）以其简练的语法、强大的功能、结构化程序设计以及方便快捷的可视化编程手段，使编写Windows环境下的应用程序变得非常容易。因此，VB.NET目前已经成为许多高等院校首选的教学用程序设计语言。

学好任何一门程序设计语言的基础就是加强上机操作训练，计算机编程能力的培养和提高，要靠大量的上机实验来实现。为配合《Visual Basic.NET程序设计》教材的学习和对其内容的理解，我们编写了《Visual Basic.NET程序设计上机实践教程》。

全书采用循序渐进的方式，共安排了11个大的实验，分别是Visual Basic.NET程序设计概述，数据类型、运算符和函数，程序的控制结构及应用，数组、集合与结构，常用控件，过程与函数，菜单与界面设计，自定义类与对象的使用，图形图像，文件操作，数据库应用。编者结合在教学上的经验，在每一个实验中又安排了几个相对独立又存在联系的实验指导题。在实验内容上充分重视实验过程，步骤清晰，易于操作和理解。在每章实验中编者精心准备了实验练习题，通过这些实验练习题，读者可以进一步掌握本章实验所涉及的知识点，了解VB.NET程序的编程技巧，拓展VB.NET的学习空间。

本书由何振林、罗奕任主编，胡绿慧、杨霖、何剑蓉、李源彬（四川农业大学）任副主编，参加编写工作的还有孟丽、赵亮、肖丽、钱前、王俊杰、刘剑波、刘平、张勇、杜磊、庞燕玲、何若熙、李红艳等。

本书力求做到语言流畅、结构简明、内容丰富、条理清晰、循序渐进、可操作性强，同时注重应用能力的培养。

在本书编写过程中，编者参考了大量的资料，在此对这些资料的作者表示感谢，同时本书的编写得到了中国水利水电出版社以及有关兄弟院校的大力支持，在此一并表示感谢。

由于编者的水平有限，书中难免存在缺漏和错误，恳请广大读者批评指正。

编　者

2017年10月

本书语法符号说明

（1）为了便于阐述，本书使用了下列符号，除了关键字和空格之外，列出的符号在实际编程时不能输入使用。

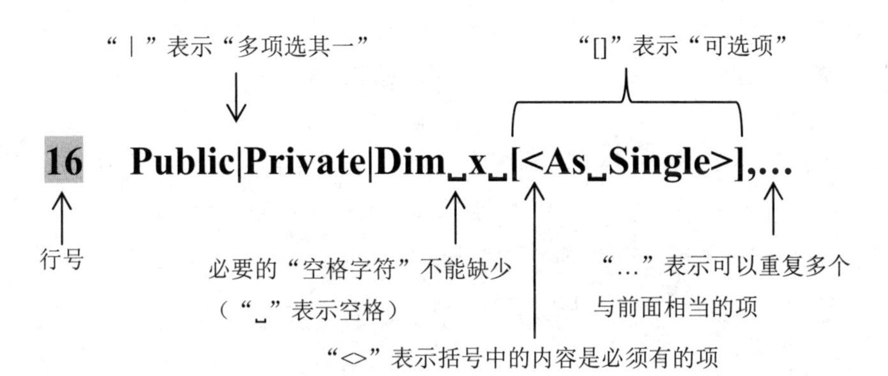

（2）本书中大多数例子的事件过程的参数可以省略，不影响程序的执行。为了方便排版，本书将进行简化，如将下面的语句行：

```
Private Sub Button1_Click(ByVal sender As System.Object, ByVal e As System.EventArgs) Handles _
Button1.Click
```

改写为：

```
Private Sub Button1_Click(…) Handles Button1.Click
```

目　　录

第 1 章　Visual Basic.NET 程序设计概述

一、实验目的

1．熟悉 Visual Basic.NET（VB.NET）的启动与退出。

2．了解 VB.NET 的集成开发环境，熟悉各主要窗口的作用和使用帮助。

3．了解 VB.NET 应用程序的开发过程。

4．掌握程序设计中 Print 和 End 命令语句的使用。

5．熟练掌握 VB.NET 中面向对象程序设计的一般方法，理解什么是对象及对象的属性、事件和方法的含义。

6．理解并会使用窗体和基本控件（命令按钮、标签和文本框）的常用属性、事件和方法。

二、实验指导

例 1-1　练习 Visual Basic.NET 的启动与退出，熟悉 Visual Basic.NET 的集成开发环境，了解各主要窗口的作用，但不创建任何项目。

操作方法如下：

（1）启动 VB.NET。

1）依次单击“开始”→“所有程序”→Microsoft Visual Studio 2010→“Microsoft Visual Studio 2010 Basic 6.0 中文版”，出现如图 1-1 所示的启动界面。

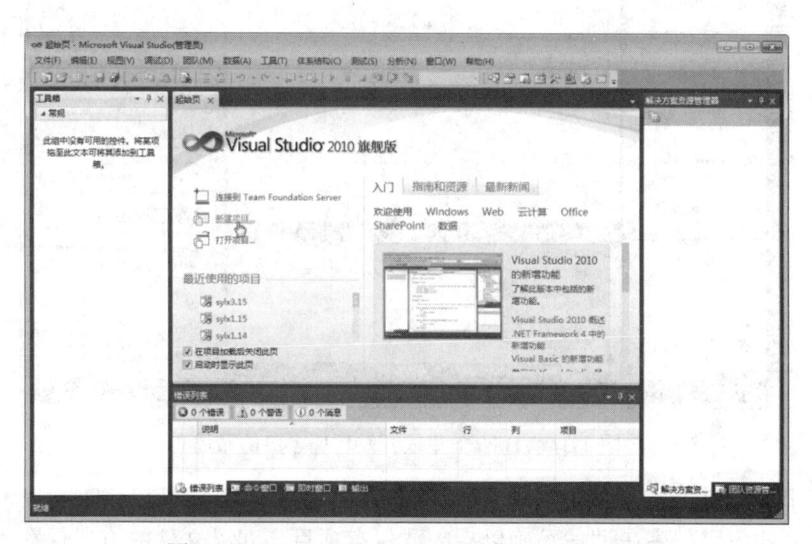

图 1-1　Microsoft Visual Studio 2010 的启动界面

2）在启动时显示的“起始页”选项卡页面中选择“新建项目”命令，弹出如图 1-2 所示的“新建项目”对话框。

图 1-2 “新建项目”对话框

依图 1-2 所示来操作就可以创建一个应用程序。VB.NET 应用程序窗口的完整开发界面如图 1-3 所示。

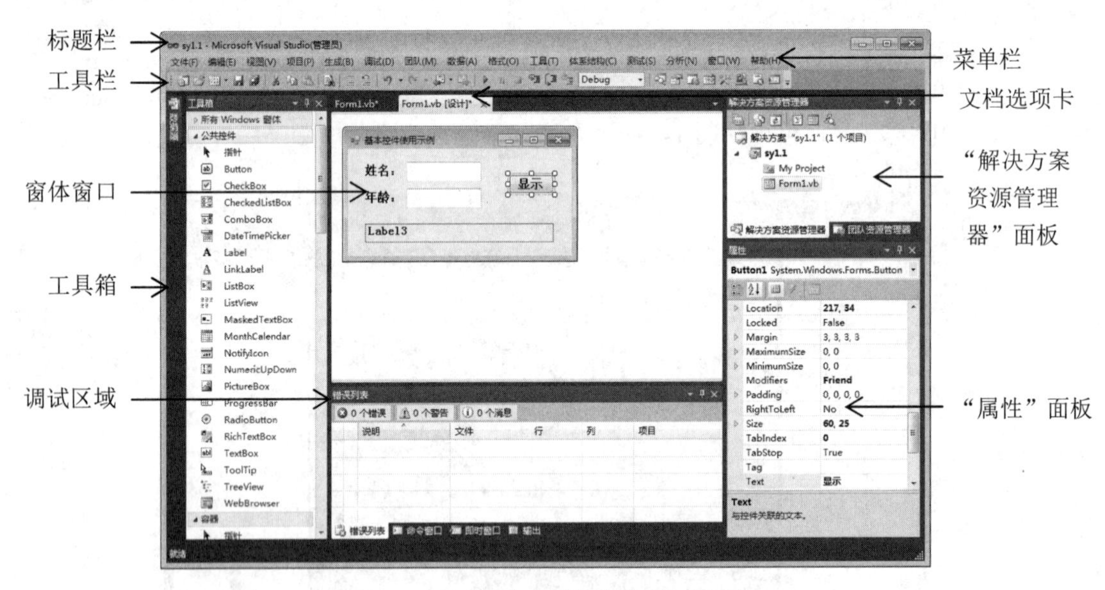

图 1-3 VB.NET 集成开发环境窗口的布局

（2）退出 VB.NET。

1）设计好的应用程序在调试正确以后需要保存项目，即以文件的方式保存到磁盘上。这可选择“文件”菜单中的“全部保存”命令，也可直接单击工具栏上的“全部保存”按钮，系统将打开“保存项目”对话框，如图 1-4 所示。

由于一个项目可能含有多种文件，如项目文件和窗体文件，这些文件集合在一起才能构成应用程序。因此，在保存项目时应将同一项目所有类型的文件存放在同一文件夹中，以便修改和管理程序文件。

2）单击图 1-4 右侧的“浏览”按钮，打开“项目位置”对话框，如图 1-5 所示。

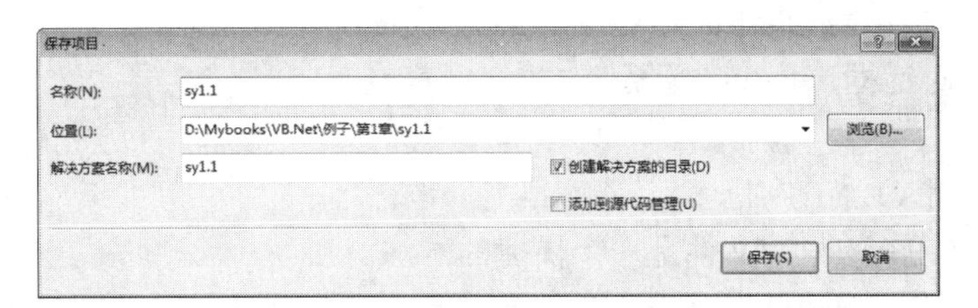

图 1-4　“保存项目”对话框

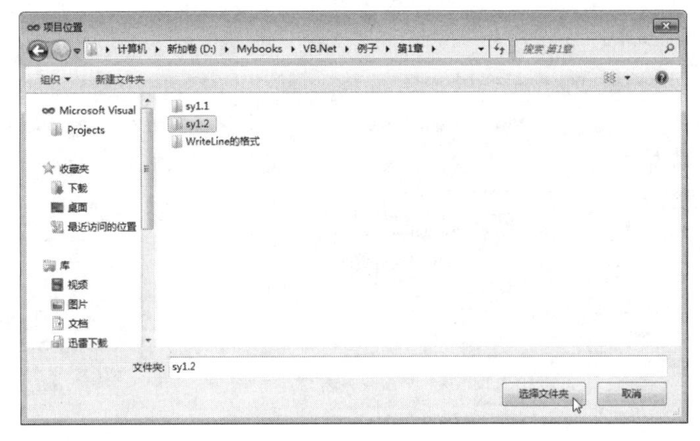

图 1-5　“项目位置”对话框

3）选择项目要保存到的文件夹，如 sy1.1。单击“项目位置”对话框右下角的“选择文件夹”按钮，返回到图 1-4 所示的对话框，再单击“保存”按钮，可将项目中的所有文件一块进行保存，文件夹的结构如图 1-6 所示。

```
管理员: C:\windows\system32\cmd.exe
D:\MYBOOKS\VB.NET\例子\第1章\SY1.1
└─sy1.1
    │  sy1.1.sln
    │
    └─sy1.1
        │  Form1.Designer.vb
        │  Form1.resx
        │  Form1.vb
        │  sy1.1.vbproj
        │  sy1.1.vbproj.user
        │
        ├─bin
        │  ├─Debug
        │  │      sy1.1.vshost.exe
        │  │      sy1.1.vshost.exe.manifest
        │  │
        │  └─Release
        ├─My Project
        │      Application.Designer.vb
        │      Application.myapp
        │      AssemblyInfo.vb
        │      Resources.Designer.vb
        │      Resources.resx
        │      Settings.Designer.vb
        │      Settings.settings
        │
        └─obj
            └─x86
                ├─Debug
                │  │  DesignTimeResolveAssemblyReferences.cache
                │  │  DesignTimeResolveAssemblyReferencesInput.cache
                │  │
                │  └─TempPE
                │          My Project.Resources.Designer.vb.dll
                │
                └─Release
```

图 1-6　应用程序保存后的文件夹结构图

思考：在图 1-4 中取消对“创建解决方案的目录”的勾选，图 1-6 所示的结果会怎样呢？

4）选择“文件”菜单中的“退出”命令，或单击标题栏右上角的“关闭”按钮，或按下组合键Alt+F4，均可退出VB.NET系统。

如果有未保存的文件，退出时，Visual Basic会显示如图1-7所示的对话框，可以选择保存、放弃保存或取消（不退出）。

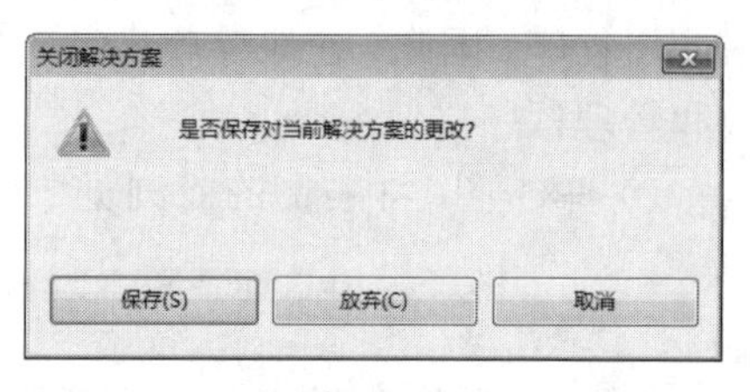

图1-7 “关闭解决方案”对话框

例1-2 在使用VB.NET后，总会遇到很多问题需要解决，查找VB.NET的帮助文件是一个快捷的方法。

（1）在VB.NET集成开发环境下，执行“帮助”菜单中的“查看帮助”命令（或按下Ctrl+F组合键），系统会打开帮助的浏览界面，如图1-8所示。

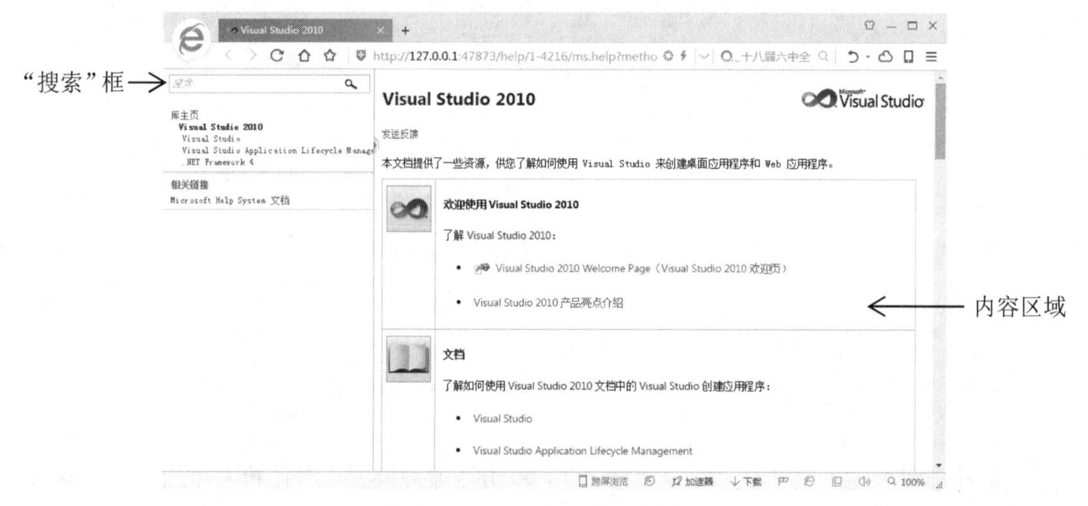

图1-8 VB.NET帮助的浏览窗口

（2）在“搜索”框中，输入要查询的内容的关键字，如Mid，按下回车键（Enter），或单击“搜索”按钮。稍等片刻，会出现如图1-9所示的搜索结果界面。

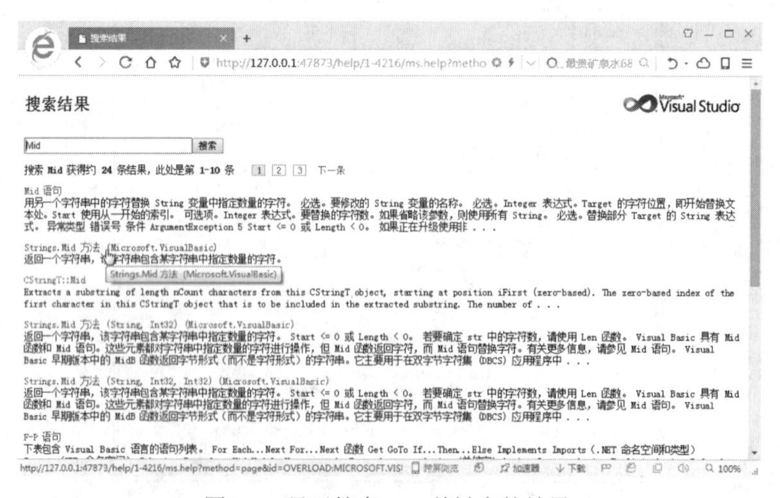

图1-9 显示搜索Mid关键字的结果

（3）在“Mid语句”或“Strings.Mid方法（Microsoft.VisualBasic）”词条上单击，可显示

Mid()语句或 Strings.Mid 方法的帮助界面，如图 1-10 所示。

图 1-10　Mid 语句帮助界面

例 1-3　创建含有一个窗体的应用程序（项目），设置窗体标题（Text）文本为“我的第一个窗体”，并取消窗体的 MaxButton（“最大化”按钮）和 MinButton（“最小化”按钮），运行结果如图 1-11 所示。

分析：本题的目的是使学生掌握创建 Visual Basic 应用程序的一般过程，通过设置窗体的属性了解窗体属性设置的方法。

操作步骤如下：

（1）启动 VB.NET 后，出现如图 1-1 所示的界面。在“起始页”中，单击“新建项目”（或执行“文件”菜单中的“新建项目”命令），系统弹出“新建项目”对话框，如图 1-2 所示。

（2）在“新建项目”对话框左侧导航窗格中，选择 Visual Basic 语言，在对话框的中间窗格中单击选择“Windows 窗体应用程序”。

（3）在项目“名称”框中输入要创建的项目名称，如 sy1.3，单击“确定”按钮，系统就会自动地为用户创建含有一个 Windows 窗体的应用程序，如图 1-12 所示。

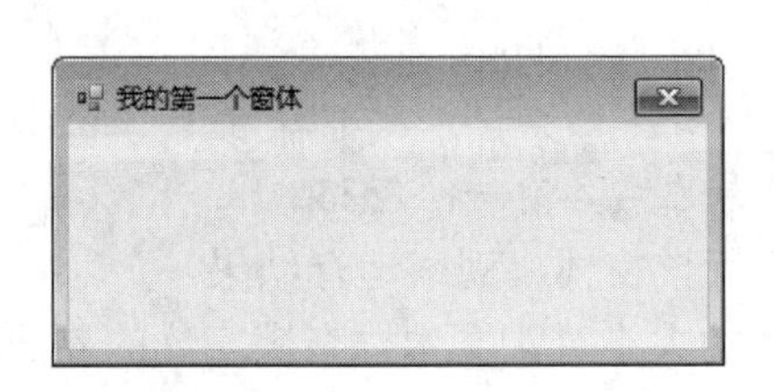

图 1-11　例 1-3 的运行结果

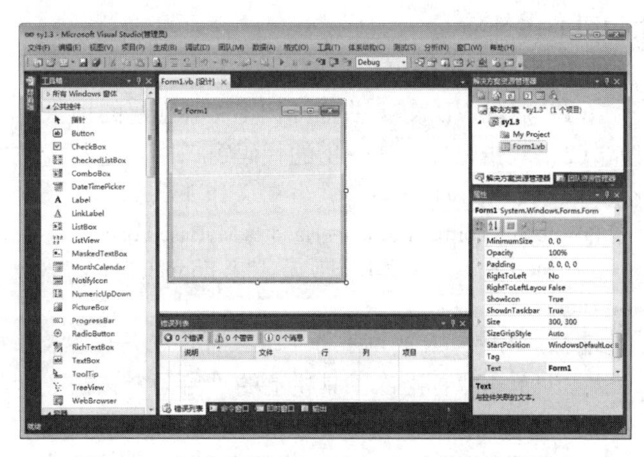

图 1-12　创建含有一个 Windows 窗体的应用程序

（4）在窗体设计器中右击窗体，在弹出的快捷菜单中选择“属性”命令，打开“属性”对话框，如图 1-13 和图 1-14 所示。

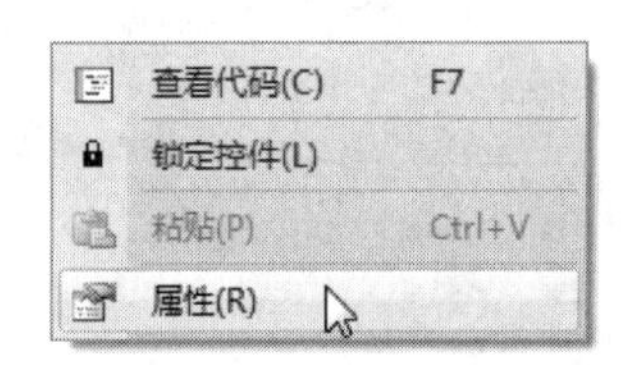

图 1-13　快捷菜单

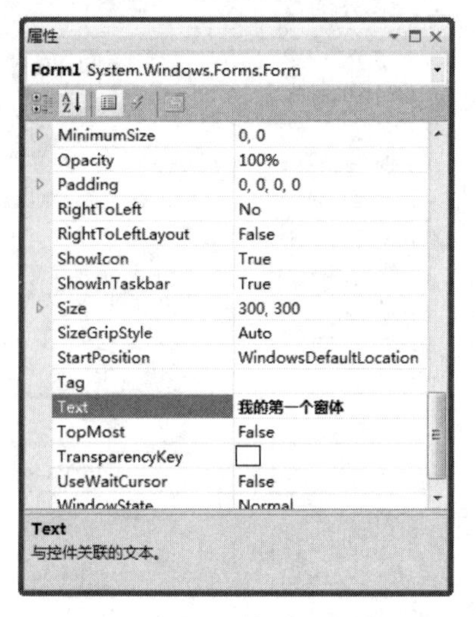

图 1-14　“属性”对话框

（5）在“属性”列表中单击 Text 属性，在右侧文本框中输入标题：我的第一个窗体。

（6）在“属性”列表中单击 MaximizeBox 属性，在属性值中选择 False（用户也可双击改变该属性）。

（7）同样在“属性”列表中单击 MinimizeBox 属性，在属性值中选择 False。

（8）单击“标准”工具栏中的“启动”按钮（或直接按下 F5 功能键），或执行“调试”菜单中的“启动调试”命令，运行该程序，将会得到运行结果，如图 1-11 所示。从图 1-11 中可以看到，应用程序窗口中没有最大化和最小化按钮。

（9）单击“标准”工具栏中的“全部保存”按钮，将项目以及各文件采用默认的方式保存到指定的磁盘和文件夹中。

例 1-4　在例 1-3 建立的窗体的基础上，通过编写窗体的装入（Load）或激活（Activated）事件代码，使得程序运行时，窗体的标题文本显示当前系统的日期，运行结果如图 1-15 所示。

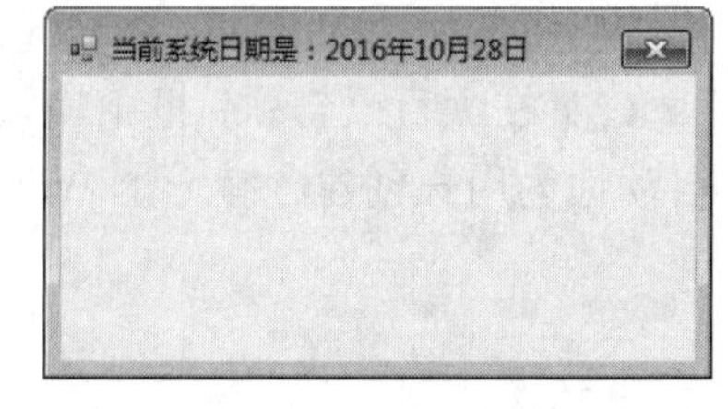

图 1-15　窗体运行结果

操作步骤如下：

（1）启动 VB.NET 并打开例 1-3 所创建的项目。

（2）双击窗体，在弹出的代码窗口中，选择窗体的 Load 事件或 Activated 事件，并输入以下代码：

```
Private Sub Form1_Load(…) Handles MyBase.Load
    Me.Text = "当前系统日期是：" & Format(Today, "yyyy 年 MM 月 dd 日")
End Sub
```

注意：符号“&”为字符串连接符，使用时“&”符号左右各有一个空格。

（3）单击“标准”工具栏上的“启动”按钮，运行该窗体，观察运行结果。

例 1-5　在窗体中添加一个文本框，要求在改变窗体的大小时，文本框充满窗体的界面，“显示”按钮始终处于所在窗体的中央位置。程序运行界面如图 1-16 所示。

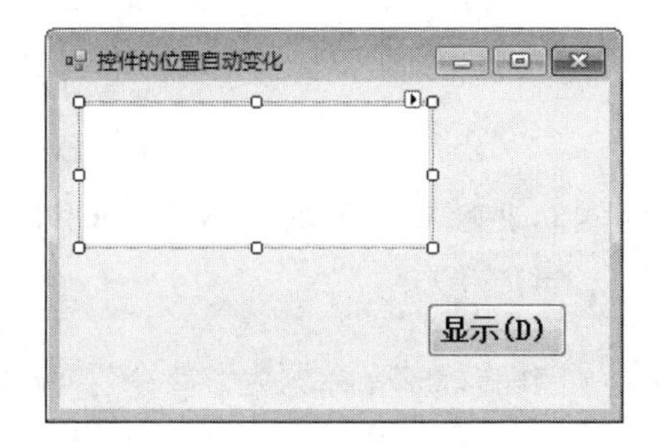

（a）设计界面

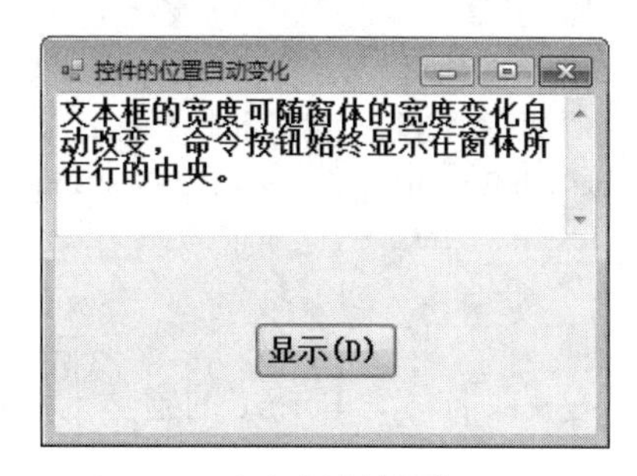

（b）运行界面

图 1-16　例 1-5 窗体设计和运行时的界面

分析：

（1）为了使文本框 TextBox1 的宽度大小可以随着窗体的尺寸改变而改变，而高度不变，可以在窗体的 Resize 事件代码中设计添加如下语句：

```
TextBox1.Top = 0
TextBox1.Left = 0
TextBox1.Width = Me.ClientSize.Width
```

其中，ClientSize 表示窗体的内部尺寸的大小。

（2）为使窗体的高度不变，可以事先取出窗体的高度值并将该值存放到窗体 Form1 的 Tag 属性中，然后再将此值取出并在窗体改变大小后重新赋予窗体的 Height 属性。

（3）为使“显示”按钮始终处于所在窗体的位置中央，可以使用以下语句并将其放在窗体的 Resize 事件代码中。

```
Button1.Left = (Me.ClientSize.Width - Button1.Width) / 2
```

操作步骤如下：

（1）启动 VB.NET 并创建一个 Windows 窗体应用程序项目。

（2）如图 1-16（a）所示，在窗体上任意位置添加一个文本框 TextBox1，设置 Multiline 和 ScrollBars 属性值分别为 True 和 Vertical。调整文本框 TextBox1 适当的大小，在文本框 TextBox1 下方的合适位置添加一个命令按钮 Button1，设置其 Text 属性值为“显示(&D)”。

（3）双击窗体，在弹出的代码窗口中，分别编写窗体的 Load、Resize、ResizeEnd 事件，并编写“显示”按钮的 Click 事件代码。

- 窗体的 Load 事件代码

```
Private Sub Form1_Load(…) Handles MyBase.Load
    Me.Tag = Me.Size.Height   '取窗体的高度
End Sub
```

- 窗体的 Resize 事件代码

```
Private Sub Form1_Resize(…) Handles Me.Resize
    TextBox1.Top = 0
    TextBox1.Left = 0
    TextBox1.Width = Me.ClientSize.Width     '设置文本框 TextBox1 的 Width 为窗体内部宽度
    Button1.Left = (Me.ClientSize.Width - Button1.Width) / 2
End Sub
```

- 窗体的 ResizeEnd 事件代码

```
Private Sub Form1_ResizeEnd(…) Handles Me.ResizeEnd
    Me.Height = Me.Tag     '当窗体尺寸改变后，高度不变
```

```
End Sub
```

- “显示”按钮的 Click 事件代码

```
Private Sub Button1_Click(…) Handles Button1.Click
    TextBox1.Text = "文本框的宽度可随窗体的宽度变化自动改变，命令按钮始终显示在窗体所在行的
中央。"
End Sub
```

例 1-6 在名称为 Form1 的窗体上添加一个名称为 L1 的标签，标题为“口令”；添加两个文本框，名称分别为 Text1、Text2；再添加三个命令按钮，名称分别为 Cmd1、Cmd2、Cmd3，标题分别为“显示口令”“隐藏口令”“复制口令”。在程序开始运行时，向 Text1 中输入的所有字符都显示为“*”，单击“显示口令”按钮后，在 Text1 中显示所有字符，再单击“隐藏口令”按钮后，Text1 中的字符不变，但显示的都是“？”，单击“复制口令”按钮后，把 Text1 中的实际内容复制到 Text2 中，如图 1-17 所示。

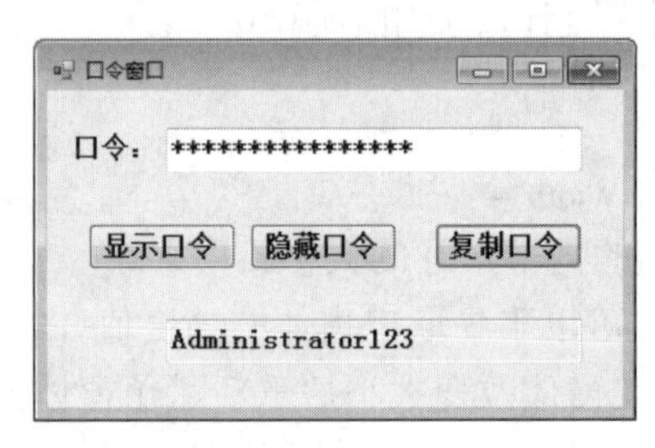

图 1-17 例 1-6 窗体运行时的界面

要求：

（1）在属性窗口中，将窗体的标题改为“口令窗口”。

（2）建立适当的事件过程，完成上述功能。每个过程中只允许写一条语句，且不能使用变量。

分析：本例主要考查读者如下知识。

（1）文本框（TextBox）的 PassWordChar、MaxLength、SelectedText、SelectionLength、SelectionStart、HideSelection、ReadOnly 等常用属性的使用。

（2）窗体（Form）、命令按钮（Button）和标签（Label）的 Text、AutoSize、Enabled 等属性的使用。

（3）命令按钮（Button）的 Click 事件是如何使用、在什么时刻使用的方法。

操作步骤如下：

（1）启动 VB.NET 并创建一个 Windows 窗体应用程序项目，设置窗体的 Text 属性值为“口令窗口”。

（2）如图 1-17 所示，在窗体上添加一个标签 Label1、两个文本框 TextBox1～2 和三个命令按钮 Button1～3。

（3）修改标签 Label1 的 Name 属性值为 L1，Text 属性值为“口令：”。

（4）修改文本框 TextBox1～2 的 Name 属性值为 Text1 和 Text2；根据题意要求，设置文本框 Text1 的 PassWordChar 和 MaxLength 属性值分别为“*”和 16，调整文本框 Text1～2 的位置和大小。

（5）修改命令按钮 Button1～3 的 Name 属性值为 Cmd1～3；设置三个命令按钮的 Text 属性值分别为“显示口令”“隐藏口令”和“复制口令”。

（6）双击一个命令按钮，在弹出的代码窗口中，分别编写窗体的命令按钮 Button1～3 的 Click 事件代码。三个命令按钮的 Click 事件代码如下：

- “显示口令”按钮的 Click 事件代码

```
Private Sub Cmd1_Click(…) Handles Cmd1.Click        '显示口令
    Text1.PasswordChar = "*"
End Sub
```

- “隐藏口令”按钮的 Click 事件代码

```
Private Sub Cmd2_Click(…) Handles Cmd2.Click        '隐藏口令
    Text1.PasswordChar = "?"
End Sub
```

- “复制口令”按钮的 Click 事件代码

```
Private Sub Cmd3_Click(…) Handles Cmd3.Click        '复制口令
    Text2.Text = Text1.Text
End Sub
```

例 1-7　设计一个控制台程序，程序运行时，输入两个整数（输入每一个整数须按下回车键，即 Enter 键），屏幕出现如图 1-18 所示的结果。

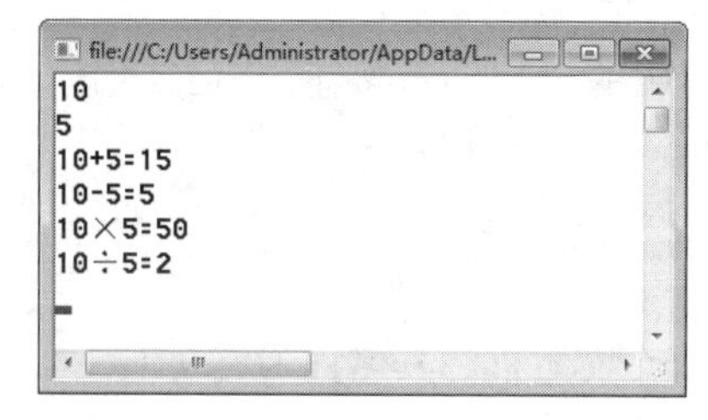

图 1-18　例 1-7 窗体运行时的界面

操作步骤如下：

（1）启动 VB.NET，执行起始页中的“新建项目”命令，在弹出的“新建项目”对话框中选择“控制台应用程序”，在“名称”框中输入要创建项目的名称，单击“确定”按钮后即可创建一个控制台应用程序，如图 1-19 所示。

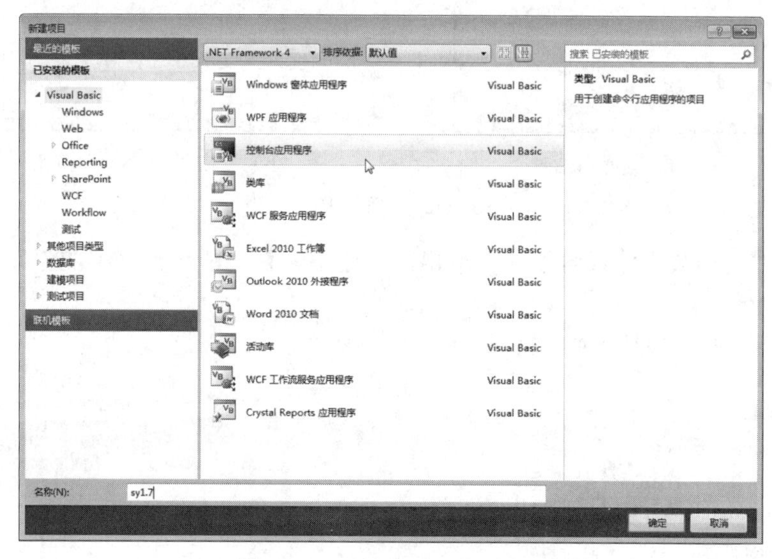

图 1-19　“新建项目”对话框

（2）在弹出的控制台应用程序代码（Module1.vb）窗口中输入代码，如图 1-20 所示。

```
Module1.vb ×
Module1                                    Main
 1  Module Module1
 2
 3      Sub Main()
 4          Dim a, b, result As Integer        'result表示运算结果
 5          a = Console.ReadLine()             '输入a的值后，按Enter键
 6          b = Console.ReadLine()
 7          result = a + b
 8          Console.WriteLine("{0}+{1}={2}", a, b, result)
 9          result = a - b
10          Console.WriteLine("{0}-{1}={2}", a, b, result)
11          result = a * b
12          Console.WriteLine("{0}×{1}={2}", a, b, result)
13          result = a / b
14          Console.WriteLine("{0}÷{1}={2}", a, b, result)
15          Console.ReadKey() '按Enter键结束
16      End Sub
17
18  End Module
19
100 %
```

图 1-20　控制台应用程序代码（Module1.vb）窗口

（3）单击“标准”工具栏中的“启动”按钮（或直接按下 F5 功能键），运行该程序，将会得到运行结果。

三、实验练习

1．在 Form1 的窗体上画一个文本框，其名称为 Text1；再画两个命令按钮，其名称分别为 C1 和 C2，标题分别为“显示”和“退出”，编写适当的事件过程。程序运行后，在窗体加载时使“退出”按钮不可用，如果单击“显示”按钮，则在文本框中显示“等级考试”，且“显示”按钮不可用，“退出”按钮可用。单击“退出”按钮，则结束程序，程序运行情况如图 1-21 所示。

（a）运行初始时

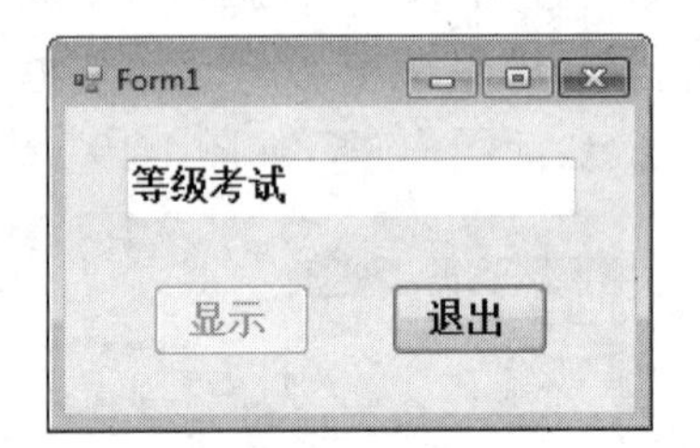

（b）单击了“显示”按钮

图 1-21　练习 1 图

窗体及控件的相关事件代码下面已给出，程序不完整，请将程序中的“？”替换成正确的代码。

```
Private Sub C1_Click(…) Handles C1.Click
    Text1.Text = ?
    C2.Enabled = ?
    C1.Enabled = False
End Sub
Private Sub C2_Click(…) Handles C2.Click
    Me.Close()
End Sub
```

```
Private Sub Form1_Load(…) Handles MyBase.Load
    C2.Enabled = ?
End Sub
```

2．在 Form1 的窗体上画一个命令按钮，其名称为 Cmd1，标题为“显示”；再画一个文本框，其名称为 Text1，编写适当的事件过程。程序运行后，在窗体加载时使文本框不可见，如果双击窗体，则文本框出现；此时如果单击命令按钮，则在文本框中显示“等级考试”。程序运行情况如图 1-22 所示。

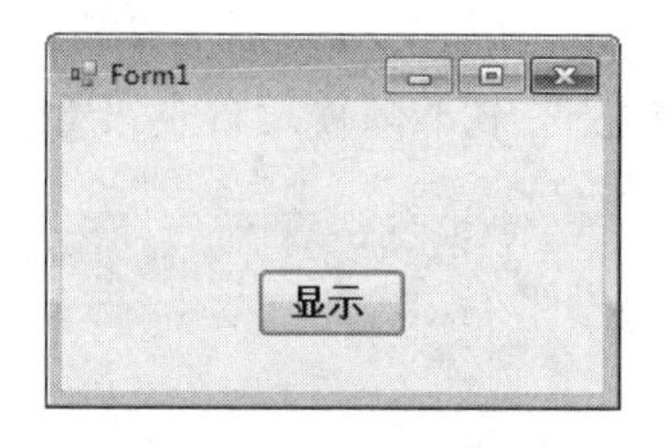

（a）运行初始时

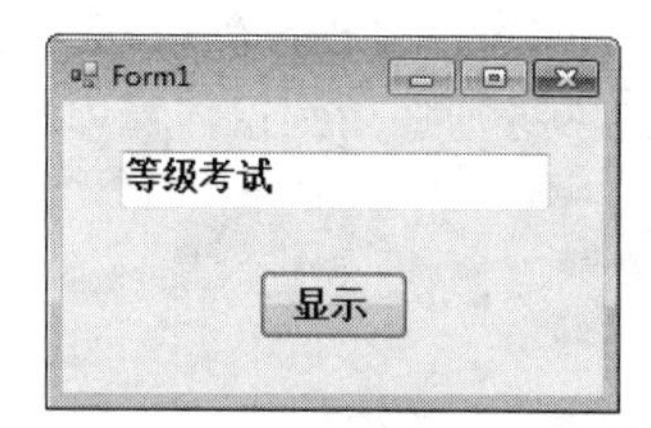

（b）单击了“显示”按钮

图 1-22　练习 2 图

窗体及控件的相关事件代码下面已给出，程序不完整，请将程序中的“？”替换成正确的代码。

```
Private Sub Cmd1_Click(…) Handles Cmd1.Click
    ? = "等级考试"
End Sub
Private Sub Form1_DoubleClick(…) Handles Me.DoubleClick
    Text1.Visible = ?
End Sub
Private Sub Form1_Load(…) Handles MyBase.Load
    Text1.Visible = False
End Sub
```

3. 新建一个含有 Windows 窗体应用程序的项目，在窗体 Form1 上画一个文本框，其名称为 Text1，Text 属性为空白。再画一个命令按钮，其名称为 Cmd1，Visible 属性为 False。编写适当的事件过程。程序运行后，如果在文本框中输入字符，则命令按钮出现。程序运行情况如图 1-23 所示。

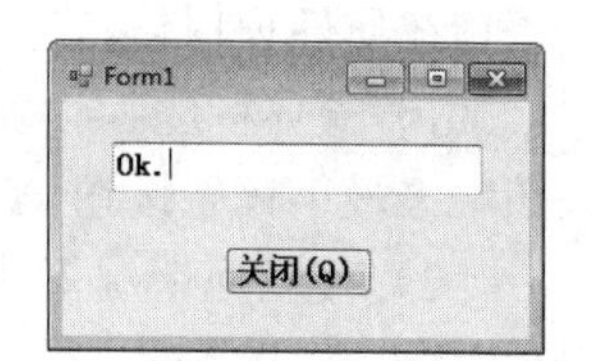

图 1-23　练习 3 图

文本框 Text1 的相关事件代码下面已给出，程序不完整，请将程序中的“？”替换成正确的代码。

打开代码窗口，输入如下的代码：

```
Private Sub Text1_?(…) Handles Text1.TextChanged
    Cmd1.? = True
End Sub
```

4．新建一个含有 Windows 窗体应用程序的项目，在窗体 Form1 上画两个文本框，名称分别为 T1 和 T2，初始情况下都没有内容且文本框 T1 中的内容以“*”显示。请编写适当的事件过程，使得在运行时，在 T1 中输入的任何字符，立即显示在 T2 中。程序运行后的界面如图 1-24 所示。

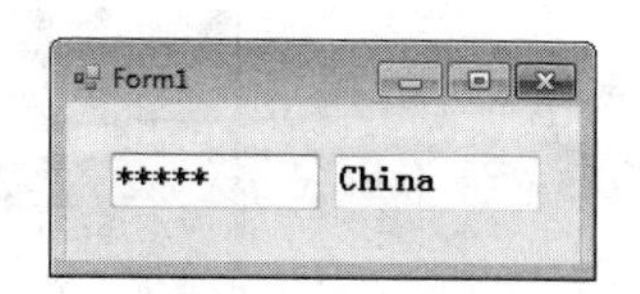

图 1-24　练习 4 图

窗体及控件的相关事件代码下面已给出，请将程序中的“？”替换成正确的代码。

```
Private Sub Form1_?(…) Handles MyBase.Load
    T1.PasswordChar = ?
End Sub
Private Sub T1_TextChanged(…) Handles T1.TextChanged
    T2.Text = ?
End Sub
```

5．如图 1-25 所示，新建一个含有 Windows 窗体应用程序的项目。按照下列要求进行操作：在名称为 Form1 的窗体上画一个文本框，名称为 Text1；再画一个命令按钮，标题为“移动”。请编写适当的事件过程，使得在运行时，单击“移动”按钮，则文本框水平移动到窗体的最左端，按钮本身则移动到窗体窗口的右侧。要求程序中不得使用任何变量。

（a）运行初始时

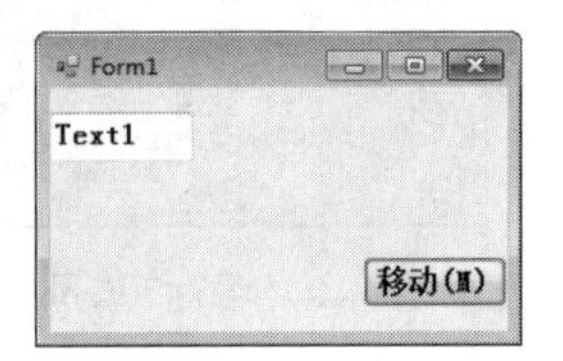

（b）单击了“移动”按钮

图 1-25　练习 5 图

“移动”命令按钮的 Click 事件代码下面已给出，请将程序中的“？”替换成正确的代码。

```
Private Sub Button1_Click(…) Handles Button1.Click
    Text1.Left = ?
    Button1.Left = Me.ClientSize.Width - ?
End Sub
```

6．在名称为 Form1 的窗体上画一个名称为 L1 的标签，标题为“请确认”；再画两个命令按钮，名称分别为 C1、C2，标题分别为“是”“否”，高均为 30，宽均为 70，如图 1-26 所示。

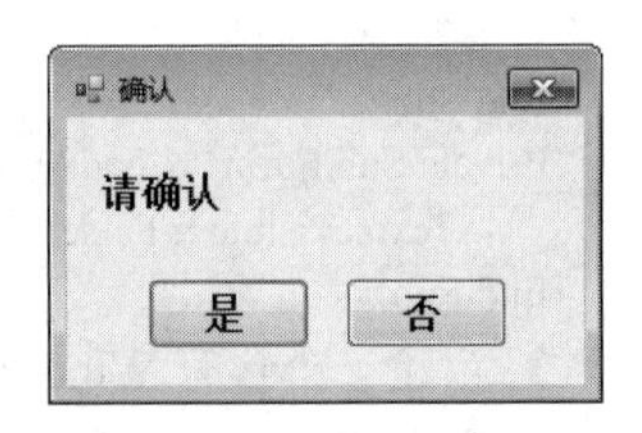

图 1-26　练习 6 图

请在属性窗口设置适当属性满足以下要求：

（1）窗体标题为“确认”，窗体标题栏上不显示“最大化”按钮和“最小化”按钮。

（2）在任何情况下（即焦点在其他控件上时），按回车键都相当于单击“是”按钮，按 Esc 键都相当于单击“否”按钮。

7. 在名称为 Form1 的窗体上画一标签 Label1（Text 为空白，BorderStyle 属性为 FixedSingle，Visible 属性为 False）、一个文本框 TextBox1 和一个命令按钮 Button1，Button1 的 Text 属性值为“显示”，如图 1-27（a）所示，然后编写命令按钮的 Click 事件过程。程序运行后，文本框中显示“VB 程序设计”，然后单击命令按钮，则文本框消失，并在标签内显示文本框中的内容，运行后的窗体如图 1-27（b）所示。要求程序中不得使用任何变量。

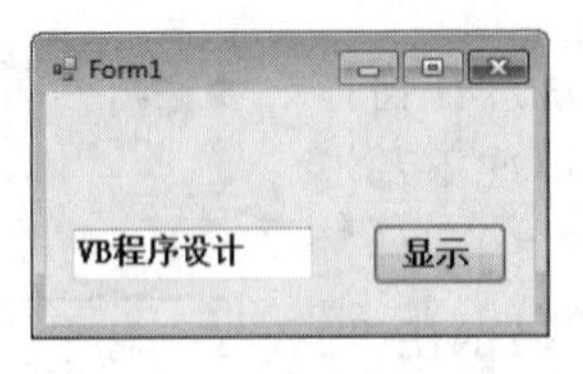

（a）运行初始时

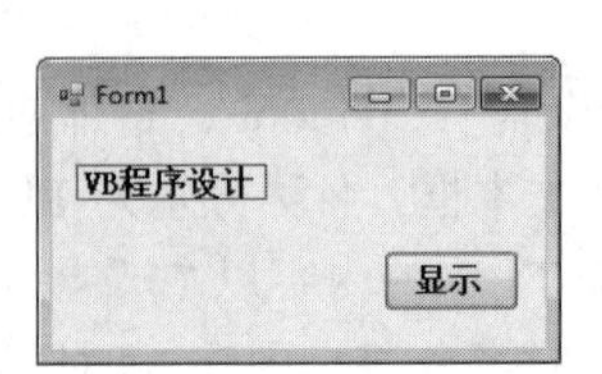

（b）单击了“显示”按钮

图 1-27　练习 7 图

窗体及控件的相关事件代码下面已给出，请将程序中的“？”替换成正确的代码。

```
Private Sub Button1_Click(…) Handles Button1.Click      '显示
    Label1.Visible = True
    TextBox1.Visible = ?
    Label1.Visible = True
    Label1.? = TextBox1.Text
End Sub
Private Sub Form1_Load(…) Handles MyBase.Load
    TextBox1.? = "VB 程序设计"
End Sub
```

8. 新建一个含有 Windows 窗体应用程序的项目，在名称为 Form1 的窗体上画一个文本框，其名称为 TextBox1，然后通过属性窗口设置窗体和文本框的属性，实现如下功能：

（1）在文本框中可以显示多行文本。

（2）在文本框中显示垂直滚动条。

（3）文本框中显示的初始信息为“姓　名　　性别”。

（4）文本框中显示的字体为三号规则黑体。

（5）窗体的标题为“应用多行文本框”。

再画两个标签 Label1～2，其 Text 属性分别为“姓名：”和“性别：”；两个文本框 TextBox2～3，其 MaxLength 分别为 3 和 1；一个命令按钮 Button1，标题 text 为“添加(&A)”。程序运行时，在 TextBox2～3 文本框中输入文本后，单击“添加”按钮，可将两个文本框中的文本依次显示在文本框 TextBox1 中，文本框 TextBox2 中的内容被选定；当文本框 TextBox3 获得焦点时，该框中的内容被清除。

程序运行后，其窗体界面如图 1-28 所示。

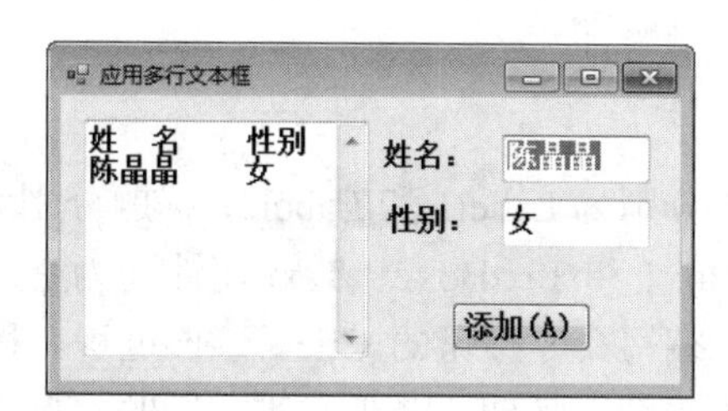

（a）添加一行信息后

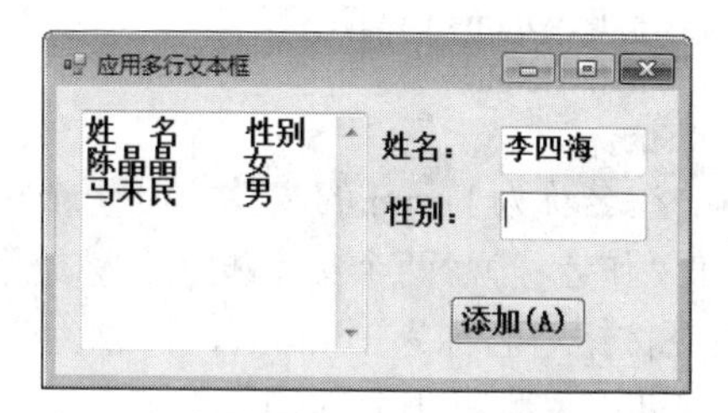

（b）文本框 TextBox3 获得焦点时

图 1-28　练习 8 图

窗体及控件的相关事件代码下面已给出，请将程序中的“？”替换成正确的代码。

```
Private Sub Button1_Click(…) Handles Button1.Click      '添加
    TextBox1.Text = TextBox1.Text & vbCrLf
    TextBox1.Text = TextBox1.Text & TextBox2.Text & "        " &?
    TextBox2.Focus()
    TextBox2.SelectionStart = 0
    TextBox2.? = Len(TextBox2.Text)                 'Len()用于求字符串的长度
End Sub
Private Sub Form1_Load(…) Handles MyBase.Load
    TextBox1.Text = "姓　名　　性别"
End Sub
Private Sub TextBox3_?(…) Handles TextBox3.GotFocus
```

```
        TextBox3.Text = ""
    End Sub
```

9．如图 1-29 所示，在名称为 Form1 的窗体上画两个命令按钮，其名称分别为 Cmd1 和 Cmd2，编写适当的事件过程。程序运行后，如果单击命令按钮 Cmd1 则可使该按钮移动到窗体的左上角（只允许通过修改属性的方式实现）；如果单击命令按钮 Cmd2，则可使该按钮在高度和宽度上各扩大到原来的 2 倍。

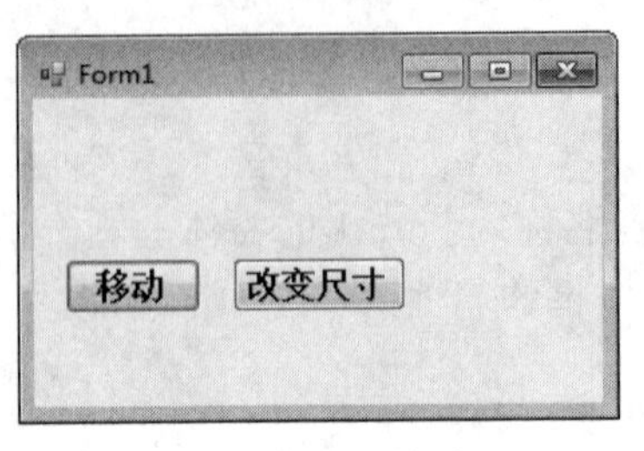

（a）运行初始时

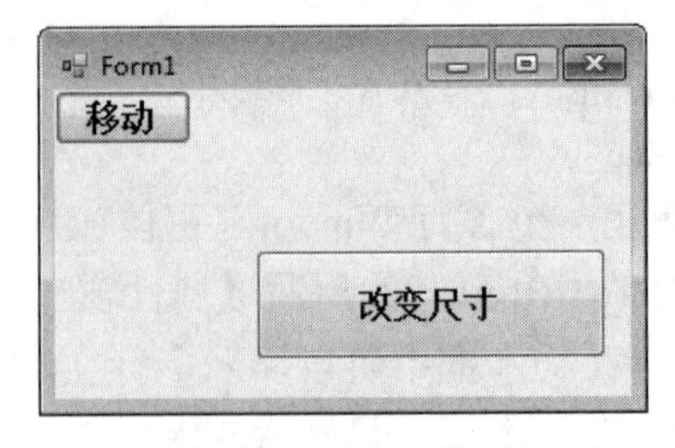

（b）单击了命令按钮后

图 1-29　练习 9 图

要求：不得使用任何变量。

“移动”和“改变尺寸”命令按钮的 Click 事件代码下面已给出，请将程序中的“？”替换成正确的代码。

```
Private Sub Cmd1_Click(…) Handles Cmd1.Click
    Cmd1.Left = 0
    Cmd1.? = 0
End Sub
Private Sub Cmd2_Click(…) Handles Cmd2.Click
    Cmd2.Width = Cmd2.? * 2
    Cmd2.Height = ?
End Sub
```

10．在名称为 Forml 的窗体上画两个标签（名称分别为 Label1 和 Label2，标题分别为“书名：”和“作者：”）、两个文本框（名称分别为 TextBox1 和 TextBox2，Text 属性均为空白）和一个命令按钮（名称为 Button1，标题为“显示”）。编写命令按钮的 Click 事件过程。程序运行后，在两个文本框中分别输入书名和作者，然后单击命令按钮，则在窗体的标题栏上先后显示两个文本框中的内容，如图 1-30 所示。要求程序中不得使用任何变量。

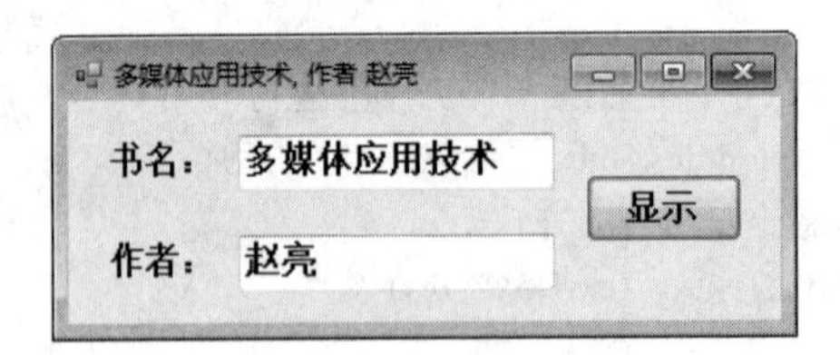

图 1-30　练习 10 图

“显示”命令按钮的 Click 事件代码下面已给出，请将程序中的“？”替换成正确的代码。

```
Private Sub Button1_Click(…) Handles Button1.Click
    Me.Text = Me.?.Text & ", 作者 " & TextBox2.Text
End Sub
```

11．如图 1-31 所示，在名称为 Form1 的窗体上画两个文本框 TextBox1～2，再画两个命令按钮 Button1～2，标题分别为“复制”和“删除”。程序运行时，在 TextBox1 中输入一串字符，并用鼠标拖拽的方法选择几个字符，然后单击“复制”按钮，则被选中的字符被复制到 TextBox2 中。若单击“删除”按钮，则被选择的字符从 TextBox1 中被删除。请编写两个命令按钮的 Click 过程完成上述功能。

要求程序中不得使用变量，事件过程中只能写一条语句。

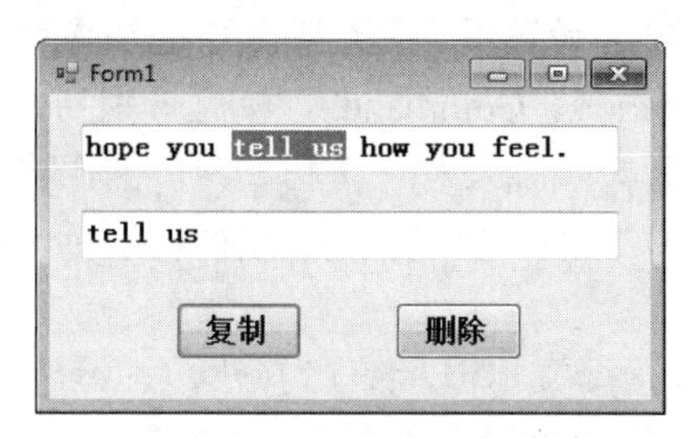

（a）单击了“复制”命令按钮

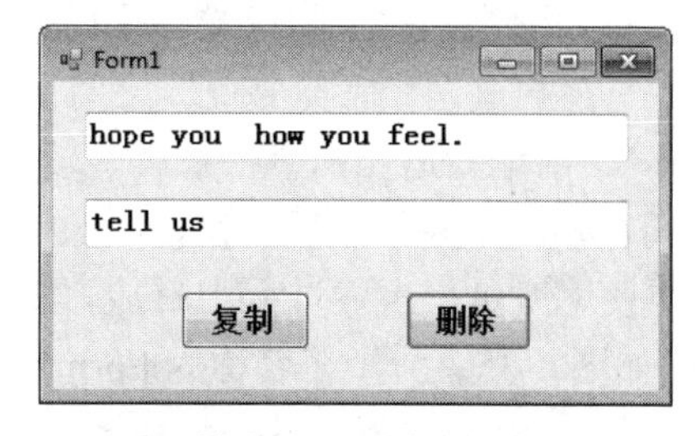

（b）单击了“删除”命令按钮

图 1-31　练习 11 图

“复制”和“删除”命令按钮的 Click 事件代码下面已给出，请将程序中的“？”替换成正确的代码。

```
Private Sub Button1_Click(…) Handles Button1.Click
    TextBox2.Text = ?.SelectedText
End Sub
Private Sub Button2_Click(…) Handles Button2.Click
    Me.TextBox1.? = ""
End Sub
```

12．在名称为 Form1 的窗体上添加两个标签 Label1～2，标题分别为“选中开始位置：”和“选中字符数：”；添加三个文本框 TextBox1～3，再添加一个名称为 Button1、标题为“显示选中信息”的命令按钮。程序运行时，在 TextBox1 中输入若干字符，并用鼠标选中部分文本后单击“显示选中信息”按钮，则把选中的第一个字符的顺序号在 TextBox2 中显示，选中的字符个数在 TextBox3 中显示，如图 1-32 所示。

要求：画出所有控件，编写命令按钮的 Click 事件过程。注意：程序中不得使用变量，事件过程中只能写两条语句，分别用于显示第一个字符的顺序号和显示选中的字符个数。

13．如图 1-33 所示，在窗体上有一个文本框 TextBox1 和一个命令按钮 Button1，运行时文本框中显示“Visual Basic.NET 是一种可视化的程序设计语言”，文本框要求具有多行和垂直滚动条，命令按钮标题为“关闭”。文本框及命令按钮能随窗体大小的调整而自动调整大小及位置，其中调整文本框时使其 Left=0，Top=0，宽度和高度都为窗体的一半，命令按钮始终位于窗体右下角。

图 1-32　练习 12 图

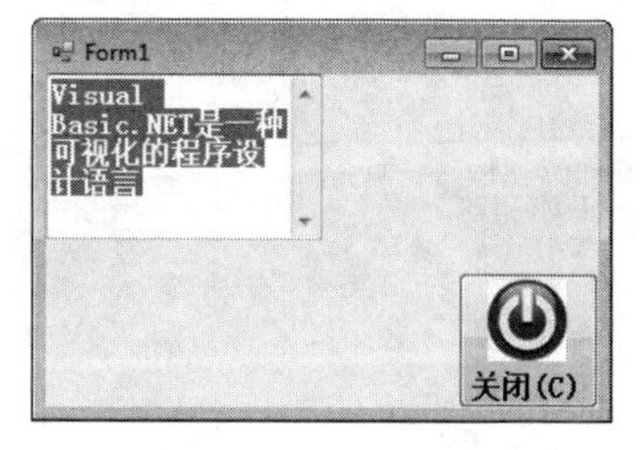

图 1-33　练习 13 图

提示：

（1）用代码初始化各控件可写在 Form_Load 事件中。

（2）文本框控件随窗体的尺寸而调整大小的代码，以及调整命令按钮位置始终位于窗体右下角的代码写在 Form1_Resize 事件中。

14. 如图 1-34 所示，在名称为 Form1 的窗体上画一个名称为 PictureBoxl 的图像框，利用属性窗口装入图像文件（图像文件采用自定义形式），并设置适当属性使其中的图像可以适应图像框大小；再画两个命令按钮，名称分别为 Command1、Command2，标题分别为“右移”和“下移”。请编写适当的事件过程，使得在运行时每单击“右移”按钮一次，图像框向右移动 10；每单击“下移”按钮一次，图像框向下移动 10。运行时的窗体如图 1-34 所示。要求程序中不得使用变量，事件过程中只能写一条语句。

15. 如图 1-35 所示，在名称为 Form1 的窗体上画两个文本框，名称为分别为 Text1、Text2，再画两个命令按钮，名称分别为 Button1、Button2，标题分别为“左”和“右”。编写适当的事件过程，使得程序运行时：单击“左”按钮，则焦点位于 Text1 上；单击“右”按钮，则焦点位于 Text2 上。

图 1-34　练习 14 图

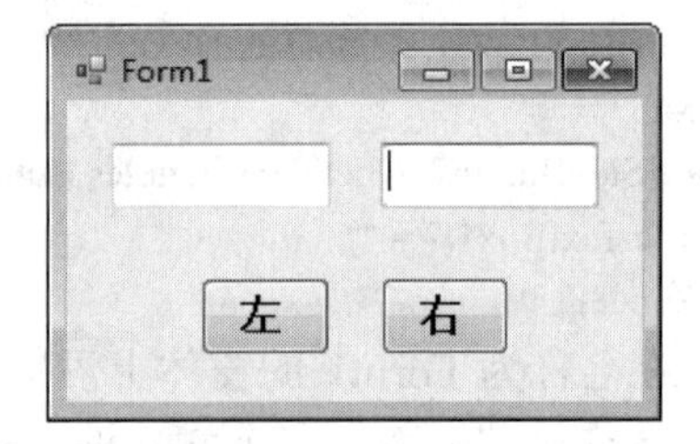

图 1-35　练习 15 图

注意：程序中不得使用变量，事件过程中只能写一条语句。

第 2 章　数据类型、运算符和函数

一、实验目的

1．掌握定义变量的数据类型、运算算符、表达式和内部函数的应用。

2．进一步了解窗体（Form）、命令按钮（Button）、标签（Label）、文本框（TextBox）的常见属性、方法和事件的使用。

二、实验指导

例 2-1　定义 8 个不同数据类型的变量 A、B、C、D、E、F、G、H，然后输出它们的值和类型。要求在程序运行时，单击窗体显示出题目，按下任意有效键则在题目下方显示结果，运行窗口如图 2-1 所示。

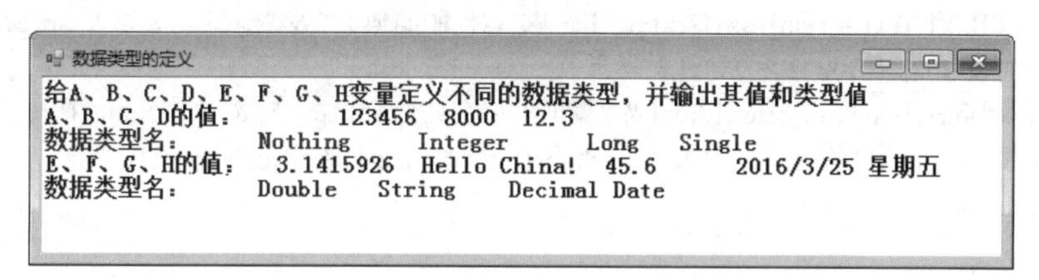

图 2-1　例 2-1 运行效果图

分析：本例主要考查读者的知识点有变量和常量的声明方法，窗体的 Load、Click 和 KeyPress 事件在使用时的区别，文本框内容的显示，系统常量的使用，TypeName 函数的使用。

操作步骤如下：

（1）启动 VB.NET，创建一个 Windows 窗体应用程序项目。

（2）在窗体上添加一个文本框 TextBox1 控件，设置其 Multiline 属性值为 True。

（3）编写窗体和文本框 TextBox1 控件的相关事件代码。

```
Option Explicit Off    '关闭变量强制声明
Public Class Form1
    '窗体的 Load 事件代码
    Private Sub Form1_Load(…) Handles MyBase.Load     '设置窗体显示的标题
        Me.Text = "数据类型的定义"
    End Sub

    '窗体的 SizeChanged 事件代码，功能是改变窗体大小时改变文本框 TextBox1 的尺寸
    Private Sub Form1_SizeChanged(…) Handles Me.SizeChanged
        TextBox1.Top = 0
        TextBox1.Left = 0
        TextBox1.Width = Me.ClientSize.Width
        TextBox1.Height = Me.ClientSize.Height
    End Sub
```

```
    ' TextBox1 控件的 Click 事件
    Private Sub TextBox1_Click(…) Handles TextBox1.Click
        TextBox1.Text = ""
        TextBox1.Text = "给 A、B、C、D、E、F、G、H 变量定义不同的数据类型，" & "并输出其值 _
和类型值"
        TextBox1.Text = TextBox1.Text & (Chr(13) + Chr(10))    '换行
        Dim a As Object              '对象型，显式声明
        b = 123456                   '整型，因值超过 32767，隐式声明
        c = 8000&                    'c 为长整型
        d = 12.3!                    '单精度
        Const E = 3.1415926          '定义一个常数，自动为双精度，隐式声明
        F = "Hello China!"
        G = 45.6@                    '小数型，显式声明
        H = #3/25/2016#              '日期型，隐式声明
        TextBox1.Text = TextBox1.Text & "A、B、C、D 的值：" & Space(5) & a & Space(2) & b & _
Space(2) & c & Space(2) & d & vbCrLf
        TextBox1.Text = TextBox1.Text & "数据类型名：" & Space(5) & TypeName(a) & _
Space(5) & TypeName(b) & Space(6) & TypeName(c) & Space(3) & TypeName(d) & vbCrLf
        TextBox1.Text = TextBox1.Text & "E、F、G、H 的值：" & Space(2) & E & Space(2) & F & _
Space(2) & G & Space(6) & H & vbCrLf
        TextBox1.Text = TextBox1.Text & "数据类型名：" & Space(5) & TypeName(Cir) & _
Space(3) & TypeName(F) & Space(4) & TypeName(G) & Space(1) & TypeName(H)
    End Sub
End Class
```

例 2-2 设计一个 Windows 窗体应用程序，程序运行效果如图 2-2 所示。程序在运行时，用户可在文本框 TextBox1～3 中分别输入年、月、日，单击“显示”按钮（Button1），将在标签控件 Label4 中显示星期几。

图 2-2 例 2-2 运行效果图

分析：计算某一天是星期几，可利用 Zeller 公式（蔡勒公式）。此公式由蔡勒（Christian Zelle，1822－1899）于 1886 年提出。

$$w = (y + \text{Cint}(y/4) + \text{Cint}(c/4) - 2\times c + \text{Cint}(26\times(m+1)/10) + d - 1) \text{ Mod } 7$$

公式中的 y、m、d、c 和 w 分别表示年、月、日、世纪和星期几。

操作步骤如下：

（1）在 VB.NET 环境下，创建一个 Windows 窗体应用程序的项目，然后在窗体中添加四个标签控件 Label1～4、三个文本框控件 TextBox1～3 和一个命令按钮控件 Button1。

（2）设计窗体上各控件与控件布局。标签控件 Label1～4 的 Text 属性分别为“年：”“月：”“日：”和“”（空），AutoSize 属性值为 True；命令按钮控件 Button1 的 Text 属性为“显示”；

各控件其他属性均采用默认值。根据需要，对窗体与窗体上各控件的位置和大小作适当调整。

（3）编写“显示”按钮（Button1）的 Click 事件代码。

```
Private Sub Button1_Click(…) Handles Button1.Click
    Dim y%, m%, d%, c%, w%
    c = Cint(TextBox1.Text) \ 100
    y = Cint(TextBox1.Text) Mod 100
    m = Cint(TextBox2.Text)
    d = Cint(TextBox3.Text)
    w = (y + y \ 4 + c \ 4 - 2 * c + 26 * (m + 1) \ 10 + d - 1) Mod 7
    Label4.Text = "星期" & Mid("日一二三四五六", w + 1, 1)
End Sub
```

（4）运行程序，观察结果。

例 2-3　如图 2-3 所示，新建一个工程。在窗体 Form1 上添加六个文本框 TextBox1～6；八个标签 Label1～8，其 Text 属性分别为“数列：”“所占比例：”“10%”“30%”“40%”“20%”“平均值：”和“标准方差：”；两个命令按钮 Button1～2，其 Text 属性分别为“产生”和“计算”。

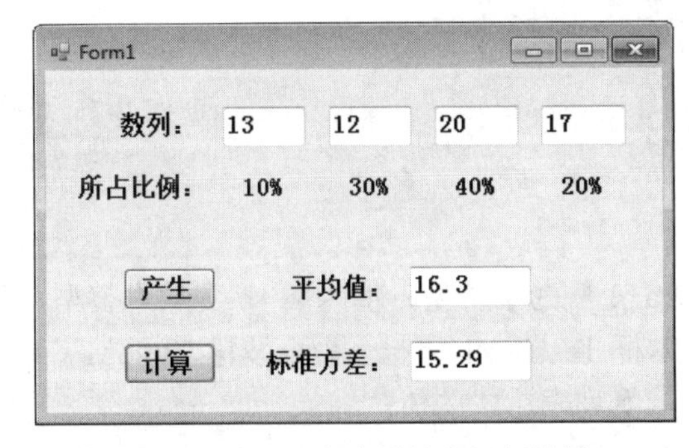

图 2-3　例 2-3 程序设计和运行效果

程序运行后，单击“产生”命令按钮，则在文本框 Text1～4 中分别产生一个不小于 10 且不大于 20 的随机数列，且每个数所占比例分别为 10%、30%、40%、20%。单击“计算”命令按钮，可计算出该数列的平均值和标准方差。

平均值和标准方差的公式如下：

平均值：$\overline{x} = x_1 \times f_1 + x_2 \times f_2 + \cdots + x_n \times f_n$

标准方差：$s = \sqrt{f_1 \times (x_1 - \overline{x})^2 + f_2 \times (x_2 - \overline{x})^2 + \cdots + f_n \times (x_n - \overline{x})^2}$

其中，x_n 和 f_n 分别为数列中的第 n 个数及其所占比例大小。

操作步骤如下：

（1）启动 VB.NET，创建一个 Windows 窗体应用程序的项目。

（2）依照题目的要求，在窗体 Form1 上添加有关控件。

（3）编写窗体 Form1 及命令 Button1～2 的有关事件程序代码。

```
Public Class Form1
    '以下程序为“产生”按钮的 Click 事件代码
    Private Sub Button1_Click(…) Handles Button1.Click
        TextBox1.Text = Int(11 * Rnd() + 10)
        TextBox2.Text = Int(11 * Rnd() + 10)
        TextBox3.Text = Int(11 * Rnd() + 10)
```

```
            TextBox4.Text = Int(11 * Rnd() + 10)
        End Sub
        '以下程序为“计算”按钮的 Click 事件代码
        Private Sub Button2_Click(…) Handles Button2.Click
            Dim x As Single, s As Single   'x 为数字平均值
            x = 0.1 * TextBox1.Text + 0.3 * TextBox2.Text + 0.4 * TextBox3.Text + 0.2 * TextBox4.Text
            TextBox5.Text = Math.Round(x, 2)
            s = 0.1 * (TextBox1.Text - x) ^ 2 + 0.3 * (TextBox2.Text - x) ^ 2 + 0.4 * (TextBox3.Text - x) ^ 2 _
+ 0.2 * (TextBox4.Text - x) ^ 2
            TextBox6.Text = Format(Math.Sqrt(s), "0.00")
        End Sub
        '以下程序为窗体 Form1 的 Load 事件代码
        Private Sub Form1_Load(…) Handles MyBase.Load
            Randomize()
            TextBox1.Text = ""
            TextBox2.Text = ""
            TextBox3.Text = ""
            TextBox4.Text = ""
        End Sub
End Class
```

三、实验练习

1．如图 2-4 所示，设 a 变量为字符型，值为 a；b 变量为整型，值为 3。试设计一个窗体程序，窗体上添加一个文本框 TextBox1 和一个命令按钮 Button1。程序运行时，单击“显示”命令按钮，在文本框中显示下列表达式的值：

①b+23　②-b　③b-12　④b*b　⑤10/b　⑥10\b　⑦11 Mod b　⑧a & b

2．设计窗体的单击 Click 事件，其功能为在即时窗口中显示下列函数的运行结果，如图 2-5 所示：

①cos45°　②e^3　③|-5|　④字符“b”对应的 ASCII 码值

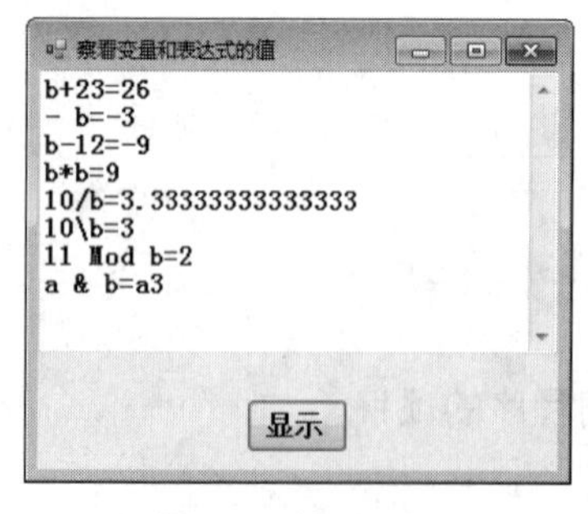

图 2-4　练习 1 图

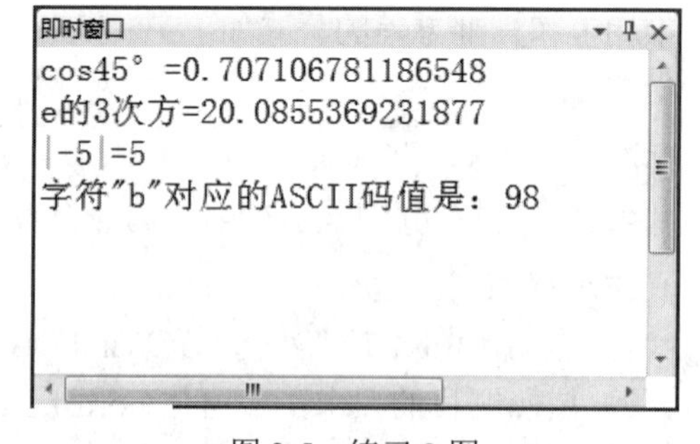

图 2-5　练习 2 图

3．如图 2-6 所示，在窗体 Form1 上添加两个标签 Label1～2，其 Caption 属性分别为“华氏温度：”和“摄氏温度：”；添加两个命令按钮 Button1～2，其 Text 属性分别为“>”和“<”；添加两个文本框，用于显示华氏温度值和摄氏温度值。利用公式 $F=\frac{9}{5}\times C+32$ 编写一个在华氏温度 F 与摄氏温度 C 之间转换的应用程序。

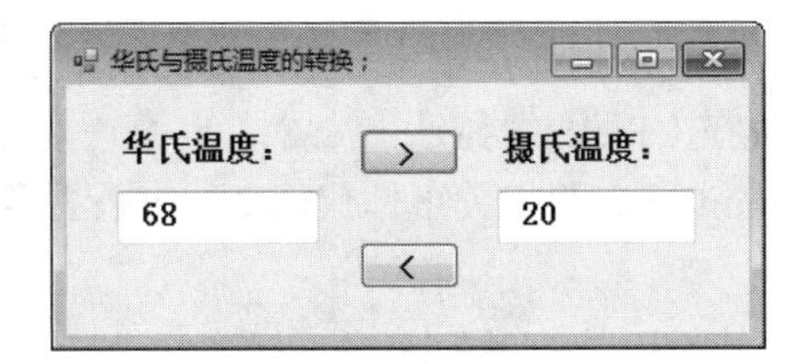

图 2-6　练习 3 图

窗体 Form1 与“>”（Button1）和“<”（Button2）命令按钮的 Click 事件代码如下，程序不完整，请将程序中的“？”改为正确的代码：

```
Imports Microsoft.VisualBasic.Strings
Imports Microsoft.VisualBasic.Conversion
Public Class Form1
    Private Sub Button1_Click(ByVal sender As System.Object, ByVal e As System.EventArgs) Handles _
Button1.Click   '“>”按钮
        Dim f!, c!
        f = Val(TextBox1.Text)
        c = ?
        TextBox2.Text = Str(c)
    End Sub

    Private Sub Button2_Click(ByVal sender As System.Object, ByVal e As System.EventArgs) Handles _
Button2.Click   '“<”按钮
        Dim f!, c!
        c = Val(TextBox2.Text)
        f = 9 / 5 * c + 32
        ?= Str(f)
    End Sub
End Class
```

4．如图 2-7 所示，窗体上有以下控件：

（1）五个标签 Label1～5，其中标签 Label1 的 BorderStyle 属性为 FixedSingle，属性 Text 为空；标签 Label5 的 Text 为空；其他属性可根据需要设置。

（2）三个文本框 TextBox1～3，程序运行初始时，内容为空。

（3）两个命令按钮 Button1～2，其 Text 分别为“分离”和“交换”。

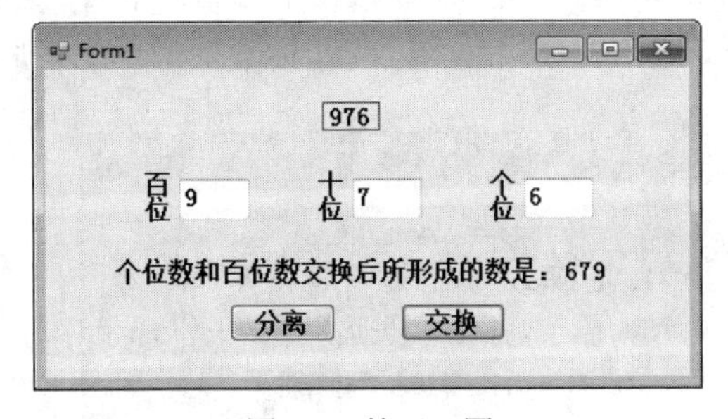

图 2-7　练习 4 图

程序运行后，在标签 Label1 上产生一个三位数，单击“分离”按钮，分离出该数的百位数、十位数和个位数，并分别用文本框显示出来。单击“交换”按钮，则交换百位数和个位数的位置，交换后形成的三位数在 Label5 中显示出来。

窗体及两个命令按钮 Button1～2 的相关事件代码如下，程序不完整，请将程序中的“？”改为正确的代码：

```
Private Sub Button1_Click(…) Handles Button1.Click      '分离
    Dim a As Integer, b%, c%, n%
    n = Val(Label1.Text)
    a = n \ 100                  'a 用于存放百位数
    ?                            'b 用于存放十位数
    c = n Mod 10                 'c 用于存放个位数
    TextBox1.Text = a
    TextBox2.Text = b
    TextBox3.Text = c
End Sub

Private Sub Button2_Click(…) Handles Button2.Click      '交换
    Dim n$, s1$, s2$, s3$
    n = Label1.Text
    s1 = Strings.Left(n, 1)      's1 用于存放百位数
    s2 = ?(n, 2, 1)              's2 用于存放十位数
    s3 = ?                       's3 用于存放个位数
    Label5.Text = "个位数和百位数交换后所形成的数是：" & s3 & s2 & s1
End Sub

Private Sub Form1_Load(…) Handles MyBase.Load '窗体的 Load 事件代码，用于产生一个三位随机数
Randomize()
    Label1.text = ?
End Sub
```

5．如图 2-8 所示，在窗体 Form1 上画两个文本框，其名称分别为 TextBox1、TextBox2，文本框内容分别设置为“等级考试”和“计算机”，然后画一个标签，其名称为 Lab1，高度为 375，宽度为 2000，再画两个命令按钮，名称分别为 Cmd1 和 Cmd2，标题分别为“交换”和“连接”，编写适当的事件程序。程序运行后，“连接”命令按钮不可用，单击“交换”命令按钮，则 TextBox1 文本框中内容与 TextBox2 文本框中内容进行交换，并在标签处显示“交换成功”，且“连接”命令按钮可用，“交换”命令按钮不可用；单击“连接”命令按钮，则把交换后的 TextBox1 和 TextBox2 的内容连接起来，并在标签处显示连接后的内容。

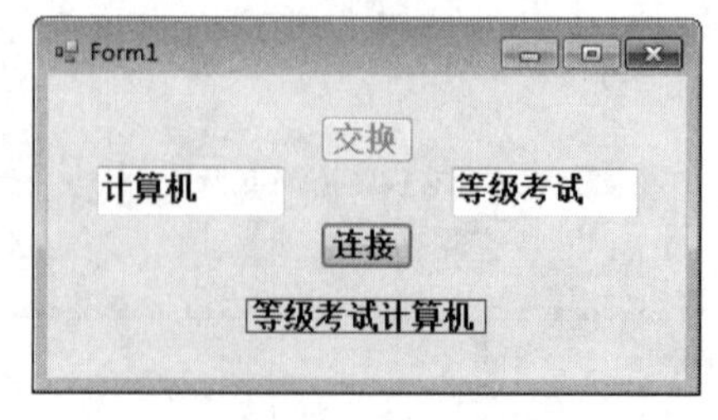

图 2-8　练习 5 图

窗体及命令按钮 Cmd1～2 的相关事件代码如下，程序不完整，请将程序中的“？”改为正确的代码：

```
Public Class Form1
Dim ? As String
    Private Sub Cmd1_Click(…) Handles Cmd1.Click        '“交换”按钮
        s1 = TextBox1.Text
        s2 = TextBox2.Text
        ? = s2
        ? = s1
        Lab1.Text = "交换成功"
        Cmd1.Enabled = False
        Cmd2.Enabled =?
    End Sub

    Private Sub Cmd2_Click(…) Handles Cmd2.Click        '“连接”按钮
        Lab1.Text = ?                                   '本语句必须使用变量 s1 和 s2
    End Sub

    Private Sub Form1_Load(…) Handles MyBase.Load       '初始化窗体和控件
        TextBox1.Text = "等级考试"
        TextBox2.Text = "计算机"
        Cmd2.Enabled = False
    End Sub
End Class
```

6．随机生成大小写字母，如图 2-9 所示。命令按钮 Button1～5 的相关事件代码如下，程序不完整，请将程序中的“？”改为正确的代码：

```
Private Sub Button1_Click(…) Handles Button1.Click      '大写字母
    TextBox1.Text = TextBox1.Text &Chr(Int(Rnd() * 26) + 65)
End Sub

Private Sub Button2_Click(…) Handles Button2.Click      '小写字母
    TextBox1.Text = TextBox1.Text &?
End Sub

Private Sub Button3_Click(…) Handles Button3.Click      '换行
    TextBox1.Text = TextBox1.Text &?
End Sub

Private Sub Button4_Click(…) Handles Button4.Click      '清屏
    ?
End Sub

Private Sub Button5_Click(…) Handles Button5.Click      '关闭
    ?.Close()
End Sub
```

图 2-9　练习 6 图

7．建立如图 2-10 所示的应用程序。完成功能：在“起始位置”文本框中输入起始位置，“长度”文本框中输入截取长度，单击“确认”按钮后，截取的内容放入下面的文本框中。

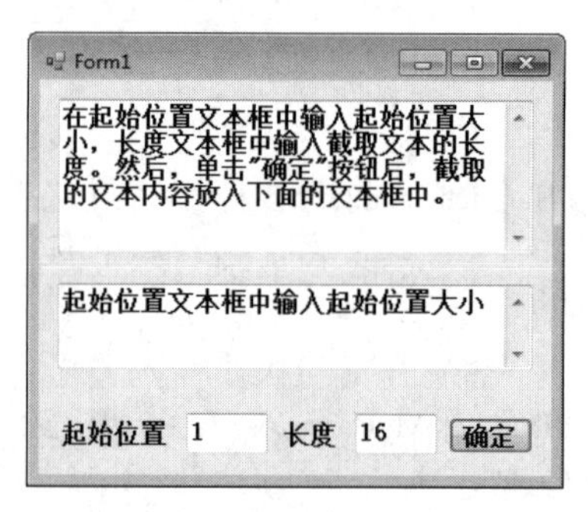

图 2-10　练习 7 图

命令按钮 Button1 的 Click 事件代码已经给出，程序不完整，请将程序中的“？”改为正确的代码。

```
Private Sub Button1_Click(…) Handles Button1.Click
    Dim i As Integer, j As Integer
    i = TextBox3.Text
    ?
    TextBox1.SelectionStart = i
    TextBox1.? = j
    TextBox2.Text = TextBox1.?   '将截取的文本放入 TextBox2 中
End Sub
```

8．显示日期星期程序，要求如下：

（1）将计算机系统日期和星期显示在窗体上。

（2）单击“显示系统日期”按钮将系统日期显示出来，单击“显示星期几”，则显示当前日期是星期几，如图 2-11 所示。

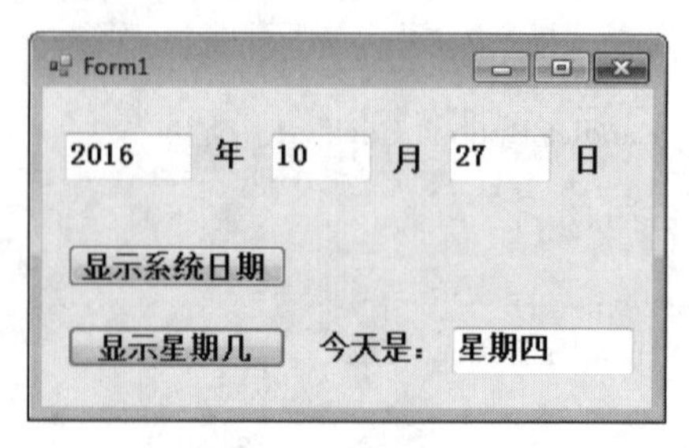

图 2-11　练习 8 图

“显示系统日期”和“显示星期几”命令按钮的 Click 事件代码如下，程序不完整，请将程序中的“？”改为正确的代码：

```
Public Class Form1
    Dim d As String                                        '声明一个日期型变量，用于存放日期
    Private Sub Button1_Click(…) Handles Button1.Click     '显示系统日期
        d = Format(Today, "yyyy-?-dd")
        TextBox1.Text = Strings.Left(d, 4)
        TextBox2.Text = ?
        TextBox3.Text = ?
    End Sub

    Private Sub Button2_Click(…) Handles Button2.Click     '显示星期
        TextBox4.Text = Strings.Right(Format("星期" & Mid("日一二三四五六", ?, 1)), 3)
    End Sub
End Class
```

9．电话号码升位程序，要求如下：

（1）建立一个应用程序，查询升位后的电话号码，程序界面如图 2-12 所示。

图 2-12　练习 9 图

（2）电话号码的组成为：区号-电话号码。

（3）某地区的原电话号码为 7 位数字。现要将该地区的电话号码升级为 8 位。升级方法为：第 8 位数字为 8，第 7 位为原来的数字加 1，其位置上的数字不变。程序运行时，单击“输入电话号码”按钮，则随机生成 7 位区内号码（设区号为 028），单击“查询”按钮，则将 7 位区内号码按要求升级为 8 位。

“输入电话号码”和“查询”命令按钮的 Click 事件代码如下，程序不完整，请将程序中的“？”改为正确的代码：

```
Private Sub Button1_Click(…) Handles Button1.Click     '输入电话号码
    TextBox1.Text = ""
    TextBox1.?                                         '将焦点定位于该文本框
End Sub

Private Sub Button2_Click(…) Handles Button2.Click     '查询
    Dim add As String                                  '表示+1 的数
    add = Mid(?, 5, 1) + 1                             '取原号码左侧的第 1 位数，再加 1
    TextBox2.Text = Strings.Left(TextBox1.Text, 4) & "8" & add & Strings.Right(TextBox1.Text, 6)
End Sub
```

10．如图 2-13 所示，我国有 13.6 亿人口，按人口年增长 0.8%计算，多少年后我国人口可达到 26 亿。提示：已知年增长率 r=0.8%，求人数达到 26 亿的年数 n 的公式如下：

$$n = \frac{\log(2)}{\log(1+r)}$$

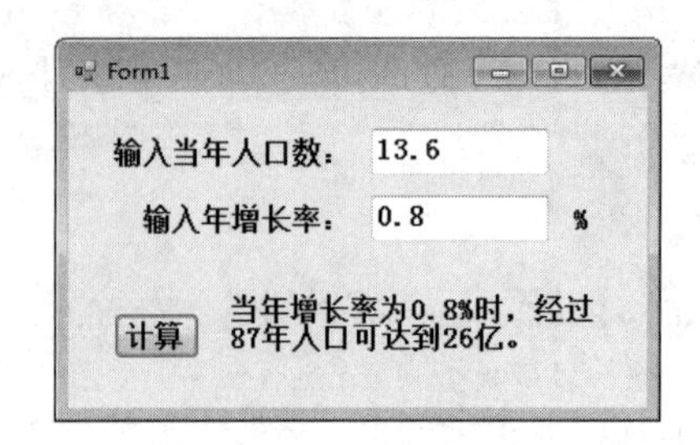

图 2-13 练习 10 图

其中 log(x)为对数函数。

“计算”命令按钮的 Click 事件代码如下，程序不完整，请将程序中的“？”改为正确的代码：

```
Private Sub Button1_Click(…) Handles Button1.Click
    Dim basic!, growth!, n!
    basic = TextBox1.Text                '人口基数
    growth = TextBox2.Text / ?           '增长率
    n = ?  '计算所需年数
    Label4.Text = "当年增长率为" & Format(growth, ?) & "时，经过" & Math.Round(n, 1) & "年人口可达到 26 亿。"
End Sub
```

第 3 章　程序的控制结构及应用

一、实验目的

1．掌握顺序结构的程序设计思想。
2．了解并掌握对话框函数 InputBox 和 MessageBox 的含义与用法。
3．掌握 If 和 Select Case 分支结构的用法。
4．掌握 Do 语句的各种形式的使用。
5．掌握 For 语句的使用。
6．掌握如何控制循环条件，防止死循环或不循环。

二、实验指导

例 3-1　设计一个如图 3-1（a）所示的用户登录界面，其运行效果是当未输入用户名时，将弹出一个对话框显示“必须输入用户名!”，如图 3-1（b）所示。输入的口令为 8 位数字（假定为 12345678），实际口令不显示数字而显示 8 个星号“*”。按下回车键（Enter）后，如果输入的口令不正确，则显示如图 3-1（c）所示的提示信息，否则，弹出“用户信息验证通过，登录成功!”界面，如图 3-1（d）所示，并关闭窗体的运行。

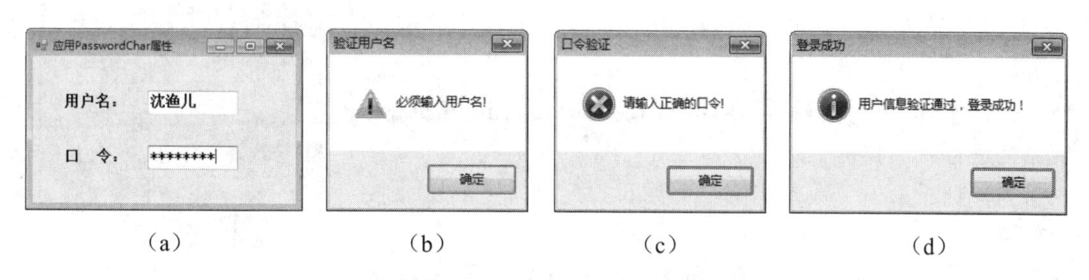

（a）　（b）　（c）　（d）

图 3-1　例 3-1 程序运行示意图

分析：本例考查的知识点为文本框（TextBox）的 PassWordChar、MaxLength、SelStar、SelLength 等属性的正确使用，以及文本框（TextBox）的 KeyPress 事件的含义和编写。

操作步骤如下：

（1）创建一个含有 Windows 窗体的项目，然后在窗体上添加两个标签 Label1～2、两个文本框 TextBox1～2。

（2）设置窗体标题为“应用 PasswordChar 属性”，两个标签 Label1 和 Label2 的标题的 Text 分别为“用户名：”和“口令：”。

（3）设置文本框 TextBox2 的 PasswordChar 属性值为“*”，MaxLength 属性值设置为 8。

（4）分别为两个文本框 TextBox1 和 TextBox2 的 KeyPress 事件编写代码。

- TextBox1 的 KeyPress 事件代码

```
Private Sub TextBox1_KeyPress(ByVal sender As Object, _
ByVal e As System.Windows.Forms.KeyPressEventArgs) Handles TextBox1.KeyPress
```

```
        If e.KeyChar = Chr(13) Then          '用于判断是否按下了回车键
            If TextBox1.Text = "" Then       '判断是否有内容
                MsgBox("必须输入用户名！", 0 + 48, "验证用户名")
                TextBox1.Focus()
            Else
                TextBox2.Focus()
            End If
        End If
    End Sub
```

● TextBox2 的 KeyPress 事件代码

```
    Private Sub TextBox2_KeyPress(ByVal sender As Object, _
    ByVal e As System.Windows.Forms.KeyPressEventArgs) Handles TextBox2.KeyPress
        If e.KeyChar = Chr(13) Then '用于判断是否按下了回车键
            If TextBox2.Text <> "12345678" Then
                MsgBox("请输入正确的口令！", 0 + 16, "口令验证")
                TextBox2.SelectionStart = 0
                TextBox2.SelectionLength = 8
            Else
                MsgBox("用户信息验证通过，登录成功！", 0 + 64, "登录成功")
                Me.Close()
            End If
        End If
    End Sub
```

（5）保存并运行该窗体。

例 3-2 输入 a，b，c 三个数，按从大到小的次序显示。运行界面如图 3-2 所示。

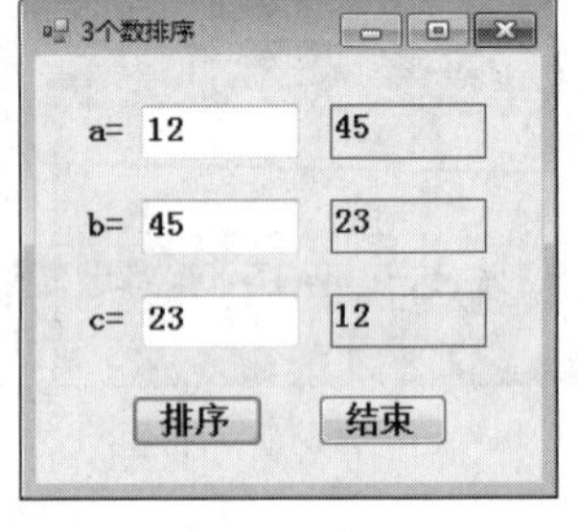

图 3-2 例 3-2 程序运行示意图

分析：本题有很多解法，在此我们使用嵌套的 If…End If 分支结构进行判断排序。

首先，判断第一个数 a 和第二个数 b 的大小，若 a<b，则交换位置。

然后，新 b（即原来的 a 值）再和 c 进行比较，若 b>c，则得出结论 a>b>c，否则，c 和 a 进行比较，若 c>a，则 c>a>b。

若 a>b，则比较 b 和 c，若 b>c，则 a>b>c，否则，b 和 c 交换位置，然后，再比较 a 和 b，若 a>b，则 a>b>c，否则，b>a>c。

操作步骤如下：

（1）创建一个含有 Windows 窗体的项目，然后在窗体上添加三个标签 Label1～3 和六个文本框 TextBox1～6。

（2）设置窗体标题为“3 个数排序”，三个标签 Label1～3 的标题的 Text 分别为“a=”“b=”和“c=”。

（3）设置文本框 TextBox4～6 的 ReadOnly 属性值为 True。

（4）分别为两个命令按钮 Button1～2 的 Click 事件编写代码。

● 命令按钮 Button1 的 Click 事件代码

```
    Private Sub Button1_Click(…) Handles Button1.Click       '排序
        Dim a, b, c, t As Single
```

```
        a = Val(TextBox1.Text)
        b = Val(TextBox2.Text)
        c = Val(TextBox3.Text)
        If b > a Then                   '先比较第一个数和第二个数的大小
            t = a : a = b : b = t       '交换
            If b > c Then               '交换后，再比较第二个数和第三个数
                TextBox4.Text = a
                TextBox5.Text = b
                TextBox6.Text = c
            Else
                t = c : c = b : b = t   '交换第二个数和第三个数
                If a > b Then           '交换后，再比较第一个数和第二个数
                    TextBox4.Text = a
                    TextBox5.Text = b
                    TextBox6.Text = c
                Else
                    TextBox4.Text = b
                    TextBox5.Text = a
                    TextBox6.Text = c
                End If
            End If
        Else
            If b > c Then
                TextBox4.Text = a
                TextBox5.Text = b
                TextBox6.Text = c
            Else
                t = b : b = c : c = t
                If b < a Then
                    TextBox4.Text = a
                    TextBox5.Text = b
                    TextBox6.Text = c
                Else
                    TextBox4.Text = b
                    TextBox5.Text = a
                    TextBox6.Text = c
                End If
            End If
        End If
    End Sub
```

- 命令按钮 Button2 的 Click 事件代码

```
    Private Sub Button2_Click(…) Handles Button2.Click     '结束
        Me.Close()
    End Sub
```

思考：本例有没有更为简单的解法，如何求解？

例 3-3　计算学生奖学金等级。以语文、数学、外语（英语）三门功课的成绩为评奖依据。奖学金分为一等、二等、三等三个等级，评奖标准如下：

（1）符合下列条件之一的可获得一等奖学金：

- 三门功课总分在 285 分以上；
- 有两门功课成绩是 100 分，且第三门功课成绩不低于 80 分。

（2）符合下列条件之一的可获得二等奖学金：

- 三门功课总分在 270 分以上；
- 有一门功课成绩是 100 分，且其他两门功课成绩不低于 75 分。

（3）各门功课成绩不低于 70 分者，可获得三等奖学金。

要求符合条件者就高不就低，只能获得高的那一项奖学金，不能重复获得奖学金。运行界面如图 3-3 所示。

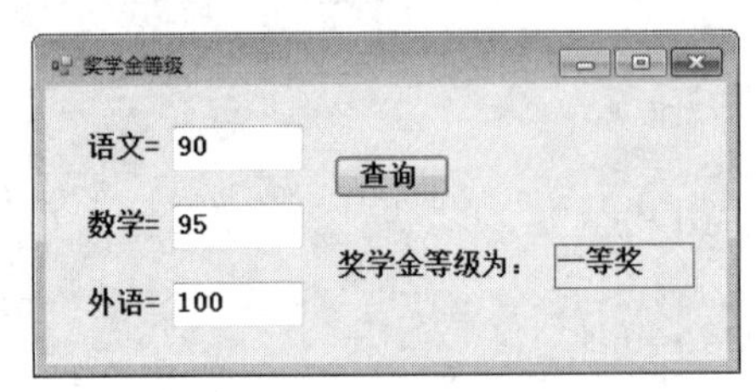

图 3-3　例 3-3 程序运行示意图

分析：本题一共有五个评奖条件，每个条件之间又存在一定的逻辑关系。例如，一等奖学金和二等奖学金的评奖条件之间是“逻辑或”的关系，可以用逻辑运算符“Or”连接。而每个条件又由多个小条件构成，可使用 a、b、c 三个变量分别存放学生的语文、数学、外语成绩。

那么一等奖学金的评奖条件表达式书写如下：

条件 1 的逻辑表达式为：(a + b + c) > 285

条件 2 的逻辑表达式为：(a = 100 And b = 100 And c >= 80) Or (a = 100 And b >= 80 And c = 100) Or (a >= 80 And b= 100 And c = 100)

操作步骤如下：

（1）创建一个含有 Windows 窗体的项目，然后在窗体上添加四个标签 Label1～4 和四个文本框 TextBox1～4。

（2）设置窗体标题为“奖学金等级”，三个标签 Label1～3 的标题的 Text 分别为“语文=”“数学=”和“外语=”。

（3）设置文本框 TextBox4 的 ReadOnly 属性值为 True，其他控件所需属性自行定义。

（4）编写命令按钮 Button1 的 Click 事件代码如下：

```
Private Sub Button1_Click(ByVal sender As System.Object, ByVal e As System.EventArgs) Handles
Button1.Click    '奖学金等级判定
    Dim a, b, c As Integer
    a = Val(TextBox1.Text) : b = Val(TextBox2.Text) : c = Val(TextBox3.Text)
    If a + b + c >= 285 Or (a = 100 And b = 100 And c >= 80) Or (a = 100 And b >= 80 And c = 100) Or _
(a >= 80 And b = 100 And c = 100) Then
        TextBox4.Text = "一等奖"
    ElseIf a + b + c >= 270 Or (a = 100 And b >= 75 And c >= 75) Or (b = 100 And a >= 75 And c >= 75) _
Or (c = 100 And a >= 75 And b >= 75) Then
        TextBox4.Text = "二等奖"
    ElseIf a >= 70 And b >= 70 And c >= 70 Then
```

```
        TextBox4.Text = "三等奖"
    Else
        TextBox4.Text = "无"
    End If
End Sub
```

例 3-4　工资个税的计算公式如下：

应纳税额＝(工资薪金所得–“五险一金”个人负担部分–扣除数)×适用税率–速算扣除数。编写程序来计算个人所得税，如图 3-4 所示。

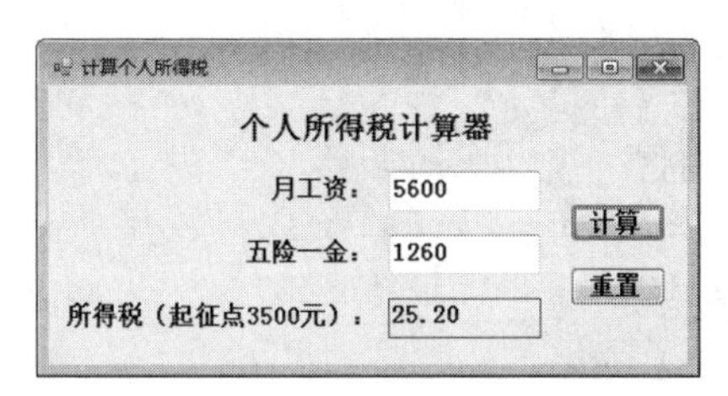

图 3-4　例 3-4 程序运行示意图

分析：本例考查的知识点为 Select Case…End Select 多路分支结构的使用。我国最新个人所得税计算办法从 2011 年 9 月 1 日起正式执行，扣税方法如表 3-1 所示。

表 3-1　扣税方法

级数	全月应纳税所得额（含税级距）	税率（%）	速算扣除数
1	不超过 1500 元	3	0
2	超过 1500 元至 4500 元的部分	10	105
3	超过 4500 元至 9000 元的部分	20	555
4	超过 9000 元至 35000 元的部分	25	1005
5	超过 35000 元至 55000 元的部分	30	2755
6	超过 55000 元至 80000 元的部分	35	5505
7	超过 80000 元的部分	45	13505

操作步骤如下：

（1）创建一个含有 Windows 窗体的项目，然后在窗体上添加四个标签 Label1～4、三个文本框 TextBox1～3 和两个命令按钮 Button1～2。

（2）设置文本框 TextBox3 的 ReadOnly 属性值为 True，BorderStyle 属性值为 FixedSingle，窗体和其他控件的属性值可自行定义。

（3）编写窗体的 Activated 和两个命令按钮 Button1～2 的 Click 事件代码。

- 窗体的 Activated 事件代码

```
Private Sub Form1_Activated(…) Handles Me.Activated
    Me.Show()
    TextBox1.Focus()
End Sub
```

- “计算”命令按钮 Button1 的 Click 事件代码

```
Private Sub Button1_Click(…) Handles Button1.Click
    Dim s As Single    '月工资总额
```

```
    s = Val(TextBox1.Text) - Val(TextBox2.Text)
    If s <= 3500 Then
        TextBox1.Text = 0
    Else
        s = s - 3500  '如果个人收入高于起征点，则计算个人应得额
        Select Case s
            Case Is < 1500
                s = s * 0.03
            Case Is < 4500
                s = s * 0.1 - 105
            Case Is < 9000
                s = s * 0.2 - 555
            Case Is < 35000
                s = s * 0.5 - 1005
            Case Is < 55000
                s = s * 0.3 - 2755
            Case Is < 80000
                s = s * 0.35 - 5505
            Case Else
                s = s * 0.45 - 13505
        End Select
        TextBox3.Text = Format(s, "0.00")
    End If
End Sub
```

- “重置”命令按钮 Button2 的 Click 事件代码

```
Private Sub Button2_Click(…) Handles Button2.Click
    TextBox3.Text = ""
    TextBox2.Text = ""
    TextBox1.Text = ""
    TextBox1.Focus()
End Sub
```

例 3-5 如图 3-5 所示，根据下列公式求欧拉常数的近似值，要求误差小于 0.00001。

$$e = 1 + \frac{1}{1!} + \frac{1}{2!} + \frac{1}{3!} + \cdots + \frac{1}{n!} = 1 + \sum_{i=1}^{\infty}\frac{1}{i!}$$

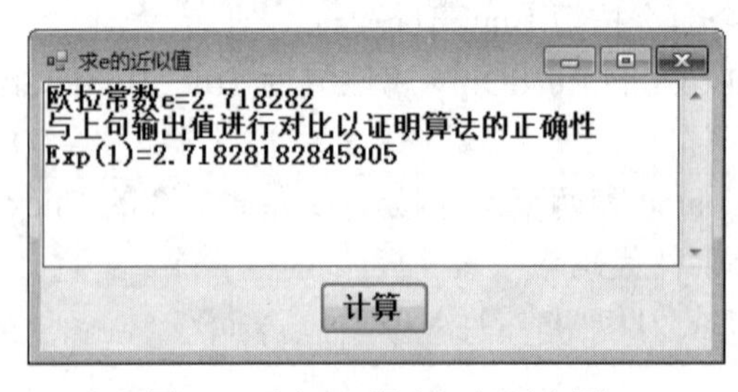

图 3-5 例 3-5 程序运行示意图

分析：此类问题实际上可转化为一个累加的过程，即设变量 e=1，然后不断利用公式 $e = e + \frac{1}{i!}$ 进行求和。在求和中还要求出阶乘数 i!。

根据精度要求，本题要求误差小于 0.00001。

操作步骤如下：

（1）创建一个含有 Windows 窗体的项目，然后在窗体上添加一个文本框 TextBox1 和一个命令按钮 Button1。

（2）编写“计算”命令按钮 Button1 的 Click 事件代码。

```
Private Sub Button1_Click(…) Handles Button1.Click
    Dim i%, t!, eulerC!              'eulerC 表示欧拉常数
    TextBox1.Text = ""
    eulerC = 2                       '公式中前两项的和
    i = 1
    t = 1
    Do While t > 0.00001
        i = i + 1
        t = t / i
        eulerC = eulerC + t
    Loop
    TextBox1.Text &= "欧拉常数=" & eulerC & vbCrLf
    TextBox1.Text &= "与上句输出值进行对比以证明算法的正确性" & vbCrLf
    TextBox1.Text &= "Exp(1)=" & Math.Exp(1)  '与上句输出值进行对比以证明算法的正确性
End Sub
```

与此类似的问题有：

求圆周率 π 的值，$\frac{\pi}{4}=1-\frac{1}{3}+\frac{1}{5}-\frac{1}{7}+\cdots+(-1)^{n-1}\frac{1}{2*n-1}\quad n=1,2,3,\cdots$

求余弦值，$\cos(x)=1-\frac{x^2}{2!}+\frac{x^4}{4!}-\cdots+\frac{(-1)^{n+1}x^{2(n-1)}}{(2(n-1))!}\quad n=1,2,3,\cdots$

例 3-6　现把一元以上的钞票换成一角、两角、五角的毛票（每种至少一张），求每种换法中各种毛票的张数，用户界面如图 3-6 所示。

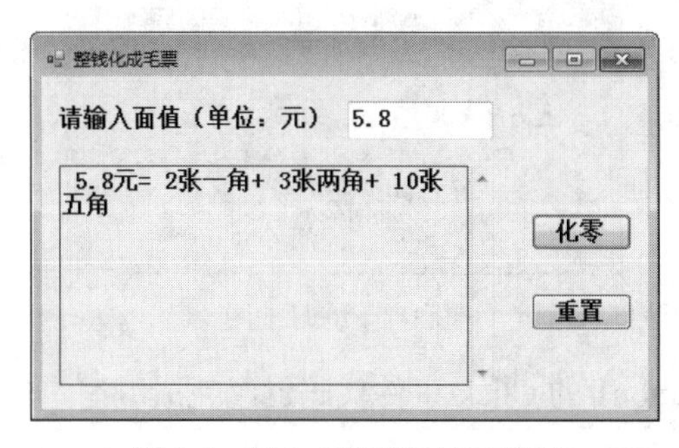

图 3-6　例 3-6 程序运行示意图

分析：这是一个有关组合的问题，可以首先考虑五角的取法。设有 L 元的钞票，为保证每种毛票都有一张，五角的毛票可以取 1～L*10\5-1 张，若五角已取定为 M（M≥1）张，则两角可取 1～(L*10-5*M)\2 张，剩余的为一角的张数。

操作步骤如下：

（1）利用“文件”菜单中的“新建项目”命令，新建含有一个 Windows 窗体的应用程序。

（2）在窗体中添加一个标签控件 Label1、两个文本框 TextBox1～2 和两个命令按钮 Button1～2。设置好窗体及各控件的其他属性与布局，一般采用自定义即可。

（3）添加相关的事件代码。

- “化零”按钮 Button1 的 Click 事件代码如下：

```
Private Sub Button1_Click(…) Handles Button1.Click
    Dim L!, M%, N%, I%                    'M、N 和 I 分别表示五角、两角和一角
    L = Val(Trim(TextBox1.Text))          '输入的面值数
    For M = 1 To L * 10 \ 5 - 1
        For N = 1 To (L * 10 - 5 * M) \ 2
            I = 10 * L - 5 * M - 2 * N
            If I >= 1 Then
                TextBox2.Text = Str(L) + "元=" + Str(I) + "个一角+" _
                + Str(N) + "个两角+" + Str(M) + "个五角"
            End If
        Next
    Next
End Sub
```

- “重置”按钮 Button2 的 Click 事件代码如下：

```
Private Sub Button2_Click(…) Handles Button2.Click
    TextBox2.Text = ""
    TextBox1.Text = ""
    TextBox1.Focus()
End Sub
```

三、实验练习

1. 如图 3-7 所示，窗体上有两个文本框，其名称分别为 TextBox1 和 TextBox2，其中 TextBox1 中的内容为“上海自来水”；另有一个命令按钮，其名称为 Button1，标题为“反向显示”。

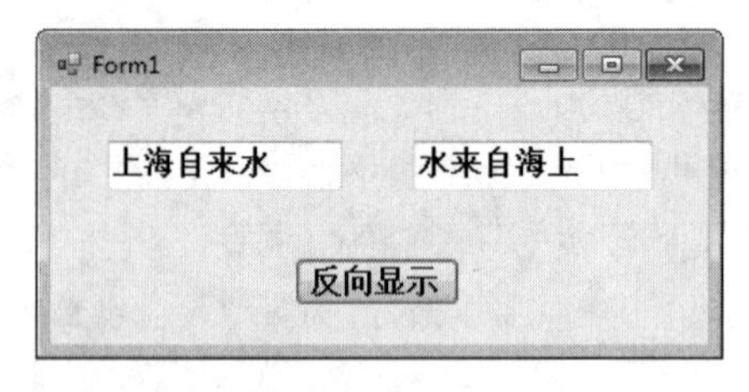

图 3-7　练习 1 图

“反向显示”按钮 Button1 的 Click 事件代码已经完成编写，但程序不完整，请将程序中的“？”改为正确的内容。

```
Private Sub Button1_Click(…) Handles Button1.Click
    Dim S1 As String
    Dim S2 As String
    S1 = ?
    S2 = ""
    For i =? To 1 Step -1
        S2 = S2 + ?
```

```
        Next i
        TextBox2.Text = S2
    End Sub
```

2．如图 3-8 所示，程序运行时，在文本框中每输入一个字符，则立即判断：若是小写字母，则将它的大写形式显示在标签 Label1 中；若是大写字母，则把它的小写形式显示在 Label1 中；若是其他字符，则将该字符直接显示在 Label1 中。输入的字母总数则显示在标签 Label2 中。

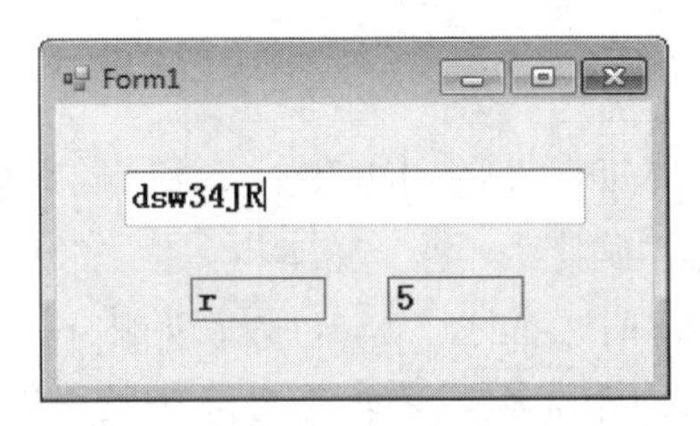

图 3-8　练习 2 图

窗体及控件的有关事件代码已经完成编写，但程序不完整，请将程序中的“？”改为正确的内容。

```
Dim n As Integer
Private Sub TextBox1_TextChanged(…) Handles TextBox1.TextChanged
    Dim ch As String
    ch = Right( ? )
    If ch >= "A" And ch <= "Z" Then
        Label1.Text = LCase(ch)
        n = n + 1
    ElseIf ch >= "a" And ch <= "z" Then
        Label1.text = ?
        n = n + 1
    Else
        Label1.text = ?
    End If
    Label2.Caption = ?
End Sub
```

3．设计一个简单开平方运算器，其设计界面如图 3-9 所示。程序运行后，先在文本框 TextBox1 中输入一个正整数，然后单击“计算”命令按钮。若文本框内容不是数值，则弹出消息框，关闭消息框后回到文本框，文本框同时被清空；若文本框的字符是数字字符则将它转换为数值类型赋给变量 a，然后计算 a 的平方根，并将计算结果显示在文本框 TextBox2 中（数值保留 4 位小数）。

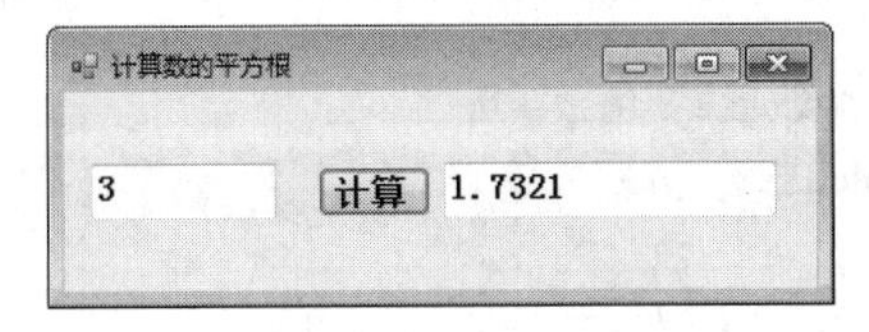

图 3-9　练习 3 图

“计算”命令按钮的 Click 事件代码如下，请将程序中的“？”改为正确的内容。

```
Private Sub Button1_Click(…) Handles Button1.Click
    Dim R As Single
```

```
        If IsNumeric(TextBox1.Text) = True Then
            R = Val(TextBox1.Text)
            TextBox2.Text =?          '结果保留 4 位小数
        Else
            MsgBox("文本框中输入的不是数字")
            ?                         '将焦点定位在文本框 TextBox1 中
            TextBox1.Text = ""
        End If
    End Sub
```

4．如图 3-10 所示，窗体上有两个标签 L1 和 L2，标题分别为“口令：”和“允许次数：”；一个命令按钮 Button1，标题为“确定”；两个文本框，名称分别为 TextBox1 和 TextBox2。其中 TextBox1 用来输入口令（输入时，显示“*”），无初始内容；TextBox2 的初始内容为 3。下面给出了 Button1 的事件过程，但不完整，要求把程序中的“？”改为正确的内容，使得在运行时：在 TextBox1 中输入口令后，单击“确定”按钮，如果输入的是“123456”则在 TextBox1 中显示“口令正确”；如果输入的是其他内容，单击“确定”按钮后，弹出如图 3-10 所示的错误提示对话框，并且 TextBox2 中的数字减 1。最多可输入三次口令，若三次都输入错误，则禁止再次输入。

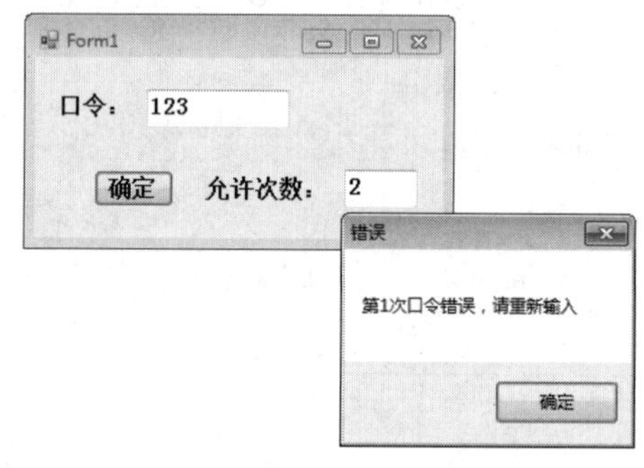

图 3-10　练习 4 图

“确定”命令按钮的 Click 事件代码如下，请把程序中的“？”改为正确的内容：

```
Private Sub Button1_Click(…) Handles Button1.Click
    If ? = "123456" Then
        TextBox1.Text = "口令正确"
        TextBox1.? = ""
    Else
        TextBox2.Text = Val(TextBox2.Text) - 1
        If Val(TextBox2.Text) > ? Then
            MsgBox("第" & (3 - TextBox2.Text) & "次口令错误，请重新输入", , "错误")
        Else
            MsgBox("3 次输入错误，请退出")
            TextBox1.Enabled = ?
        End If
    End If
End Sub

Private Sub Form1_Load(…) Handles MyBase.Load
    TextBox2.Text = 3
End Sub
```

5．如图 3-11 所示，有一窗体，其功能是：单击“输入”按钮，将弹出一个输入对话框来接收出租车行驶的里程数；单击“计算”按钮，则可根据输入的里程数计算应付的出租车费，并将计算结果显示在名称为 TextBox1 的文本框内。

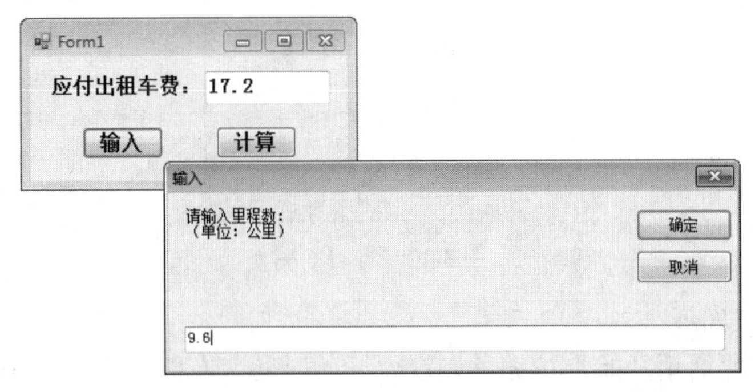

图 3-11　练习 5 图

其中出租车费的计算公式是：出租车行驶不超过 4 公里时一律收费 10 元；超过 4 公里时分段处理，具体处理方式为 15 公里以内每公里加收 1.2 元，15 公里以上每公里加收 1.8 元。

下面给出了“输入”按钮和“计算”按钮的 Click 事件过程代码，但程序不完整，请将程序中的“？”改为正确的内容。

```
Dim s As Integer
Private Sub Button1_Click(…) Handles Button1.Click      '输入
    s = Val(InputBox("请输入里程数：" & vbCrLf & "（单位：公里）", "输入"))
End Sub

Private Sub Button2_Click(…) Handles Button2.Click      '计算
    Dim f As Single     '表示费用
    If s > 0 Then
        Select Case ?
            Case Is <= 4
            ?
            Case Is <= 15
                f=10+?
            Case Else
                f=10+?+(s - 15) * 1.8
        End Select
        TextBox1.Text = f
    Else
        MsgBox("请单击“输入”按钮输入里程数！")
    End If
End Sub
```

6．如图 3-12 所示，窗体上有三个标签 Label1～3，标题分别是“开始时间：”“结束时间：”和“通话费用：”；有三个文本框 TextBox1～3，初始值均为空；此外还有两个名称分别为 Cmd1 和 Cmd2 的命令按钮，标题分别是“通话开始”和“通话结束”。通过属性窗口将“通话结束”按钮的初始状态设置为禁用，如图 3-12 所示。该程序的功能是计算公用电话通话费用。计时收费标准为：通话时间在 3 分钟以内时，收费 0.5 元；3 分钟以上时，每超过 1 分钟加收 0.15

元，不足 1 分钟按 1 分钟计算。

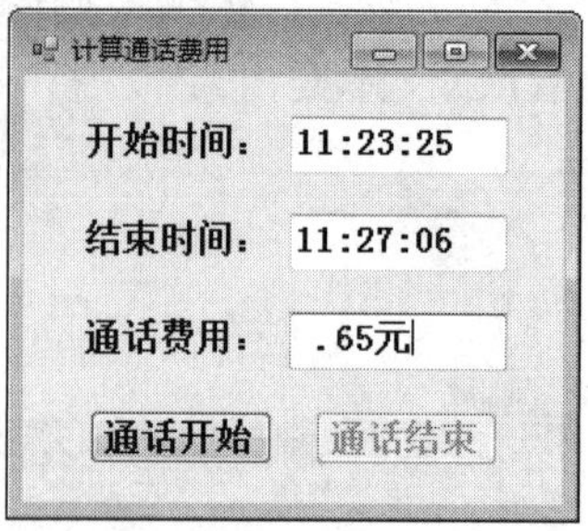

图 3-12　练习 6 图

程序执行的操作如下：

（1）如果单击“通话开始”按钮，则在“开始时间”右侧的文本框中显示开始时间，且“通话结束”按钮变为可用状态，“通话开始”按钮不可用。

（2）如果单击“通话结束”按钮，则“结束时间”右侧的文本框中显示结束时间，同时计算通话费用，并将其显示在“通话费用”右侧的文本框中，“通话开始”按钮变为可用状态，“通话结束”按钮不可用。

下面给出了“通话开始”按钮和“通话结束”按钮的 Click 事件代码，但程序不完整，请把“？”改为正确的内容，以实现上述功能（注意：不得修改已经存在的内容和控件属性）。

```
Public Class Form1
    Dim t As Single
    Private Sub Cmd1_Click(…) Handles Cmd1.Click        '通话开始
        ? = CStr(TimeOfDay())
        TextBox2.Text = "" : TextBox3.Text = ""
        Cmd1.Enabled = False
        Cmd2.Enabled = True
    End Sub

    Private Sub Cmd2_Click(…) Handles Cmd2.Click        '通话结束
        Dim t_start, t_end As Single                    '分别表示开始时间和结束时间
        Dim m, s As Single
        TextBox2.Text = CStr(TimeOfDay())
        t_start = Hour(TextBox1.Text) * 3600 + Minute(TextBox1.Text) * 60 + Second(TextBox1.Text)
        t_end = Hour(TextBox2.Text) * 3600 + Minute(TextBox2.Text) * 60 + Second(TextBox2.Text)
        t = t_end - t_start
        m = t \ 60
        If m < t / 60 Then m = m + 1
        s = 0.5
        If m - 3 > 0 Then
            s = ? + (m - 3) * 0.15
        End If
        TextBox3.Text = Str(s) + "元"
        ?= True
        Cmd2.Enabled = False
    End Sub
End Class
```

7．如图 3-13 所示，在名称为 Form1 的窗体上画一个名称为 TextBox1 的文本框和一个名称为 C1、标题为“转换”的命令按钮。在程序运行时，单击“转换”按钮，可以把 TextBox1 中的大写字母转换为小写字母，把小写字母转换为大写字母。

图 3-13　练习 7 图

窗体文件中已经给出了“转换”按钮（C1）的 Click 事件过程，但不完整，请把程序中的“？”改为正确的内容。

```
Private Sub C1_Click(…) Handles C1.Click
    Dim a$, b$, k%, n%
    a$ = ""
    n% = Asc("a") - Asc( ? )
    For k% = 1 To Len(TextBox1.Text)
        b$ = Mid(TextBox1.Text, k%, 1)
        If b$ >= "a" And b$ <= "z" Then
            b$ = StrDup(1, Chr(Asc(b$) - n%))
        Else
            If b$ >= "A" And b$ <= "Z" Then
                b$ = strdup(1, Asc(b$)+ ? )
            End If
        End If
        a$ = a$ + b$
    Next k%
    TextBox1.Text = ?
End Sub
```

8．如图 3-14 所示，窗体上有一个文本框，其名称为 TextBox1，另有一个命令按钮，其名称为 Button1，标题为“计算/输出”。程序运行后，如果单击命令按钮，则显示一个“输入”对话框，在该对话框中输入 n 的值，然后单击“确定”按钮，即可计算 1+(1+2)+(1+2+3)+…+(1+2+3+…+n)的值，并把结果在文本框 TextBox1 中显示出来。

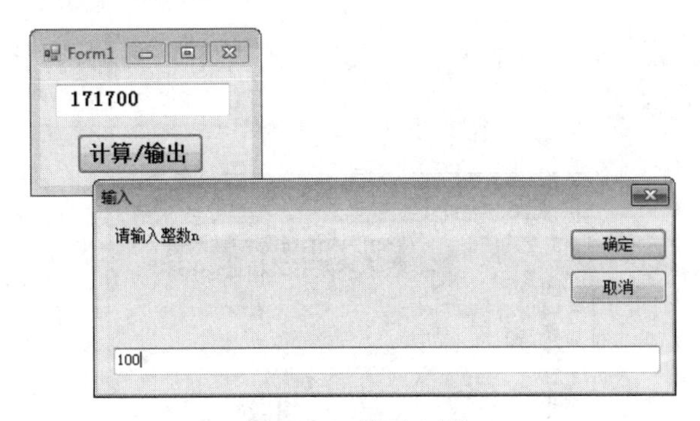

图 3-14　练习 8 图

“计算/输出”按钮的 Click 事件代码如下，请把程序中的“？”改为正确的内容。

```
Private Sub Button1_Click(…) Handles Button1.Click    '计算/输出
    Dim n As Integer
    Dim i As Integer
    Dim Sum As Long
    Dim k As Integer
    n = InputBox("请输入整数 n", "输入")
    Sum = ?
    For i = 1 To n
        k = ?
        Sum = ?
    Next i
    TextBox1.Text = Str(Sum)
End Sub
```

9．输出所有的“水仙花数”。所谓水仙花数是指一个三位数，其各位数字立方之和等于该数本身。例如，153 是水仙花数，因为 $153=1^3+5^3+3^3$，如图 3-15 所示。

窗体上有一个标签 Label1 控件，其 AutoSize 和 BorderStyle 属性值分别设置为 Fale 和 FixedSingle，另有一个“计算”按钮 Button1。

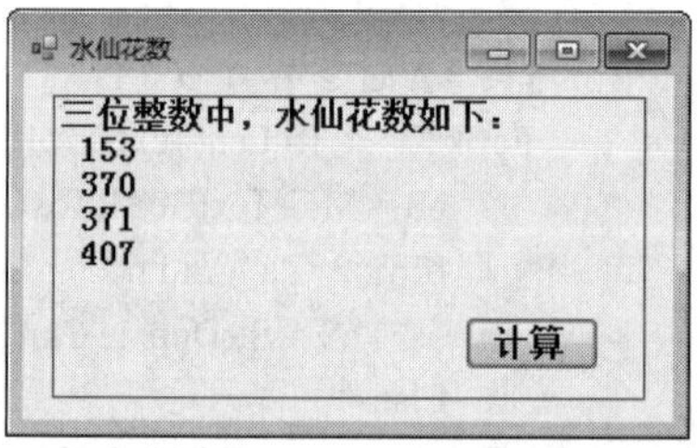

“计算”按钮的 Click 事件代码如下，请把程序中的“？”改为正确的内容：

图 3-15　练习 9 图

```
Private Sub Button1_Click(…) Handles Button1.Click
    Label1.Text = ""
    Dim k%, h%, t%, s%          'h、t、s 分别表示百位数、十位数和个位数
    Label1.Text = "三位整数中，水仙花数如下：" & vbCr
    For k = 100 To 999
        h = (k \ 100)           '计算百位数
        t = ?                   '计算十位数
        s = k Mod 10            '计算个位数
        If k = ? Then
            Label1.Text &= Str(k) & vbCr
        End If
    Next k
End Sub
```

10．编写程序，计算 100 以内的所有 7 或 5 的倍数和，并将这些数在文本框内以每一个数占一行显示，如图 3-16 所示。

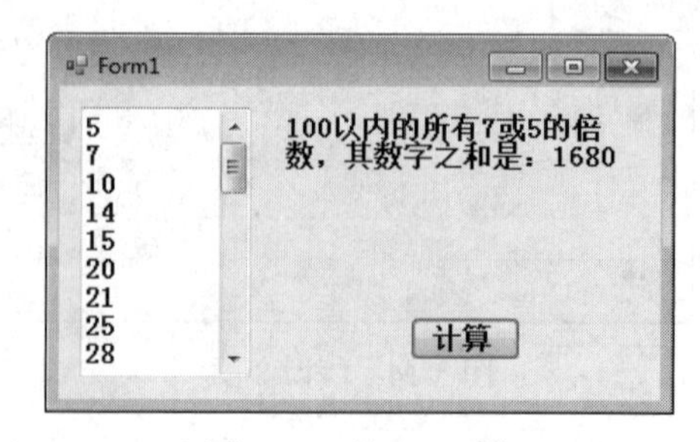

图 3-16　练习 10 图

“计算”按钮的 Click 事件代码如下，请把程序中的“？”改为正确的内容：

```
Private Sub Button1_Click(…) Handles Button1.Click
    Dim n%, k%
    TextBox1.Text = ""
    Label1.Text = ""
    For k = 1 To ?
        If (k Mod 7 = 0) ? (k Mod 5 = 0) Then
            n = n + ?
            TextBox1.Text = TextBox1.Text & k & vbCrLf
        End If
    Next k
    Label1.Text = "100 以内的所有 7 或 5 的倍数，其数字之和是：" & n
End Sub
```

11．如图 3-17 所示，程序的功能是计算表达式 $z=(x+2)^2+(x+3)^3+(x+4)^4+\cdots+(x+n)^n$ 的值。

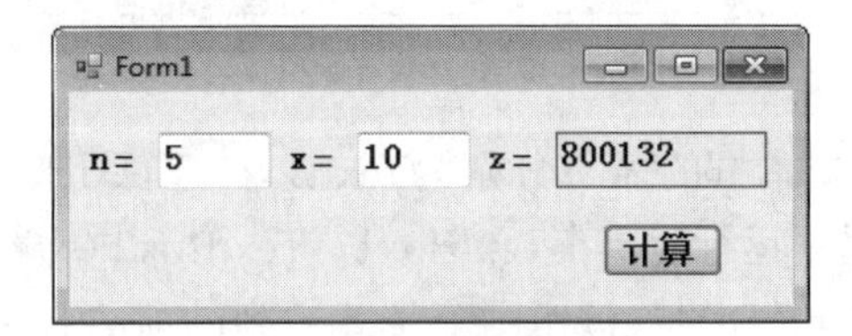

图 3-17　练习 11 图

其中的 n 和 x 的值通过键盘分别输入到文本框 TextBox1、TextBox2 中。之后如果单击标题为“计算”、名称为 Button1 的命令按钮，则计算表达式的值 z，并将计算结果显示在名称为 TextBox3 的文本框中。

在给出的窗体文件中已经添加了全部控件和程序，但程序不完整。要求把程序中的“？”改为正确的内容。

注意：不得修改窗体文件中已经存在的程序。程序中不得使用^（指数运算符）运算符，而应使用循环进行幂运算。

窗体及有关控件的事件代码如下：

```
Private Sub Button1_Click(…) Handles Button1.Click
    Dim n As Integer
    Dim i As Integer
    Dim t, temp As Single
    Dim s, x, z As Single
    n = Val(TextBox1.Text)
    x = Val(TextBox2.Text)
    z = 0
    For i = 2 To n
        t = x + i
        temp = ?
        For k = 1 To i
            temp = temp*?
        Next
        z += ?
    Next
```

```
    TextBox3.text = ?
End Sub
```

12．如图3-18所示，程序功能是产生并显示一个数列的前n项。数列产生的规律是：数列的前两项是小于10的正整数，将这两个数相乘。若乘积小于10，则以此乘积作为数列的第3项；若乘积大于或等于10，则以乘积的十位数为数列的第3项，以乘积的个位数为数列的第4项。再用数列的最后2项相乘，用上述规则形成后面的项，直至产生第n项。

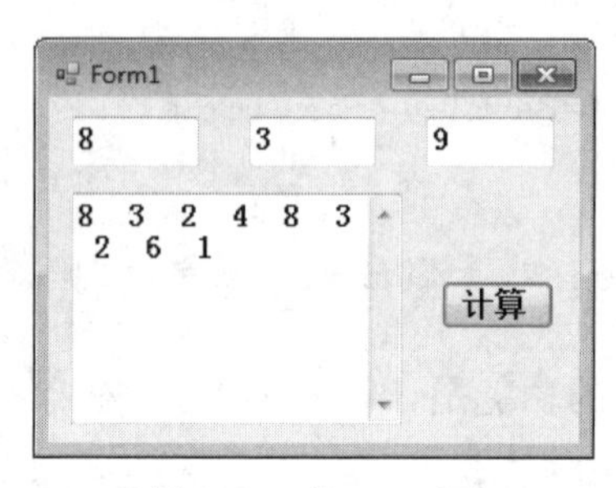

图 3-18　练习 12 图

窗体上部从左到右3个文本框的名称分别为TextBox1、TextBox2、TextBox3，窗体下部的文本框名称为TextBox4。程序运行时，在TextBox1、TextBox2中输入数列的前两项，TextBox3中输入要产生的项数n，单击“计算”按钮则产生此数列的前n项，并显示在TextBox4中。下面已经给出了全部控件的代码，但程序不完整，请将程序中的“？”改为正确的内容。

窗体及有关控件的事件代码如下：

```
Private Sub Button1_Click(…) Handles Button1.Click
    Dim a, b, c, n, k, d As Integer
    TextBox4.Text = ""
    a = Val(TextBox1.Text) : b = Val(TextBox2.Text) : n = Val(TextBox3.Text)
    TextBox4.text = TextBox4.Text  & a & "   " & ?          '显示前两项
    k = 2
    Do While k < n
        c = a * b : k = k + 1
        If c < 10 Then                                  '判断前两项乘积是否小于 10
            TextBox4.Text = TextBox4.Text & "   " & c   '若乘积小于 10，则直接连接到 TextBox4 末尾
            a = ?     '第二项作为第一项
            b = c     '第三项作为第二项
        Else
            d = c \ 10              '若乘积大于或等于 10，则取整
            TextBox4.Text = TextBox4.Text & "   " & d
            a = d
            k = k + 1
            If k <= ? Then          '若 k>n，则数列个数已够
                d = c Mod 10
                TextBox4.Text = TextBox4.Text & "   " & d
                ? = d               '将余数作为下次循环的后一项
            End If
        End If
    Loop
End Sub
```

13．如图 3-19 所示，程序运行时，文本框中显示一篇英文短文，单击“查找”按钮时可输入查找内容。若未找到查找内容，则查找结束；若找到查找内容，则被找到的内容在文本框中以反相显示（即呈选中状态），每找到一次都给出提示，并在左下角文本框中显示累计的次数。若单击提示对话框的“是”按钮，则继续向后查找；若单击“否”按钮，则终止查找。

相关事件的代码已给出，但程序不完整，请将程序中的“？”改为正确的内容。

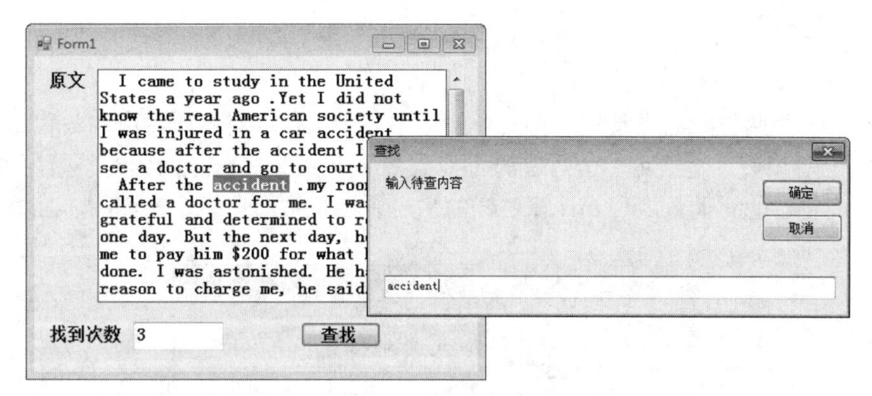

图 3-19　练习 13 图

- 窗体的 Load 事件代码

```
Private Sub Form1_Load(…) Handles MyBase.Load
    TextBox1.Text = "    I came to study in the United States a year ago. Yet I did not know the real American _
society until I was injured in a car accident because after the accident I had to see a doctor and go to court." _
& vbCrLf
    TextBox1.Text &= "    After the accident, my roommate called a doctor for me. I was very grateful and _
determined to repay him one day. But the next day, he asked me to pay him $200 for what he had done. I was _
astonished. He had good reason to charge me, he said. And if I wanted to collect money from the person who _
was responsible for my injury, I have to have a good lawyer. And only a good doctor can help me get a good _
lawyer. Now that he had helped me find a good doctor, it was only fair that I should pay him."
End Sub
```

- “查找”按钮 Button1 的 Click 事件代码

```
Private Sub Button1_Click(…) Handles Button1.Click
    Dim fstr As String, ostr As String
    Dim times As Integer, pos As Integer 'times 表示找到的次数
    Dim ans As Integer
    fstr = InputBox("输入待查内容", "查找")
    If fstr = "" Then
        Exit Sub
    End If
    times = 0
    ostr = TextBox1.Text
    pos = InStr(1, ostr, fstr)
    Do While pos <> 0
        TextBox1.SelectionStart = ?
        TextBox1.SelectionLength = ?
        times = ?
        TextBox2.Text = times
```

```
            ans = MsgBox("找到了，是否继续查找？", vbYesNo)
            If ans = vbYes Then
                pos = pos + Len(fstr)
                pos = InStr(pos, ostr, fstr)
            Else
                Exit Do
            End If
        Loop
    End Sub
```

14．对于一个两位数的正整数，将其个位数字与十位数字对调所生成的数称为其对调数，如 28 是 82 的对调数。现给定一个两位的正整数 46，请找到另一个两位的整数，使这两个数之和等于它们各自的对调数之和。计算这样的另一个两位数有多少个，如图 3-20 所示。

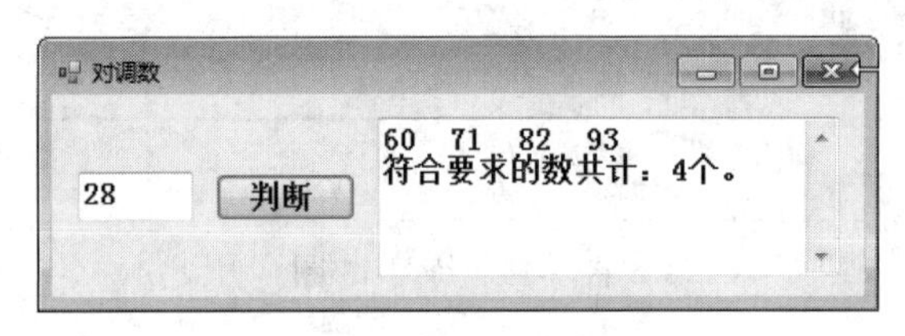

图 3-20　练习 14 图

程序中有两行有错误。改正错误，使它能输出正确的结果。

```
Private Sub Button1_Click(…) Handles Button1.Click
    Dim x As Integer, y As Integer, number As Integer
    Dim xf As Integer, yf As Integer
    number = 0
    x = TextBox1.Text
    xf = (x Mod 10) * 10 + Int(y / 10)        '个位数字与十位数字交换
    For y = 10 To 99
        yf = (y Mod 10)    + Int(y / 10)
        If x + y = xf + yf Then                '判断两个数之和是否等于各自对调数之和
            number = number + 1
            TextBox2.Text &= CStr(y) & Space(2)
        End If
    Next y
    TextBox2.Text &= vbCrLf & "符合要求的数共计：" & number & "个。"
End Sub
```

15．如图 3-21 所示，在名称为 Form1 的窗体上有一个标签 Label1（Text 属性值为“最小值:”)、一个文本框 TextBox1 和一个命令按钮 Button1（Text 属性值为“显示”)。程序运行时，其功能是产生 30 个 0～1000 的随机整数放入一个数组中，然后输出其中的最小值。单击“显示”命令按钮(名称为 Button1，标题为“显示”)，即可在文本框 TextBox1 中显示该最小值。

图 3-21　练习 15 图

“显示”命令按钮的 Click 事件代码已经给出，但程序不完整，请在有“？”号的地方填入正确内容，但不能修改其他部分。

“显示”命令按钮的 Click 事件代码如下：

```
Private Sub Button1_Click(…) Handles Button1.Click
    Dim arrN(30) As Integer
    Dim Min As Integer
    Randomize()
    For i = 1 To 30
        arrN(i)=Int(Rnd * ?)
    Next i
    ?=arrN(1)
    For i = 2 To 30
        If ? Then
            Min = arrN(i)
        End If
    Next i
    TextBox1.Text = Min
End Sub
```

16．如图 3-22 所示，在名称为 Form1 的窗体上有两个文本框 TextBox1～2 和一个命令按钮 Button1。其中命令按钮 Button1 的 Text 属性值为“添加”；文本框 TextBox2 的 Multiline 和 ScrollBars 属性值分别为 True 和 Vertical。

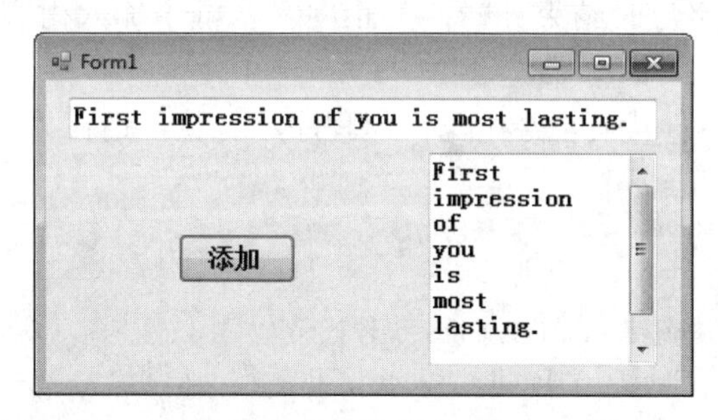

图 3-22　练习 16 图

程序运行后，如果在文本框 TextBox1 中输入一个英文句子（由多个单词组成，各单词之间用一个空格分开），然后单击命令按钮，程序将把该英文句子分解为单词，并把每个单词作为一个项目添加到文本框 TextBox2 中。

“添加”命令按钮的 Click 事件代码已经给出，但程序不完整，请在“？”处填入正确内容，但不能修改其他部分。

```
Private Sub Button1_Click(…) Handles Button1.Click
    Dim S1 As String, S2 As String
    Dim I1 As Integer
    S1 = ?
    S2 = ""
    I1 = 1
    Do
        Do While Mid(S1, I1, 1) <>? And I1 <= Len(S1)
            S2 = S2 & Mid(S1, I1, 1)
            I1 = I1 + 1
        Loop
        TextBox2.Text &= ?& vbCrLf
```

```
        S2 = ?
        I1 = I1 + 1
    Loop While I1 <= Len(S1)
End Sub
```

17．编写一个英文打字训练的程序，程序运行界面如图 3-23 所示。

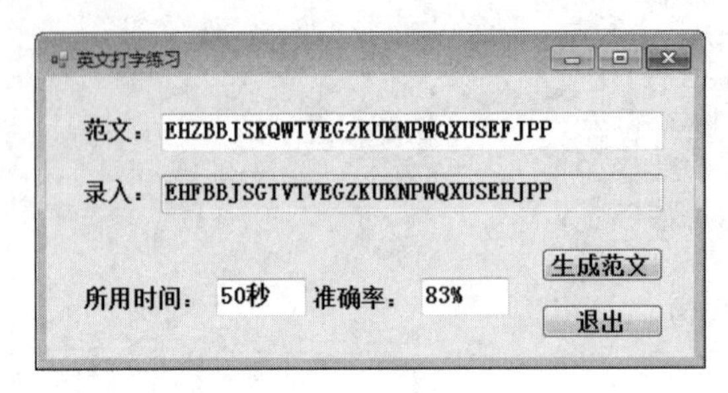

图 3-23　练习 17 图

程序的编写要求如下：

（1）在标签框内随机产生 30 个字母的范文。

（2）当焦点进入文本框时开始计时，并显示当时的时间。

（3）在文本框中按照产生的范文输入相应的字母。

（4）当输满 30 个字母时结束计时，禁止向文本框中输入内容，并显示打字的速度和正确率。

窗体及相关控件的事件代码已经给出，但程序不完整，请在“？”处填入正确内容，但不能修改其他部分。

```
Public Class Form1
    Dim t As Date
    '“生成范文”命令按钮 Button1 的 Click 事件代码
    Private Sub Button1_Click(…) Handles Button1.Click
        Dim i%, a$
        Randomize()
        TextBox1.Text = ""
        For i = 1 To 30
            a = Chr(Int(Rnd() * 26) + 65)          '随机产生大写字母
            TextBox1.Text &= ?                     '产生的字母放入范文框
        Next i
    End Sub
'“退出”命令按钮 Button2 的 Click 事件代码
    Private Sub Button2_Click(…) Handles Button2.Click
        Me.Close()
    End Sub
    '文本框 TextBox2 的 GotFocus 事件代码
    Private Sub TextBox2_GotFocus(…) Handles TextBox2.GotFocus
        t = ?                                      '输入文本框获得焦点，开始计时
    End Sub
    '文本框 TextBox2 的 KeyPress 事件代码
    Private Sub TextBox2_KeyPress(…) Handles TextBox2.KeyPress
```

```
        Dim t1%, ri%, er%                      'ri 和 er 分别表示正确和错误的字母数
        If ? Then                              '输入满 30 个字符
            t1 = DateDiff("s", t, TimeOfDay)   '计算所用时间
            TextBox3.Text = t1 & "秒"          '显示时间
            TextBox2.ReadOnly = True           '不允许再修改
            For i = 1 To 30
                If Mid(TextBox1.Text, i, 1) = Mid(TextBox2.Text, i, 1) Then
                    ri = ri + 1                '计算正确率
                Else
                    er = er + 1                '计算错误率
                End If
            Next i
            ri = ri / (ri + er) * 100          '比较正确率
            ?
        End If
    End Sub
End Class
```

18．用迭代法求高次方程的根：$x=\sqrt[3]{a}$。迭代公式为：

$$x_{i+1}=\frac{2}{3}x_i+\frac{a}{3x_i^2}$$

假定 x 的初值为 a，迭代到 $|x_{i+1}-x_i|<\varepsilon=10^{-5}$ 为止。迭代的流程图如图 3-24（a）所示。分别求出 a=3、27 的值，并通过 a^(1/3)表达式加以验证，如图 3-24（b）所示。

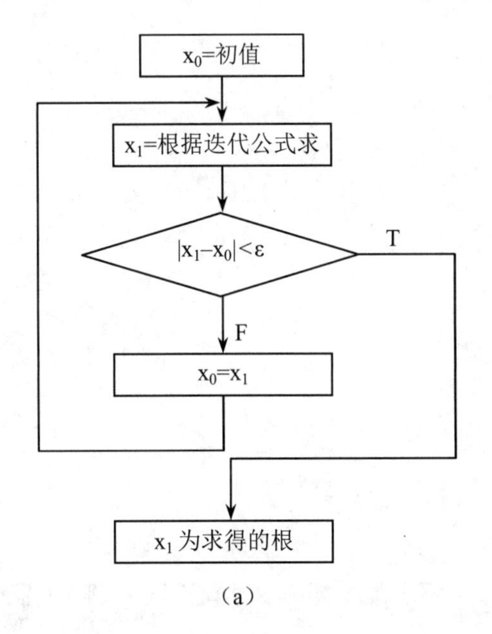

（a）

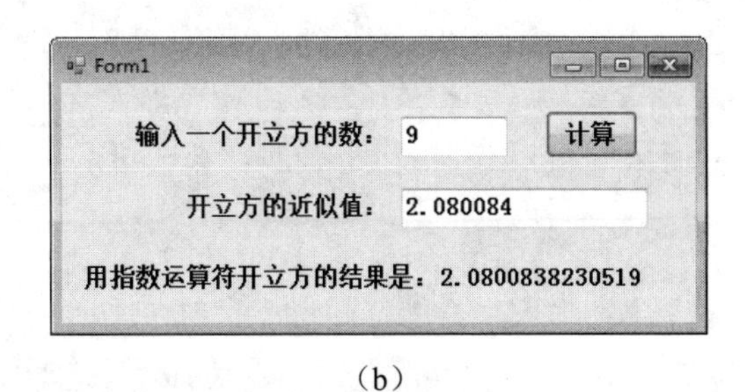

（b）

图 3-24　练习 18 图

“计算”按钮 Button1 的 Click 事件代码已经给出，但程序不完整，请在“？”处填入正确内容，但不能修改其他部分。

```
Private Sub Button1_Click(…) Handles Button2.Click
    Dim a, b, c As Single
```

```
        Label3.Text = "用指数运算符开立方的结果是："
        a = Val(TextBox1.Text)
        b = a ^ (1 / 3)                 '表示前一项
        c = ?                           '表示后一项
        While Math.Abs(c - b) > 0.00001
            b = ?
            c = 2 / 3 * b + a / (3 * b ^ 2)
        End While
        TextBox2.Text = b
        Label3.Text &= a ^ (1 / 3)
    End Sub
```

第 4 章　数组、集合与结构

一、实验目的

1．掌握数组的声明与使用用法。
2．掌握控件数组的应用。
3．掌握结构的简单使用。

二、实验指导

例 4-1　意大利数学家列昂纳多·斐波那契（Leonardo Fibonacci）在 13 世纪初写了一本叫做《算盘书》的著作，书中最有趣的是下面这个题目：

如果一对兔子每月能生 1 对小兔子，而每对小兔子在它出生后的第 3 个月，又能开始生 1 对小兔子，假定在不发生死亡的情况下，由 1 对初生的兔子开始，1 年后能繁殖成多少对兔子？

斐波那契把推算得到的头几个数摆成一串：1，1，2，3，5，8，…。

于是，按照这个规律推算出来的数（以后各月兔子的数目），构成了数学史上一个有名的数列。大家都叫它“斐波那契数列”，又称“兔子数列”。斐波那契数列来源于兔子问题，它有一个递推关系：

$$F(n)=\begin{cases}1 & n=0\\1 & n=1\\F(n-1)+F(n-2) & n\geqslant 2\end{cases}$$

编程输出斐波那契数列，每行输出 4 个数，如图 4-1 所示。

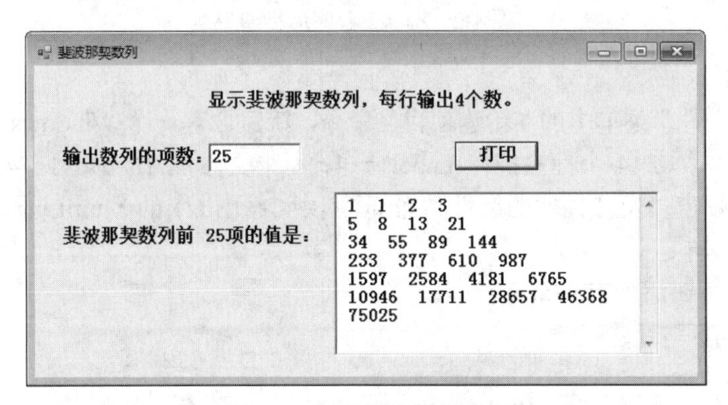

图 4-1　打印斐波那契数列

操作步骤如下：

（1）利用“文件”菜单中的“新建项目”命令，新建含有一个 Windows 窗体的应用程序。

（2）在窗体中添加 3 个标签控件 Label1～3、2 个文本框 TextBox1～2 和 1 个命令按钮 Button1。设置好窗体及各控件的属性与布局，其中 TextBox2 的 MultiLine 属性设置为 True，其他属性一般采用自定义即可。

（3）“打印”按钮 Button1 的 Click 事件代码如下：

```
Private Sub Button1_Click(…) Handles Button1.Click
    Dim f(30) As Long, k%, n%
    TextBox2.Text = ""
    f(1) = 1
    f(2) = 1
    n = Val(TextBox1.Text)
    For k = 3 To n
        f(k) = f(k - 1) + f(k - 2)
    Next
    Label3.Text = "斐波那契数列前" & Str(n) & "项的值是："
    For k = 1 To n
        TextBox2.Text = TextBox2.Text + Str(f(k)) & " "
        If k Mod 4 = 0 Then TextBox2.Text = TextBox2.Text + vbCrLf
    Next
End Sub
```

例 4-2 生成一个随机的 5 行 5 列的二维数字方阵，计算该方阵中位于主对角线上方的所有元素的和与位于主对角线下方的所有元素的和，并计算二者的差，如图 4-2 所示。

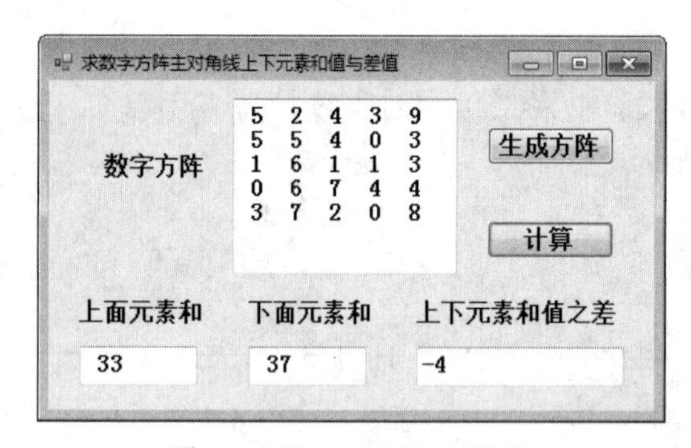

图 4-2 例 4-2 程序运行结果

操作步骤如下：

（1）利用“文件”菜单中的“新建项目”命令，新建含有一个 Windows 窗体的应用程序。

（2）在窗体中添加 4 个标签控件 Label1～4、4 个文本框 TextBox1～4 和 2 个命令按钮 Button1～2。设置好窗体及各控件的属性与布局，其中 TextBox1 的 MultiLine 属性设置为 True，其他属性一般采用自定义即可。

（3）为命令按钮添加有关事件代码。

- 窗体声明区

```
Dim a(4, 4) As Integer
```

- 窗体 Form1 的 Activated 事件代码

```
Private Sub Form1_Activated(…) Handles Me.Activated
    TextBox1.Text = "" : TextBox2.Text = "" : TextBox3.Text = "" : TextBox4.Text = ""
    Button1.Focus() '“生成方阵”命令按钮 Button1 获得焦点
End Sub
```

- “生成方阵”按钮 Button1 的 Click 事件代码

```
Private Sub Button1_Click(…) Handles Button1.Click        '生成方阵
    Dim i%, j%
```

```
        TextBox1.Text = ""
        For i = 0 To 4
            For j = 0 To 4
                a(i, j) = Int(Rnd() * 10)
                TextBox1.Text = TextBox1.Text + Str(a(i, j)) + " "
            Next
            TextBox1.Text = TextBox1.Text + vbCrLf
        Next
    End Sub
```

- “计算”按钮 Button2 的 Click 事件代码

```
    Private Sub Button2_Click(…) Handles Button2.Click                 '计算
        Dim i%, j%
        Dim a1!, a2!   'a1 为对角线上方元素和，a2 为对角线下方元素和
        For i = 0 To 4
            For j = 0 To 4
                If i <> j Then
                    If i < j Then
                        a1 = a1 + a(i, j)
                    Else
                        a2 = a2 + a(i, j)
                    End If
                End If
            Next
        Next
        TextBox2.Text = Str(a1)
        TextBox3.Text = Str(a2)
        TextBox4.Text = Str(a1 - a2)
    End Sub
```

例 4-3　编写一个运行界面如图 4-3 所示的程序，其中“+”“−”“×”“÷”为命令按钮的控件数组，文本框 TextBox1～2 用于输入数据，标签 Label1～3 和 Label5 的 Text 属性值分别为“数 1”“数 2”“结果”和“=”。若单击四个运算符按钮中的任一个，则开始计算。在计算的同时在 Label4 上显示运算符，在文本框 TextBox3 中显示结果。

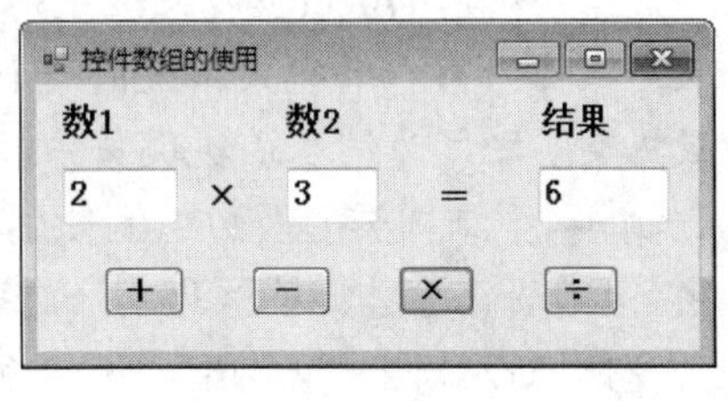

图 4-3　程序运行界面

操作步骤如下：

（1）建立一个新的项目，项目中有一个 Windows 窗体。在窗体上放置 3 个文本框 TextBox1～3、5 个标签 Label1～5，其中 Label4 的 Text 属性值为空（""），其他 4 个标签的 Text 属性值根据题意进行设置。

（2）在窗体上放置四个命令按钮 Button1～4。

（3）右击窗体任意空白处，在弹出的快捷菜单中执行“查看代码”命令，打开代码编辑器，然后编写如下共享事件处理过程，其作用是可单击其中的任意一个按钮，响应事件统一处理。

```
Public Class Form1
    Private Sub Buttones_Click(…) Handles Button1.Click, Button2.Click, Button3.Click, Button4.Click
        Select Case DirectCast(sender, Button).Text
```

```
            '使用 DirectCast 强制转换为要处理的特定对象类型
            '这样就可根据命令按钮的 Text 来判断到底操作了哪个按钮
            Case "+"
                Label4.Text = "+"
                TextBox3.Text = Val(TextBox1.Text) + Val(TextBox2.Text)
            Case "–"
                Label4.Text = "–"
                TextBox3.Text = Val(TextBox1.Text) - Val(TextBox2.Text)
            Case "×"
                Label4.Text = "×"
                TextBox3.Text = Val(TextBox1.Text) * Val(TextBox2.Text)
            Case Else
                If Val(TextBox2.Text) <> 0 Then
                    Label4.Text = "÷"
                    TextBox3.Text = Val(TextBox1.Text) / Val(TextBox2.Text)
                Else
                    MsgBox("除数为 0，重新输入该值。", , "除数为 0")
                    TextBox2.Text = ""
                    TextBox2.Focus()
                End If
        End Select
    End Sub
End Class
```

说明：事件过程名中的控件名加上“es”表示该事件是共享事件（实际上，事件过程名中的控件名可以是任何一个名称）。Handles 关键字之后要列出所有需处理的事件过程名。DirectCast 关键字用于类型转换，其语法格式如下：

```
DirectCast(参数 1,参数 2)
```

注意：使用 DirectCast 关键字的方法与使用 CType 函数和 TryCast 关键字相同。应提供一个表达式作为第一个参数，提供一个类型以将它转换为第二个参数。DirectCast 需要两个参数的数据类型之间为继承或实现关系，这意味着一个类型必须继承或实现另一个类型。

例 4-4 结构类型及数组的使用。自定义一个职工结构（employee）类型，包含职工号、姓名、工资。在窗体声明区声明一个职工结构类型的数组（Workers），其可存放多个职工信息。

窗体中设计四个文本框、两个命令按钮和三个标签控件，文本框中分别输入职工号、姓名、工资。若单击“添加”命令按钮，将文本框中输入的内容添加到数组的当前元素中；若单击“排序”命令按钮，将输入的内容按工资递减的顺序排序，并在文本框中显示。程序运行界面如图 4-4 所示。

操作步骤如下：

（1）建立一个新的项目，项目中有一个 Windows 窗体。在窗体上放置四个文本框 TextBox1～4、三个标签 Label1～3，其中 TextBox4 的 MultiLine 属性值为 True，ScrollBars 属性值为 Vertical。对于其他控件的属性值，用户可根据题意自行设置。

（2）右击窗体任意空白处，在弹出的快捷菜单中执行“查看代码”命令，打开代码编辑器。结构（employee）定义、结构数组的声明及窗体和有关事件代码如下：

```
Public Class Form1
    '定义一个结构 employee 来存储职工信息
```

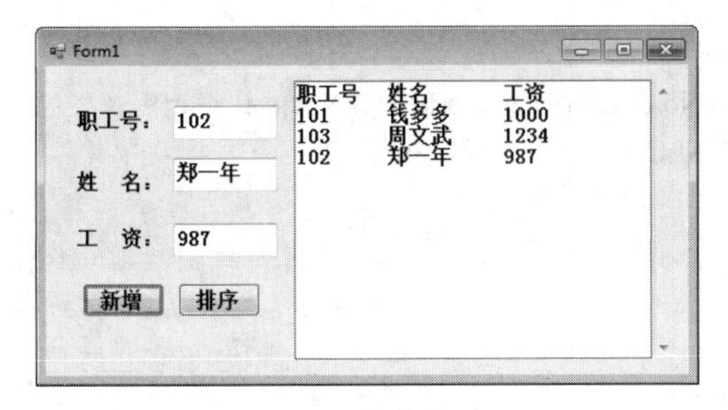

（a）排序前

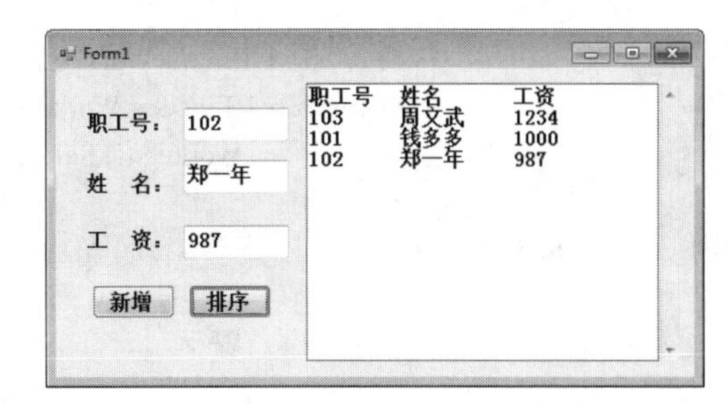

（b）排序后

图 4-4　程序运行界面

```
Private Structure employee
    Public No As Integer                          '职工号
    <VBFixedString(10)> Public Name As String     '姓名
    Public Salary As Integer                      '工资
End Structure
Private Workers() As employee                     '定义一个存放职工信息的数组 Workers
Dim Count As Integer                              '用于记录职工数
Private Sub Form1_Load(…) Handles MyBase.Load
    TextBox4.Text = "职工号" & Chr(9) & "姓名" & Chr(9) & "  工资" & vbCrLf
End Sub
Private Sub Buttones_Click(…) Handles Button1.Click, Button2.Click '共享事件代码
    Select Case DirectCast(sender, Button).Name
        Case Button1.Name
            ReDim Preserve Workers(Count)
            With Workers(Count)
                .No = Val(TextBox1.Text)
                .Name = TextBox2.Text
                .Salary = Val(TextBox3.Text)
            End With
            TextBox4.Text &= Workers(Count).No & Chr(9) &_Workers(Count).Name & Chr(9) & _
                  "    " & Workers(Count).Salary & vbCrLf
            Count += 1
        Case Button2.Name
         TextBox4.Text = "职工号" & Chr(9) & "姓名" & Chr(9) & "  工资" & vbCrLf
            Dim i, m As Integer
            Dim temp(0) As employee
            For i = LBound(Workers) To UBound(Workers) - 1     '进行“数组大小-1”轮比较
                m = i        '在第 i 轮比较时，假定第 i 个元素为最小值元素
                For j = i + 1 To UBound(Workers)
                    '在剩下的元素中找出最小值元素的下标并记录在 m 中
                    If Workers(j).Salary > Workers(m).Salary Then m = j
                    'm 记录最小值元素下标
                Next j      '将最小值元素与第 i 个元素交换
                temp(0) = Workers(i)
                Workers(i) = Workers(m)
                Workers(m) = temp(0)
            Next i
```

```
                For i = 0 To UBound(Workers)
                    TextBox4.Text &= Workers(i).No & Chr(9) & Workers(i).Name &_Chr(9) & "    " & _
                            Workers(i).Salary & vbCrLf
                Next
        End Select
    End Sub
End Class
```

三、实验练习

1．单击窗体中标签控件 Label1，标签中显示随机产生的 10 个数值（在 1～10 之间的整数），并求出平均值。每行显示 5 个整数，程序运行的界面如图 4-5 所示。

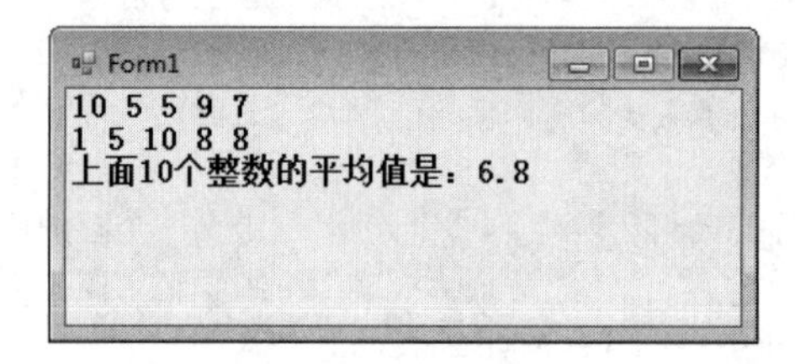

图 4-5　练习 1 图

标签 Label1 的 Click 事件代码不完整，请将“？”处补充完整，使程序能正确运行。

```
Public Class Form1
    Private Sub Label1_Click(…) Handles Label1.Click
        Dim k%, a%(9), avg!                          'avg 表示平均值
        Label1.Text = ""
        For k = 0 To 9
            a(k) = Int(Rnd() * 10 + 1)
            avg = avg +?
            Label1.Text &= a(k) & Space(1)
            If ? Mod 5 = 0 Then                      '每行输出 5 个数字
                Label1.Text &= ?                     '换行
            End If
        Next
        Label1.Text &= "上面 10 个整数的平均值是：" & avg / ?
    End Sub

    Private Sub Form1_Resize(…) Handles Me.Resize    '设置 Label1 的大小
        Label1.Left = 0
        Label1.Top = 0 '
        Label1.Height = Me.ClientSize.Height
        Label1.Width = Me.ClientSize.Width
    End Sub

    Private Sub Form1_Load(…) Handles MyBase.Load
        Randomize()                                  '初始化随机生成器
    End Sub

End Class
```

2．以下是一个比赛评分程序。在窗体上建立一个名为 tb1 的文本框数组（内含 7 个文本框），然后画一个名为 TextBox1 的文本框和名为 Button1 的命令按钮。运行时在文本框数组中输入 7 个分数，单击“计算得分”命令按钮，则最后得分（显示在 TextBox1 文本框中去掉一个最高分和一个最低分后的平均分即为最后得分），如图 4-6 所示。

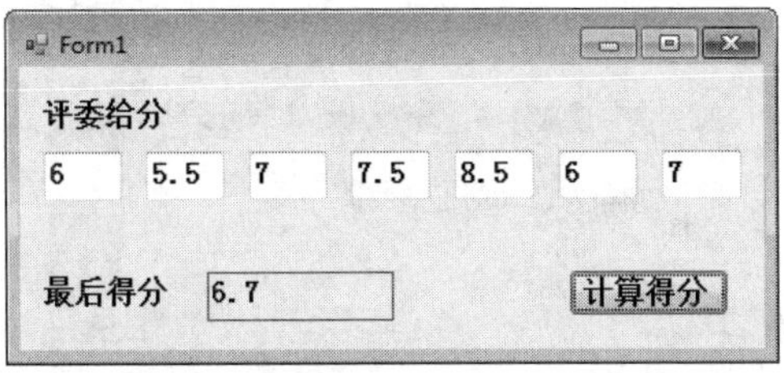

图 4-6　练习 2 图

下面是“计算得分”命令按钮 Button1 的 Click 事件代码及窗体的 Load 事件代码，请将“？”处补充完整。

```
Public Class Form1
    Dim tb1(6) As TextBox
    Private Sub Button1_Click(…) Handles Button1.Click '计算得分
        Dim k As Integer
        Dim sum As Single, max As Single, min As Single
        sum = tb1(0).Text
        max = tb1(0).Text
        min = tb1(0).Text
        For ? To 6
            If max < tb1(k).Text Then
                max = tb1(k).Text
            End If
            If min > tb1(k).Text Then
                ? = Tb1(k).text
            End If
            sum = sum + tb1(k).Text
        Next k
        TextBox1.Text = (?) / 5
    End Sub

    Private Sub Form1_Load(…) Handles MyBase.Load    '生成一个文本框数组
        For i = 0 To 6
            tb1(i) = New TextBox
            With tb1(i)
                .Left = 13 + i * (13 + 43)
                .Top = 45
                .Width = 43
                .Height = 26
                .Visible = True
                Me.Controls.Add(tb1(i))                '在窗体上添加一个文本框
            End With
        Next
```

```
    End Sub
End Class
```

3．如图 4-7 所示，程序运行后，单击窗体上的“计算并输出”命令按钮，程序将计算 500 以内两个数之间（包括开头和结尾的数）所有连续数的和为 1250 的正整数，并在文本框 TextBox1 中显示出来。这样的数有多组，编写程序输出每组开头和结尾的正整数，并用“～”连接起来。

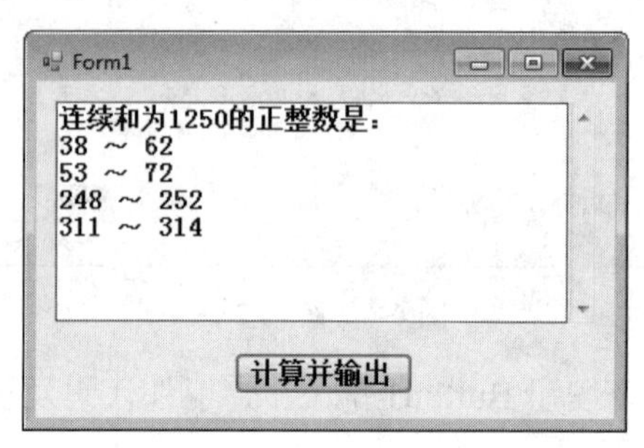

图 4-7　练习 3 图

下面是“计算并输出”命令按钮 Button1 的 Click 事件代码，请将“？”处补充完整。

```
Private Sub Button1_Click(…) Handles Button1.Click
    Dim i As Integer, j As Integer, iSum As Integer
    TextBox1.Text = "连续和为 1250 的正整数是：" & vbCrLf
    For i = 1 To 500
        ? = 0
        For j = i To 500
            iSum += ?
            If iSum >= 1250 Then Exit For
        Next
        If iSum = ? Then
            TextBox1.Text &= i & " ～ " & j & vbCrLf
        End If
    Next
End Sub
```

4．如图 4-8（a）所示，窗体中有 10 个文本框 TextBox1～10。程序运行时，单击“产生随机数”按钮，就会产生 10 个两位数的随机数，并放入 TextBox1～10 中；单击“重排数据”按钮，将把 TextBox1～10 中的奇数移到前面，偶数移到后面，如图 4-8（b）所示。

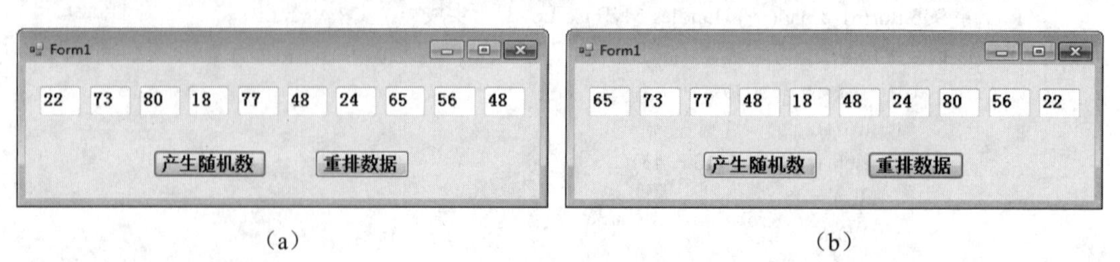

（a）　　　　（b）

图 4-8　练习 4 图

下面给出了所有控件和部分程序，程序不完整，请把程序中的“？”改为正确的内容，使其能正确运行。

在“重排数据”按钮的事件过程中有对其算法的文字描述，请仔细阅读。

```
Public Class Form1
    Dim tb(9) As Integer
    Private Sub Button1_Click(…) Handles Button1.Click
        Randomize()
        Dim str As String
        Dim i As Integer
        For i = 1 To 10
            str = "TextBox" & i
            Me.Controls(str).Text = Fix(Rnd() * 90 + 10)
            '通过集合为指定的控件赋值，有点像数组的使用
            tb(i - 1) = Me.Controls(str).Text
        Next i
    End Sub

    Private Sub Button2_Click(…) Handles Button2.Click
        '===================================================
        '算法：
        '①令 i 指向第一个数，j 指向最后一个数，并先暂存最后一个数；
        '②检查第 i 个数是否为偶数，若不是，再检查下一个，直至第 i 个数是
        '  偶数，则把此偶数放到第 j 个位置，j 向前移 1 个位置；
        '③检查第 j 个数是否为奇数，若不是，再检查前一个，直至第 j 个数是
        '  奇数，则把此奇数放到第 i 个位置，i 向后移 1 个位置；
        '④重复②③，直到 i=j
        '⑤把开始暂存的数放到 i 的位置
        '===================================================
        Dim i, j, temp As Integer, flag As Boolean
        i = 0
        j = ?
        ? = tb(j)
        flag = True
        While (i < ?)
            If flag Then
                If tb(i) Mod 2 = 0 Then
                    tb(j) = tb(i)
                    j = j - 1
                    flag = Not flag
                Else
                    i = i + 1
                End If
            Else
                If tb(j) Mod 2 = ? Then
                    tb(i) = tb(j)
                    i = i + 1
                    flag = Not flag
                Else
```

```
                    j = j - 1
                End If
            End If
        End While
        tb(i) = temp
        Dim str As String
        For i = 1 To 10
            str = "TextBox" & i
            Me.Controls(str).Text = tb(?)
        Next i
    End Sub
End Class
```

5．如图 4-9 所示，窗体上有两个标题分别是“生成数据”和“排序”的命令按钮。请添加两个名称分别为 TextBox1 和 TextBox2，初始值为空，可显示多行文本，有垂直滚动条的文本框。程序功能如下：单击“生成数据”按钮，随机产生 20 个 10～100 间的互不相等的整数，并将这 20 个数以每行 4 个显示在 TextBox1 文本框中；单击“排序”按钮，将 20 个数按升序排列，并显示在 TextBox2 文本框中。

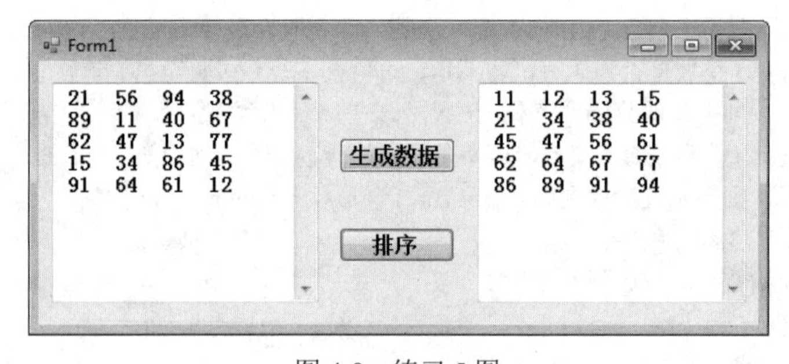

图 4-9　练习 5 图

“生成数据”和“排序”按钮的 Click 事件过程已经给出，但不完整，请将事件过程中的“？”改为正确的内容，以实现上述程序功能。

```
Dim a(20) As Integer                                        '在窗体声明区定义数组
Private Sub Button1_Click(…) Handles Button1.Click          '生成数据
        Randomize()
        TextBox1.Text = ""
        For i = 1 To 20
            a(i) = Int(Rnd() * 90 + 10)
            For k = 1 To ?
                If a(i) = a(k) Then
                    ?
                    Exit For
                End If
            Next k
        Next i
        For i = 1 To 20
            TextBox1.Text &= Str(a(i)) + Space(1)
            If i Mod 4 = 0 Then TextBox1.Text &= vbCrLf        '换行
```

```
        Next i
    End Sub

    Private Sub Button2_Click(…) Handles Button2.Click '排序
        Dim temp As Integer
        TextBox2.Text = ""
        For ? 19
            For ? To 20
                If a(i) > a(j) Then
                    temp = ?
                    a(i) = a(j)
                    ? = temp
                End If
            Next j
        Next i
        For i = 1 To 20
            TextBox2.Text &= Str(a(i)) + Space(1)
            If i Mod 4 = 0 Then TextBox2.Text &= vbCrLf '换行
        Next i
    End Sub
```

6．成绩等级与绩点的关系如表 4-1 所示。

表 4-1　成绩等级与绩点的关系

等级	100～90	89～80	79～70	69～60	60 以下
绩点	4	3	2	1	0

编写程序来利用两个一维数组分别输入某学生 5 门课程的学分、成绩，计算其平均绩点 GPA（Grade Point Average）。例如，某学生 5 门课程的学分、成绩分别如表 4-2 所示，求该学生的平均绩点，程序运行结果如图 4-10 所示。

表 4-2　各课程学分与成绩

学分	3	2	3	4	1
成绩	78	98	83	68	90

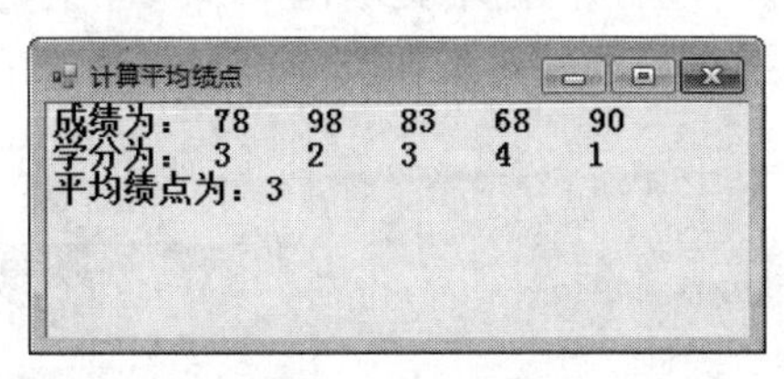

图 4-10　练习 6 图

其中，计算学生的平均绩点公式如下：

$$平均绩点=\frac{\sum 所学各课程学分\times 成绩}{\sum 所学各课程学分}$$

7．如图 4-11 所示，程序的功能是通过键盘向文本框中输入大写字母、小写字母和数字。

单击标题为“统计”的命令按钮，分别统计输入的字符串中大写字母、小写字母及数字的个数，并将统计结果分别显示在标签控件 Label2、Label4 和 Label6 中。

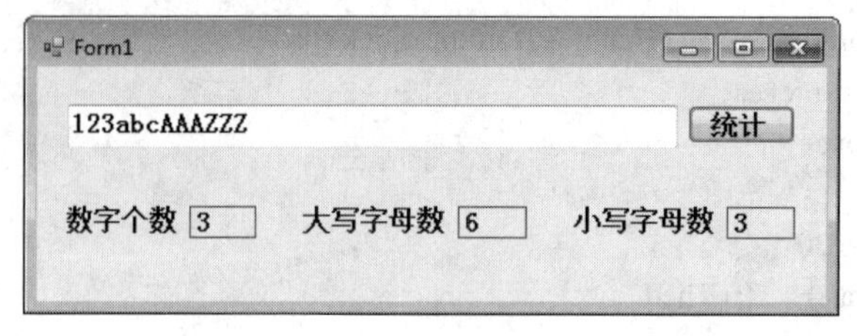

图 4-11　练习 7 图

在给出的窗体文件中已经添加了全部控件，但程序不完整。要求把程序中的“？”改为正确的内容。

```
Private Sub Button1_Click(…) Handles Button1.Click
    Dim n, b, a(3) As Integer
    Dim s As String
    s = RTrim(TextBox1.Text)
    n = ? (TextBox1.Text)
    For i = 1 To n
        b = ? (Mid(s, i, 1))
        Select Case b 'Select Case ?
            Case 48 To 57         '统计数字个数
                a(0) = a(0) + 1
            Case 65 To 90         '统计大写字母个数
                a(1) = a(1) + 1
            Case 97 To 122        '统计小写字母个数
                a(2) = a(2) + 1
        End Select
    Next
    For i = 0 To ?
        s = "Label" & (i + 1) * 2
        Me.Controls(s).? = a(i)
    Next
End Sub
```

8．如图 4-12 所示，程序运行后，在四个文本框中输入一组整数，然后单击“按升序排序”命令按钮，即可使数组从小到大排序，并显示在文本框中。这个程序不完整，请把它补充完整，并使其正确运行。

（a）原始数据

（b）排序后的数据

图 4-12　练习 8 图

要求：去掉程序中的注释符，把程序中的“？”改为正确的内容，实现上述功能，但不能修改程序中的其他部分。

```
Private Sub Button1_Click(…) Handles Button1.Click
    Dim arr1(3) As Integer
    Dim Finish As Integer
    Dim i As Integer, j As Integer, t As Integer
    For i = 0 To 3
        arr1(i) = Me.Controls("TextBox" & i + 1).Text '赋值
    Next i
    Finish = ?(arr1)   '取下标上界值
    For i = ? To 1 Step -1
        For j = 1 To ?
            If arr1(j) < arr1(j - 1) Then
                t = arr1(j - 1)
                arr1(j - 1) = arr1(j)
                arr1(j) = ?
            End If
        Next j
    Next i
    TextBox1.Text = arr1(0)
    TextBox2.Text = arr1(1)
    TextBox3.Text = arr1(2)
    TextBox4.Text = arr1(3)
End Sub
```

9. 如图 4-13 所示，窗体上有 3 个文本框，其名称分别为 TextBox1、TextBox2 和 TextBox3，其中 TextBox1 可多行显示。请添加 3 个命令按钮，名称分别为 Cmd1、Cmd2 和 Cmd3，标题分别为“产生数组”“统计”和“退出”。程序功能如下：

（1）单击“产生数组”按钮时，随机生成 20 个 0～10 之间（不含 0 和 10）的数值，并将其保存到一维数组 a 中，同时也将这 20 个数值显示在 TextBox1 文本框内。

（2）单击“统计”按钮时，统计出数组 a 中出现频率最高的数值及其出现的次数，并将出现频率最高的数值显示在 TextBox2 文本框内，出现频率最高的次数显示在 TextBox3 文本框内。

（3）单击“退出”按钮时，结束程序运行。

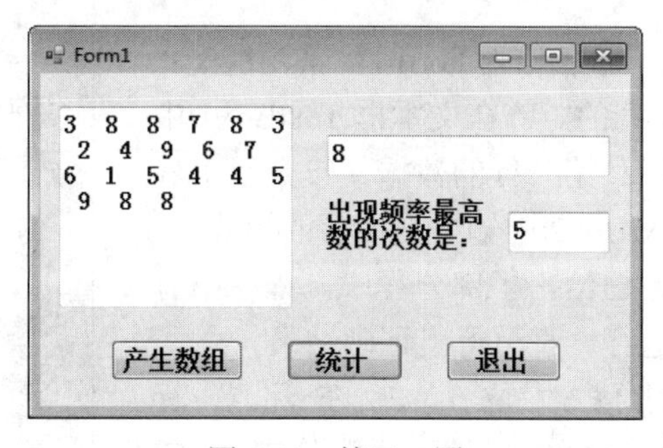

图 4-13　练习 9 图

要求：去掉程序中的注释符，把程序中的“？”改为正确的内容，使其实现上述功能，但不能修改程序中的其他部分。

窗体及控件有关的事件代码如下：

```
Public Class Form1
    Dim a(19) As Integer, b(19) As Integer
    Private Sub Cmd1_Click(…) Handles Cmd1.Click '产生数组
        Randomize()
        TextBox1.Text = "" : TextBox2.Text = "" : TextBox3.Text = ""
        For i = 0 To 19
            'a(i) = Fix(Rnd * ? + 1)
            b(i) = 1'每个数组元素出现 1 次
            TextBox1.Text &= a(i) & Space(2)
        Next i
    End Sub

    Private Sub Cmd2_Click(…) Handles Cmd2.Click        '统计
        Dim fmax As Integer                             '表示频率最高
        For i = 0 To 19
            'For j = 1 To ?
                If a(i) = a(j) Then
                    b(i) = b(i) + 1
                End If
            Next j
            'If b(i) > ? Then fmax = b(i)
        Next i
        For i = 0 To 19
            'If b(i) = ? Then
                TextBox2.Text &= a(i) & Space(2)
            End If
        Next i
        TextBox3.Text = fmax
    End Sub

    Private Sub Cmd3_Click(…) Handles Cmd3.Click '退出
        ' ?
    End Sub
End Class
```

10．如图 4-14 所示，窗体名称为 Form1，其功能是：将二维数组 Mat 中 M 行 N 列的矩阵在文本框 TextBox1 中输出，然后交换矩阵第一行和第三行的数据（设数组下标下界为 1），并在文本框 TextBox2 中输出交换后的矩阵。

在窗体的代码窗口中，已给出了部分程序，程序中有两处错误，请修改程序并运行，直至得出正确结果。

注意：程序中的修改位置就在注释行“'**********found*************'　'请不要删除该行'”的下面一行中，请不要改动程序中的其他部分。

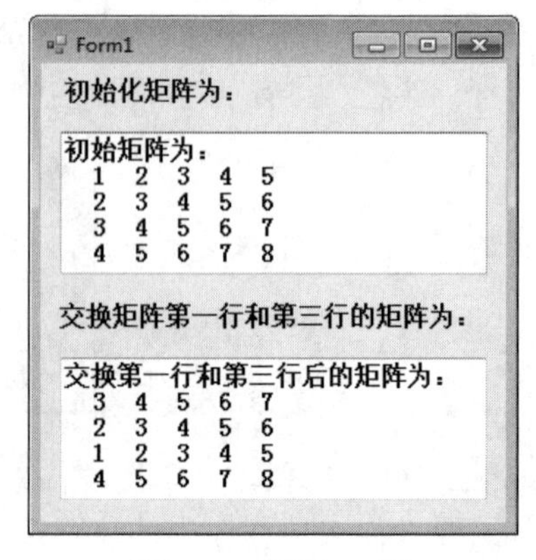

图 4-14　练习 10 图

```
Private Sub Form1_Click(…) Handles Me.Click
    Const M = 4
```

```
    Const N = 5
    TextBox1.Text = "" : TextBox2.Text = ""
    '**********found*************'    '请不要删除该行'
    Dim Mat() As Integer
    Dim i As Integer, j As Integer, t As Integer
    For i = 1 To M
        For j = 1 To N
            Mat(i, j) = i + j - 1
        Next j
    Next i
    TextBox1.Text = "初始矩阵为：" & vbCrLf
    For i = 1 To M
        For j = 1 To N
            TextBox1.Text &= Space(2) & Mat(i, j)
        Next j
        TextBox1.Text &= vbCrLf
    Next i
    TextBox1.Text &= vbCr
    For j = 1 To N
        t = Mat(1, j)
        Mat(1, j) = Mat(3, j)
        '**********found*************'    '请不要删除该行'
        t = Mat(3, j)
    Next j
    TextBox1.Text &= vbCr
    TextBox2.Text &= "交换第一行和第三行后的矩阵为：" & vbCrLf
    For i = 1 To M
        For j = 1 To N
            TextBox2.Text &= Space(2) & Mat(i, j)
        Next j
        TextBox2.Text &= vbCrLf
    Next i
End Sub
```

11．如图 4-15 所示，程序功能：求三位偶数中，个位数字与十位数字之和除以 10 所得的余数是百位数字的数的个数，并将满足条件的数保存在一个数组中，然后，在文本框中以每行 10 个显示出来。

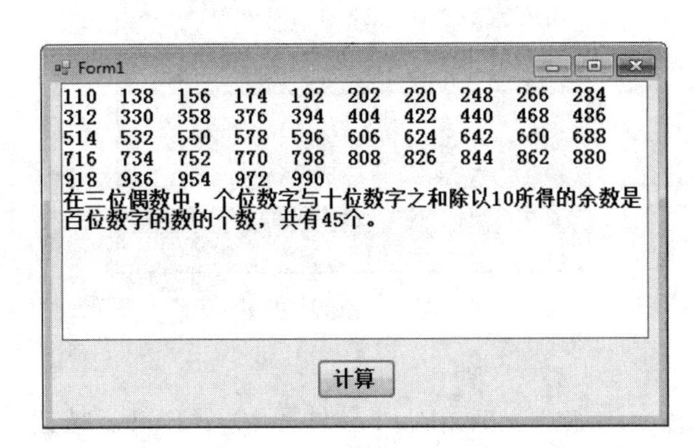

图 4-15　练习 11 图

要求：去掉程序中的注释符，把程序中的“？”改为正确的内容，实现上述功能，但不能修改程序中的其他部分。

```
Private Sub Button1_Click(…) Handles Button1.Click
    Dim count As Integer
    Dim a As Integer, b As Integer, c As Integer
    Dim x As Integer
    Dim Result() As Integer
    TextBox1.Text = ""
    count = 0
    x = 100
    Do While x <= 999
        'a = ?                               '求百位数字
        'b = (x - ?) \ 10                    '求十位数字
        c = x - a * 100 - b * 10             '求个位数字
        If x Mod 2 = 0 ? (b + c) Mod 10 = a Then    '判断是否为偶数及是否满足给定的条件
            count = count + 1
            ReDim ?                          '增加动态数组元素的个数
            Result(count) = x
            TextBox1.Text &= Result(count) & Space(2)
            If count Mod 10 = 0 Then
                TextBox1.Text &=   ?         '换行
            End If
        End If
        x = ?
    Loop
    TextBox1.Text &= vbCrLf & "在三位偶数中，个位数字与十位数字之和" _
& "除以 10 所得的余数是百位数字的数的个数，共有" & count & "个。"
End Sub
```

*12．制作简单计算器，软件界面如图 4-16 所示。窗体上有一个文本框来显示输入的数据和符号，一个文本框用来输入数据并显示计算结果。

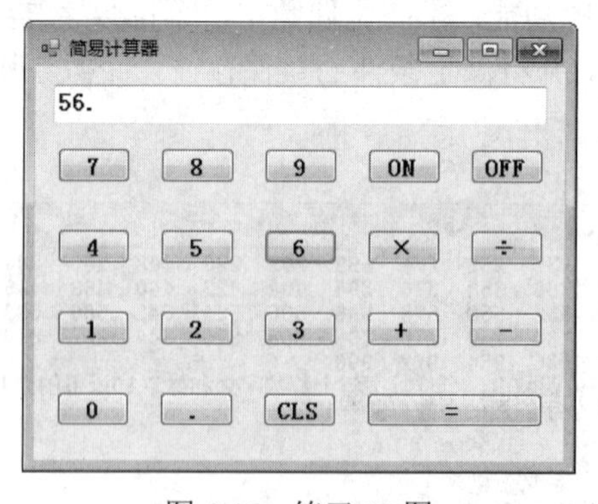

图 4-16　练习 12 图

提示：

（1）在 Form1 窗体中添加一个 TextBox1 控件和 19 个 Button 按钮，控件详细属性设置如表 4-3 所示。

表 4-3　控件详细属性设置

控件	Text 属性值	控件	Text 属性值
TextBox1	（数据显示框）	Button10	4
Button1	0	Button11	5
Button2	.	Button12	6
Button3	CLS（归零）	Button13	×
Button4	=	Button14	÷
Button5	1	Button15	7
Button6	2	Button16	8
Button7	3	Button17	9
Button8	+	Button18	ON
Button9	–	Button19	OFF

（2）完整的程序代码已给出。程序运行时可进行加减乘除等运算，如果读者认为功能不够，还可以再去添加一些新的功能。

```
Public Class Form1
    Dim strdx() As String = {"0", "0", "0"}    '声明一个字符串，用以存取数值
    Dim calcount1 As String = "0"
    Dim calcount2 As String = "0"
    Dim strvalue As Boolean = False
    'Button1.Click 代码
    Private Sub Button1_Click(…) Handles Button1.Click '0
        If strdx(0) = "0" Then
            TextBox1.Text = strdx(0) & "."
        ElseIf strvalue = False Then
            strdx(0) = strdx(0) & "0"
            TextBox1.Text = strdx(0) & "."
        Else
            strdx(0) = strdx(0) & "0"
            TextBox1.Text = strdx(0)
        End If
    End Sub

    'Button2.Click 事件代码
    Private Sub Button2_Click(…) Handles Button2.Click '.
        strvalue = True
        strdx(0) = strdx(0) & "."
        TextBox1.Text = strdx(0)
    End Sub

    'Button3.Click 事件代码
    Private Sub Button3_Click (…) Handles Button3.Click 'CLS
        strdx(0) = "0"
```

```
        strdx(1) = "0"
        strdx(2) = "0"
        calcount1 = "0"
        calcount2 = "0"
        strvalue = False
        TextBox1.Text = "0."
    End Sub

    'Button4.Click 事件代码
    Private Sub Button4_Click(…) Handles Button4.Click '=
        If strdx(2) = "0" Then
            Select Case calcount1
                Case "+"
                    TextBox1.Text = Str(Val(strdx(1)) + Val(strdx(0)))
                Case "–"
                    TextBox1.Text = Str(Val(strdx(1)) - Val(strdx(0)))
                Case "×"
                    TextBox1.Text = Str(Val(strdx(1)) * Val(strdx(0)))
                Case "÷"
                    If strdx(0) = "0" Then
                        TextBox1.Text = "error!"
                    Else
                        TextBox1.Text = Str(Val(strdx(1)) / Val(strdx(0)))
                    End If
            End Select
        ElseIf calcount2 = "×" Then
            strdx(0) = Str(Val(strdx(0)) * Val(strdx(2)))
            Select Case calcount1
                Case "+"
                    TextBox1.Text = Str(Val(strdx(1)) + Val(strdx(0)))
                Case "–"
                    TextBox1.Text = Str(Val(strdx(1)) - Val(strdx(0)))
                Case "×"
                    TextBox1.Text = Str(Val(strdx(1)) * Val(strdx(0)))
                Case "÷"
                    If strdx(0) = "0" Then
                        TextBox1.Text = "error!"
                    Else
                        TextBox1.Text = Str(Val(strdx(1)) / Val(strdx(0)))
                    End If
            End Select
        Else calcount2 = "÷" Then
            strdx(0) = Str(Val(strdx(2)) / Val(strdx(0)))
            Select Case calcount1
                Case "+"
                    TextBox1.Text = Str(Val(strdx(1)) + Val(strdx(0)))
```

```
            Case "–"
                TextBox1.Text = Str(Val(strdx(1)) - Val(strdx(0)))
            Case "×"
                TextBox1.Text = Str(Val(strdx(1)) * Val(strdx(0)))
            Case "÷"
                If strdx(0) = "0" Then
                    TextBox1.Text = "error!"
                Else
                    TextBox1.Text = Str(Val(strdx(1)) / Val(strdx(0)))
                End If
        End Select
    End If
End Sub

'Button5.Click 事件代码
Private Sub Button5_Click(…) Handles Button5.Click '1
    If strdx(0) = "0" Then
        strdx(0) = "1"
        TextBox1.Text = strdx(0) & "."
    ElseIf strvalue = False Then
        strdx(0) = strdx(0) & "1"
        TextBox1.Text = strdx(0) & "."
    Else
        strdx(0) = strdx(0) & "1"
        TextBox1.Text = strdx(0)
    End If
End Sub

'Button6.Click 事件代码如下
Private Sub Button6_Click(…) Handles Button6.Click '2
    If strdx(0) = "0" Then
        strdx(0) = "2"
        TextBox1.Text = strdx(0) & "."
    ElseIf strvalue = False Then
        strdx(0) = strdx(0) & "2"
        TextBox1.Text = strdx(0) & "."
    Else
        strdx(0) = strdx(0) & "2"
        TextBox1.Text = strdx(0)
    End If
End Sub

'Button7.Click 事件代码
Private Sub Button7_Click(…) Handles Button7.Click '3
    If strdx(0) = "0" Then
        strdx(0) = "3"
```

```
            TextBox1.Text = strdx(0) & "."
        ElseIf strvalue = False Then
            strdx(0) = strdx(0) & "3"
            TextBox1.Text = strdx(0) & "."
        Else
            strdx(0) = strdx(0) & "3"
            TextBox1.Text = strdx(0)
        End If
    End Sub

    'Button8.Click 事件代码
    Private Sub Button8_Click(…) Handles Button8.Click '+
        If calcount1 = "0" Then
            calcount1 = "+"
            strdx(1) = strdx(0)
            strdx(0) = "0"
        Else : Select Case calcount1
                Case "+"
                    strdx(1) = Str(Val(strdx(0)) + Val(strdx(1)))
                    strdx(0) = "0"
                    calcount1 = "+"
                Case "–"
                    strdx(1) = Str(Val(strdx(1)) - Val(strdx(0)))
                    strdx(0) = "0"
                    calcount1 = "+"
                Case "×"
                    strdx(1) = Str(Val(strdx(0)) * Val(strdx(1)))
                    strdx(0) = "0"
                    calcount1 = "+"
                Case "÷"
                    strdx(1) = Str(Val(strdx(1)) / Val(strdx(0)))
                    strdx(0) = "0"
                    calcount1 = "+"
            End Select
        End If
    End Sub

    'Button9.Click 事件代码
    Private Sub Button9_Click(…) Handles Button9.Click '–
        If calcount1 = "0" Then
            calcount1 = "–"
            strdx(1) = strdx(0)
            strdx(0) = "0"
        Else : Select Case calcount1
                Case "+"
                    strdx(1) = Str(Val(strdx(0)) + Val(strdx(1)))
```

```
                strdx(0) = "0"
                calcount1 = "–"
            Case "–"
                strdx(1) = Str(Val(strdx(1)) - Val(strdx(0)))
                strdx(0) = "0"
                calcount1 = "–"
            Case "×"
                strdx(1) = Str(Val(strdx(0)) * Val(strdx(1)))
                strdx(0) = "0"
                calcount1 = "–"
            Case "÷"
                strdx(1) = Str(Val(strdx(1)) / Val(strdx(0)))
                strdx(0) = "0"
                calcount1 = "–"
        End Select
    End If
End Sub

'Button10.Click 事件代码
Private Sub Button10_Click(…) Handles Button10.Click '4
    If strdx(0) = "0" Then
        strdx(0) = "4"
        TextBox1.Text = strdx(0) & "."
    ElseIf strvalue = False Then
        strdx(0) = strdx(0) & "4"
        TextBox1.Text = strdx(0) & "."
    Else
        strdx(0) = strdx(0) & "4"
        TextBox1.Text = strdx(0)
    End If
End Sub

'Button11.Click 事件代码
Private Sub Button11_Click(…) Handles Button11.Click '5
    If strdx(0) = "0" Then
        strdx(0) = "5"
        TextBox1.Text = strdx(0) & "."
    ElseIf strvalue = False Then
        strdx(0) = strdx(0) & "5"
        TextBox1.Text = strdx(0) & "."
    Else
        strdx(0) = strdx(0) & "5"
        TextBox1.Text = strdx(0)
    End If
End Sub

'Button12.Click 事件代码
```

```
Private Sub Button12_Click(…) Handles Button12.Click '6
    If strdx(0) = "0" Then
        strdx(0) = "6"
        TextBox1.Text = strdx(0) & "."
    ElseIf strvalue = False Then
        strdx(0) = strdx(0) & "6"
        TextBox1.Text = strdx(0) & "."
    Else
        strdx(0) = strdx(0) & "6"
        TextBox1.Text = strdx(0)
    End If
End Sub

'Button13.Click 事件代码
Private Sub Button13_Click(…) Handles Button13.Click '×
    If calcount1 = "0" Then
        calcount1 = "×"
        strdx(1) = strdx(0)
        strdx(0) = "0"
    Else : Select Case calcount1
            Case "+"
                calcount2 = "×"
                strdx(2) = strdx(0)
                strdx(0) = "0"
            Case "–"
                calcount2 = "×"
                strdx(2) = strdx(0)
                strdx(0) = "0"
            Case "×"
                strdx(1) = Str(Val(strdx(0)) * Val(strdx(1)))
                strdx(0) = "0"
                calcount1 = "×"
            Case "÷"
                strdx(1) = Str(Val(strdx(1)) / Val(strdx(0)))
                strdx(0) = "0"
                calcount1 = "×"
        End Select
    End If
End Sub

'Button14.Click 事件代码
Private Sub Button14_Click(…) Handles Button14.Click '÷
    If calcount1 = "0" Then
        calcount1 = "÷"
        strdx(1) = strdx(0)
        strdx(0) = "0"
```

```
        Else : Select Case calcount1
                Case "+"
                    calcount2 = "÷"
                    strdx(2) = strdx(0)
                    strdx(0) = "0"
                Case "–"
                    calcount2 = "÷"
                    strdx(2) = strdx(0)
                    strdx(0) = "0"
                Case "×"
                    strdx(1) = Str(Val(strdx(0)) * Val(strdx(1)))
                    strdx(0) = "0"
                    calcount1 = "÷"
                Case "÷"
                    strdx(1) = Str(Val(strdx(1)) / Val(strdx(0)))
                    strdx(0) = "0"
                    calcount1 = "÷"
            End Select
        End If
End Sub

'Button15.Click 事件代码
Private Sub Button15_Click(…) Handles Button15.Click '7
        If strdx(0) = "0" Then
            strdx(0) = "7"
            TextBox1.Text = strdx(0) & "."
        ElseIf strvalue = False Then
            strdx(0) = strdx(0) & "7"
            TextBox1.Text = strdx(0) & "."
        Else
            strdx(0) = strdx(0) & "7"
            TextBox1.Text = strdx(0)
        End If
End Sub

'Button16.Click 事件代码
Private Sub Button16_Click(…) Handles Button16.Click '8
        If strdx(0) = "0" Then
            strdx(0) = "8"
            TextBox1.Text = strdx(0) & "."
        ElseIf strvalue = False Then
            strdx(0) = strdx(0) & "8"
            TextBox1.Text = strdx(0) & "."
        Else
            strdx(0) = strdx(0) & "8"
            TextBox1.Text = strdx(0)
```

```
        End If
    End Sub

    'Button17.Click 事件代码
    Private Sub Button17_Click(…) Handles Button17.Click '9
        If strdx(0) = "0" Then
            strdx(0) = "9"
            TextBox1.Text = strdx(0) & "."
        ElseIf strvalue = False Then
            strdx(0) = strdx(0) & "9"
            TextBox1.Text = strdx(0) & "."
        Else
            strdx(0) = strdx(0) & "9"
            TextBox1.Text = strdx(0)
        End If
    End Sub

    'Button18.Click 事件代码
    Private Sub Button18_Click(…) Handles Button18.Click 'ON
        TextBox1.Text = "0."
    End Sub

    'Button19.Click 事件代码
    Private Sub Button19_Click(…) Handles Button19.Click 'OFF
        Me.Close()
    End Sub

End Class
```

第 5 章　常用控件

一、实验目的

1．了解和掌握直线控件 LineShape、椭圆控件 OvalShape 和矩形控件 RectangleShape 的基本使用范围和方法。

2．熟悉并掌握图片框控件 PictureBox 和图像列表框控件 ImageList 的基本使用方法。

3．掌握水平滚动条控件 HScrollBar 和垂直滚动条控件 VScrollBar 的使用方法。

4. 重点掌握单选按钮、复选框、列表框、组合框、滚动条、计时器、列表视图控件 ListView、树型视图控件 TreeView、分组框、面板控件 Pancel、选项卡控件 TabControl、驱动器列表框、目录列表框和文件列表框的使用方法和技巧。

二、实验指导

例 5-1　设计一个学生基本信息的数据输入窗体，单击“提交”按钮后，将输入的内容显示在 Listbox 控件中，如图 5-1 所示。

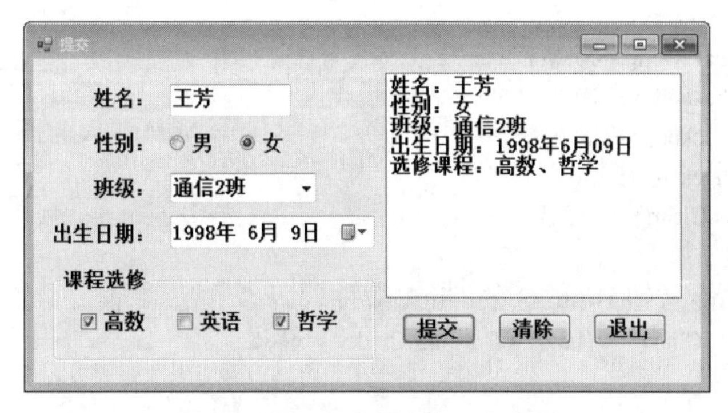

图 5-1　例 5-1 应用程序运行效果

分析：为了保证数据输入的规范和减少用户的键盘输入量，可使用单选按钮选择性别，使用 ComboBox 控件选择班级，使用 DateTimePicker 控件选择出生日期。

操作步骤如下：

（1）选择“文件”菜单中的“新建项目”命令，建立一个新 Windows 窗体应用程序的项目。

（2）在窗体中添加四个标签控件 Label1～4、一个文本框 TextBox1、一个列表框 ListBox1、两个单选按钮 RadioButton1～2、一个组合框 ComboBox1、一个日期时间选择控件 DateTimePicker1、一个分组框 GroupBox1、三个复选框 CheckBox1～3 和三个命令按钮 Button1～3。

（3）设置日期时间选择控件 DateTimePicker1 的 Format 属性为 Long（即长日期格式），该控件及其他各控件的属性根据需要自行设定即可。

（4）添加有关事件代码。

- 在窗体 Form1 的“声明区”声明一个“性别”变量

```
Dim 性别 As String
Dim 课程 As String
```

- 窗体 Form1 的 Load 事件代码

```
Private Sub Form1_Load(…) Handles MyBase.Load         '添加几个班级
    Dim 班级() As String = {"计科 1 班", "计科 2 班", "通信 1 班", "通信 2 班"}
    ComboBox1.Items.AddRange(班级)
    ComboBox1.Text = ComboBox1.Items(0)               '组合框中初始时显示的文本
    课程 = "选修课程："
End Sub
```

- “提交”命令按钮 Button1 的 Click 事件代码

```
Private Sub Button1_Click(…) Handles Button1.Click    '提交
    ListBox1.Items.Add("姓名：" & TextBox1.Text)
    ListBox1.Items.Add("性别：" &性别)
    ListBox1.Items.Add("班级：" & ComboBox1.Text)
    ListBox1.Items.Add("出生日期：" & Format(DateTimePicker1.Value, "yyyy 年 M 月 dd 日"))
    If Strings.Right(课程, 1) = "、" Then 课程 = Mid(课程, 1, Len(课程) - 1)
        ListBox1.Items.Add(课程)
End Sub
```

- “清除”命令按钮 Button2 的 Click 事件代码

```
Private Sub Button2_Click(…) Handles Button2.Click    '清除
    TextBox1.Text = ""
    ComboBox1.Text = ""
    DateTimePicker1.Value = Now()
    CheckBox1.Checked = False
    CheckBox2.Checked = False
    CheckBox3.Checked = False
    ListBox1.Items.Clear()
End Sub
```

- “退出”命令按钮 Button3 的 Click 事件代码

```
Private Sub Button3_Click(…) Handles Button3.Click    '退出
    Me.Close()
End Sub
```

- 单选按钮“男”RadioButton1 的 CheckedChanged 事件代码

```
Private Sub RadioButton1_CheckedChanged(…) Handles RadioButton1.CheckedChanged
    If RadioButton1.Checked Then
    性别 = "男"
    End If
End Sub
```

- 单选按钮“女”RadioButton2 的 CheckedChanged 事件代码

```
Private Sub RadioButton2_CheckedChanged(…) Handles RadioButton2.CheckedChanged
    If RadioButton2.Checked = True Then
    性别 = "女"
    End If
End Sub
```

- 复选框控件 CheckBox1 的 CheckedChanged 事件代码

```
Private Sub CheckBox1_CheckedChanged(…) Handles CheckBox1.CheckedChanged
```

```
    If CheckBox1.Checked Then 课程&= CheckBox1.Text & "、"
End Sub
```

复选框控件 CheckBox2～3 的 CheckedChanged 事件代码与复选框控件 CheckBox1 相同，请读者补充。

例 5-2 设计一个如图 5-2 所示的日期确定程序。

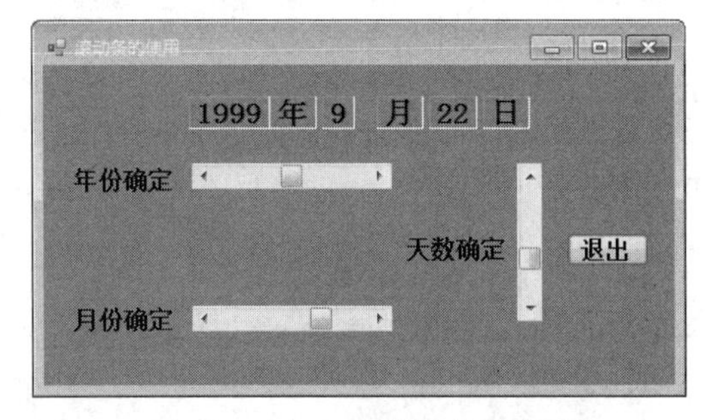

图 5-2 例 5-2 程序运行示意图

操作步骤如下：

（1）建立一个新的工程，在窗体上放置九个标签 Label1～9、两个水平滚动条 HscrollBar1～2、一个垂直滚动条 VscrollBar1 和一个命令按钮 Button1。

（2）窗体及主要控件属性设置如表 5-1 所示。

表 5-1 窗体及主要控件属性设置

对象	属性	属性值
Form1	Text	滚动条的使用
Label1、Label3、Label5	Text	无
Label2、Label4、Label6	Text	年、月、日
Label7、Label8、Label9	Text	年份确定、月份确定、天数确定
HscrollBar1	Maximum/Minimum	1900/2100
	LargeChange/SmallChange	1
HscrollBar2	Max/Min	12/1
	LargeChange/SmallChange	1
VscrollBar1	Max/Min	31/1
	LargeChange/SmallChange	1
Button1	Text	退出

（3）为窗体和控件添加相关事件代码。

- “退出”命令按钮 Button1 的 Click 事件代码

```
Private Sub Button1_Click(…) Handles Button1.Click
    Me.Close()   '退出程序
End Sub
```

- 窗体按钮 Form1 的 Load 事件代码

```
Private Sub Form1_Load(…) Handles MyBase.Load
    Label1.Text = HScrollBar1.Value
```

```
    Label3.Text = HScrollBar2.Value
    Label5.Text = VScrollBar1.Value
End Sub
```

- 水平滚动条 HScrollBar1 的 Scroll 事件代码

```
Private Sub HScrollBar1_Scroll(…) Handles HScrollBar1.Scroll '确定年份
    Label1.Text = HScrollBar1.Value
End Sub
```

- 水平滚动条 HScrollbar2 的 Scroll 事件代码

```
Private Sub HScrollBar2_Scroll(…) Handles HScrollBar2.Scroll '确定月份
    Label3.Text = HScrollBar2.Value
End Sub
```

- 垂直滚动条 VScrollbar2 的 Scroll 事件代码

```
Private Sub VScrollBar1_Scroll(…) Handles VScrollBar1.Scroll '确定天数
    Label5.Text = VScrollBar1.Value
End Sub
```

例 5-3 设计一个如图 5-3 所示的标题移动窗体。程序运行前，三个命令按钮的标题分别为“开始”“暂停”和“停止”，“暂停”和“停止”按钮不可用。单击“开始”按钮，标签 Label1 的标题从左向右移动，当标题右侧移动到窗体右侧时，自动地再从左向右移动，这个过程反复进行，同时，“开始”按钮的标题变为“继续”。单击“暂停”按钮，停止移动，同时按钮变为不可用。单击“停止”按钮，标签 Label1 停止移动，“继续”变为“开始”，“暂停”和“停止”按钮不可用。

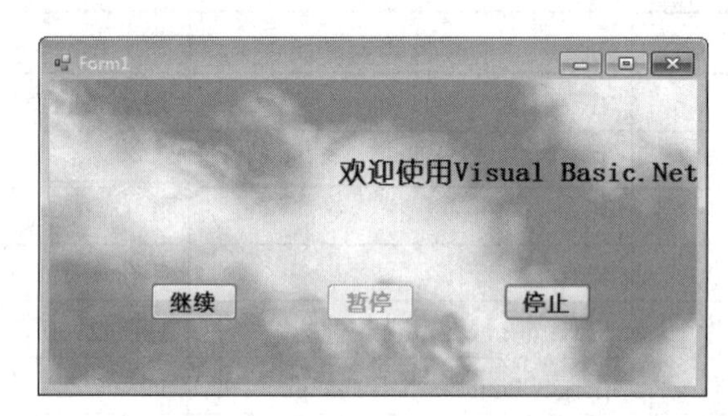

图 5-3 例 5-3 程序运行示意图

操作步骤如下：

（1）建立一个新的 Windows 应用程序项目，在窗体上放置三个命令按钮 Button1～3、一个标签 Label1 和一个计时器 Timer1。

（2）设置 Label1 的 BackStyle 属性为 Web 中的“Transparent（透明）”；Timer1 的 Interval 属性为 200，即每隔 0.2 秒触发一个 Tick 事件。其他控件各属性根据需要采用自定义即可。

（3）将一幅用于设置窗体背景的图像“Clouds.bmp”复制到当前项目的“Bin\Debug”文件夹中。

（4）编写相应的事件代码。

- 在窗体 Form1 的“声明”区声明一个 f 变量

```
Dim f As Boolean    'f 用于表示判断计时器是否工作
```

- “开始/继续”命令按钮 Button1 的 Click 事件代码

```
Private Sub Button1_Click(…) Handles Button1.Click
```

```
f = True
    If f Then
        Timer1.Enabled = True
        f = False
        Button1.text = "继续"
        Button2.Enabled = True
        Button3.Enabled = True
    End If
End Sub
```

- “暂停”命令按钮 Button2 的 Click 事件代码

```
Private Sub Button2_Click(…) Handles Button2.Click
    If f = False Then
        Timer1.Enabled = False
        Button2.Enabled = False
        f = True
    End If
End Sub
```

- “停止”命令按钮 Button3 的 Click 事件代码

```
Private Sub Button3_Click(…) Handles Button3.Click
    Timer1.Enabled = False
    Button1.text = "开始"
    Button2.Enabled = False
    Button3.Enabled = False
End Sub
```

- 窗体 Form1 的 Load 事件代码

```
Private Sub Form1_Load(…) Handles MyBase.Load
    Me.BackgroundImage = Image.FromFile(Application.StartupPath & "\Clouds.bmp")
    '用 Application.StartupPath 确定项目启动程序所在文件路径
    Button1.text = "开始"
    Button2.text = "暂停"
    Button3.text = "停止"
    Button2.Enabled = False
    Button3.Enabled = False
End Sub
```

- 计时器 Timer1 的 Tick 事件代码

```
Private Sub Timer1_Tick(…) Handles Timer1.Tick
    '以下程序功能：字幕反复从左到右移动
    Dim w&    'w 表示 Label1 左边界的大小
    w = Label1.Left
    If Label1.Left >= Me.ClientSize.Width Then    '大于窗体内部右边界时
        Label1.Left = -w
    Else
        Label1.Left = Label1.Left + 10
    End If
End Sub
```

（5）运行窗体并观察效果。

例 5-4 窗体设计如图 5-4 所示。程序运行后，可以看到一个不断变化的小熊猫（动画）。调整速度条，可以改变动画速度。单击“开始”按钮，即开始作动画；用鼠标向右拖动滑块，则动画速度加快；单击“结束”按钮，动画结束。

图 5-4 例 5-4 程序运行示意图（左为设计界面，右为运行界面）

操作步骤如下：

（1）建立一个新的 Windows 应用程序项目，在窗体上放置五个图片框 PictureBox1～5，利用 PictureBox 的 Image 属性，在 PictureBox2～5 中各输入一幅不同形态的大熊猫图像。

（2）在窗体中放置两个命令按钮 Button1～2、一个水平滚动条 HScrollBar1、一个文本框 TextBox1、一个标签 Label1 和一个 Timer1 控件。

（3）上述设置完成后，用鼠标缩小窗体，隐藏 Picture2～Picture5。

（4）编写相应的事件代码如下：

- 变量声明

```
Dim n As Integer        '表示切换图像的个数
Dim flg As Integer      '表示使用滚动条设置的时间间隔
```

- “开始”命令按钮 Button1 的 Click 事件代码

```
Private Sub Button1_Click(…) Handles Button1.Click
    Timer1.Enabled = True
    If flg = 0 Then
        n = 1
        Timer1.Interval = HScrollBar1.Value
        flg = 1
    Else
        n = 0
        flg = 0
    End If
End Sub
```

- 初始化

```
    Private Sub Form1_Load(ByVal sender As System.Object, ByVal e As _
System.EventArgs) Handles MyBase.Load
        n = 0
        flg = 0
        TextBox1.Text = Format(HScrollBar1.Value / 1000, "0.00")
    End Sub
```

- 水平滚动条 HScrollBar1 的 Scroll 事件代码，此功能用于调节动画速度

```
Private Sub HScrollBar1_Scroll(…) Handles HScrollBar1.Scroll
    Timer1.Interval = HScrollBar1.Value
    TextBox1.Text = Format(HScrollBar1.Value / 1000, "0.00")
End Sub
```

- 计时器 Timer1 的 Tick 事件代码

```
Private Sub Timer1_Tick(…) Handles Timer1.Tick
    Dim ret As Integer '图像切换
    If n = 0 Then
        Exit Sub
    End If
    ret = n Mod 4
    Select Case ret
        Case 0
            PictureBox1.Image = PictureBox2.Image
        Case 1
            PictureBox1.Image = PictureBox3.Image
        Case 2
            PictureBox1.Image = PictureBox4.Image
        Case 3
            PictureBox1.Image = PictureBox5.Image
    End Select
    n = n + 1
End Sub
```

- “结束”命令按钮 Button2 的 Click 事件代码

```
Private Sub Button2_Click(…) Handles Button2.Click
    Me.Close
End Sub
```

例 5-5　制作一个 Windows 系统中复制文件时的动画。在窗体中单击“播放”按钮可播放动画，单击“停止”按钮将暂停动画的播放，程序运行效果如图 5-5 所示。

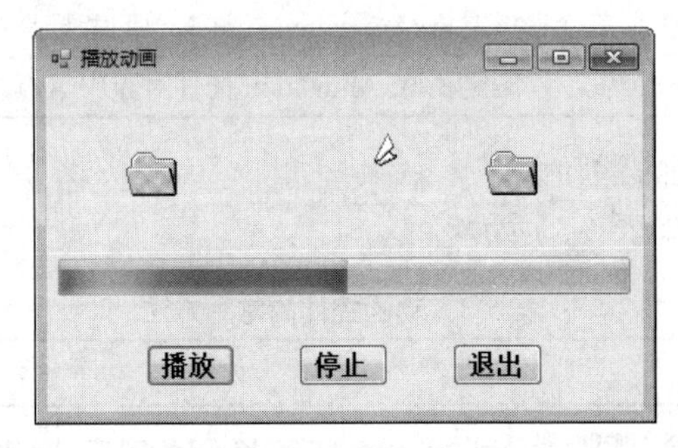

图 5-5　例 5-5 程序运行界面

分析：动画控件（AxAnimation）主要是用来播放动画文件的，它允许创建按钮，当单击它时即显示动画，如 AVI 文件。该控件只能播放无声的 AVI 文件，如果动画文件含有声音数据或为不受支持的压缩格式，运行时将会引发一个错误。

动画控件在工具箱中的图标是 Microsoft Animation Control, version 6.0。

动画控件不是常用控件，该控件位于“Microsoft Animation Control, version 6.0”组件中，

通过在“工具箱”上右击鼠标，执行快捷菜单中的“选择项”命令，可弹出“选择工具箱项”对话框，如图 5-6 所示。

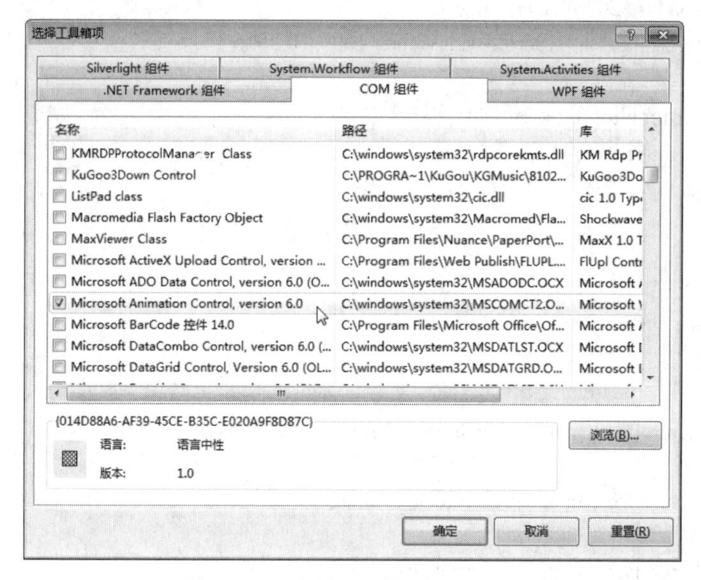

图 5-6 “选择工具箱项”对话框

在 COM 组件中选择 Microsoft Animation Control,version 6.0，可将该控件添加到 VB.NET 工具箱中。

（1）动画控件的常用属性。

动画控件除 Name、BackColor、Enabled、Visible 等基本属性以外，还有以下几个常用的属性，如表 5-2 所示。

表 5-2 常用属性

属性	说明
AutoPlay	返回或设置一个值，以确定将加载到 AxAnimation 控件对象中的 AVI 文件是否自动播放
BackStyle	返回或设置一个值，它指定 AxAnimation 控件对象的背景是透明的还是非透明的
Center	返回或设置一个值，以确定在 AxAnimation 控件对象中 AVI 文件是否居中

（2）动画控件的常用方法和事件。

动画控件的常用方法如表 5-3 所示。

表 5-3 动画控件的常用方法

方法	说明
Close	表示关闭 AxAnimation 控件对象打开的当前 AVI 文件，使用语法是：对象名.Close
Open	打开一个要播放的 AVI 文件
Play	在 AxAnimation 控件对象中播放 AVI 文件
Stop	在 AxAnimation 控件对象中终止播放 AVI 文件，使用语法格式是：对象名.Stop

说明：

（1）Open 方法。Open 方法的使用语法如下：

```
对象名.Open( FilePath)
```

其中，FilePath 为必需的参数，其值为一个字符表达式，表示要播放的动画文件名及路径。如下面的语句，打开指定的动画文件。

```
Animation1.Open("D:\test\test.avi")          '指定动画的路径
```

（2）Play 方法。Play 方法的使用语法如下：

```
对象名.Play(Repeat,Start,End)或对象名.Play()
```

其中：Repeat 为一个整数表达式，其值用来指定重复剪辑的次数；Start 是一个整数表达式，其值用来指定开始的帧；End 为一个整数表达式，其值用来指定结束的帧，取值范围为 0～65535，默认值是-1，表示上一次剪辑的帧。

动画控件常用的事件有 ClickEvent、DblClick、GotFocus、LostFocus、Validated 等。

操作步骤如下：

（1）建立一个新的 Windows 应用程序项目，在窗体上放置一个进度条控件 ProgressBar1、一个动画控件 AxAnimation1、一个计时器控件 Timer1 和三个命令按钮控件 Button1～3。

（2）设置窗体上控件对象的属性并调整控件对象的位置和大小，各控件均使用默认控件名称。Timer1 的 Interval 属性设置为 100。

（3）双击窗体，在打开的代码窗体中输入下述代码。

- “播放”按钮 Button1 的 Click 事件代码

```
Private Sub Button1_Click(…) Handles Button1.Click              '“播放”按钮
    AxAnimation1.Open(Application.StartupPath & "\FILECOPY.AVI")     '设置播放动画的路径
    AxAnimation1.Play()                                      '开始播放
    ProgressBar1.Visible = True                              '进度条可见
    Timer1.Enabled = True                                    '计时器开始工作
End Sub
```

- “停止”按钮 Button2 的 Click 事件代码

```
Private Sub Button2_Click(…) Handles Button2.Click              '“停止”按钮
    AxAnimation1.Stop()                                      '停止播放动画
    Timer1.Enabled = False                                   '计时器不可用
End Sub
```

- “退出”按钮 Button3 的 Click 事件代码

```
Private Sub Button3_Click(…) Handles Button3.Click              '“退出”按钮
    Me.Close()
End Sub
```

- 窗体 Form1 的 Load 事件代码

```
Private Sub Form1_Load(…) Handles MyBase.Load                '窗体加载
    AxAnimation1.AutoPlay = False                            '不允许自动播放
    ProgressBar1.Visible = False                             '进度条为假
    ProgressBar1.Value = 0                                   '当前值为 0
    Timer1.Enabled = False                                   '计时器不可用
End Sub
```

- 计时器 Timer1 的 Tick 事件代码

```
Private Sub Timer1_Tick(…) Handles Timer1.Tick
    If ProgressBar1.Value < ProgressBar1.Maximum Then        '判断当前值是否大于最大值
        ProgressBar1.Value = ProgressBar1.Value + 1          '当前值加 1
    Else
```

```
            AxAnimation1.Stop()                    '如当前值等于或大于最大值，则停止播放
            Timer1.Enabled = False                 '计时器不可用
        End If
    End Sub
```

三、实验练习

1．在名称为 Form1 的窗体上画一个名称为 RectangleShape1 的形状控件和两个标题分别为“圆形”和“红色边框”的命令按钮 Button1～2。将窗体的标题设置为“矩形控件的使用”，如图 5-7（左）所示。请编写适当的事件过程使得在运行时，单击“圆形”按钮将矩形控件设为圆形，单击“红色边框”按钮将矩形控件的边框颜色设为红色，如图 5-7（右）所示。

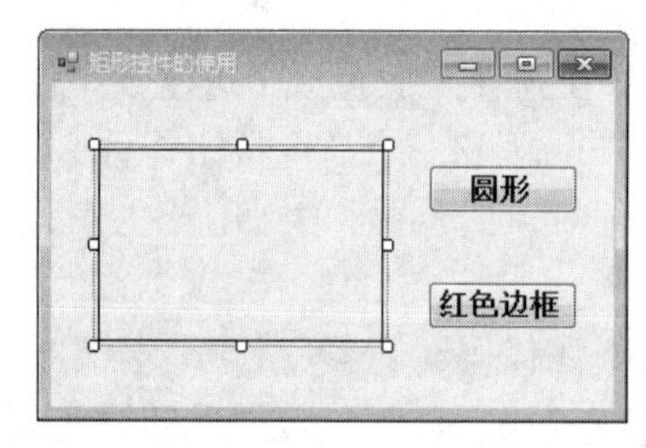

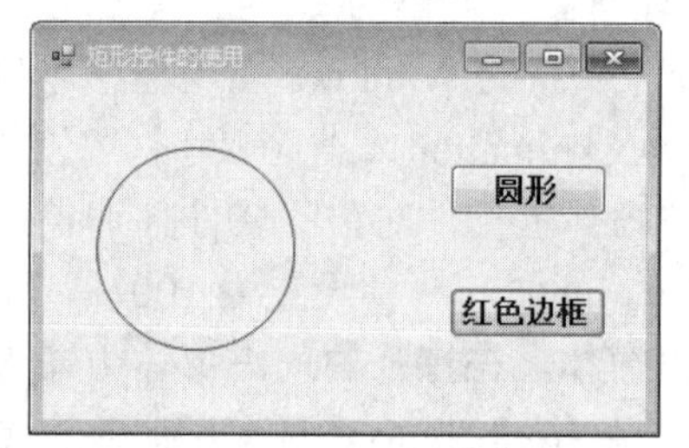

图 5-7　练习 1 图（左为设计状态，右为运行状态）

要求程序中不得使用变量，每个事件过程中最多只能写两条语句。

2．在名称为 Form1、标题为“矩形与直线”的窗体上画一个名称为 LineShape1 的直线，起点坐标(X1,Y1)为(30,40)，终点坐标(X2,Y2)为(200,160)，再画一个名称为 RectangleShape1 的矩形，并编写适当程序代码，使 LineShape1 成为它的对角线，如图 5-8 所示。

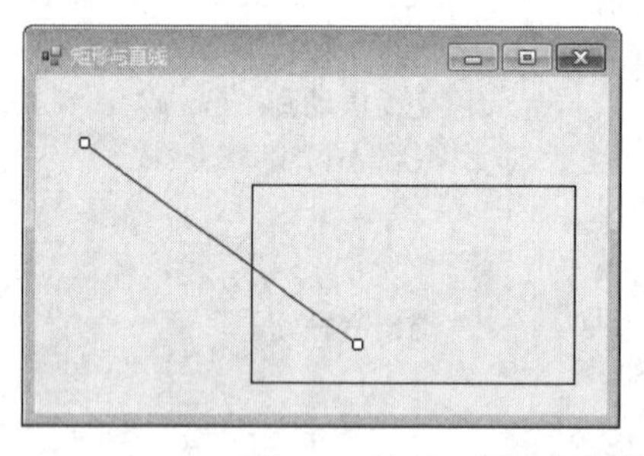

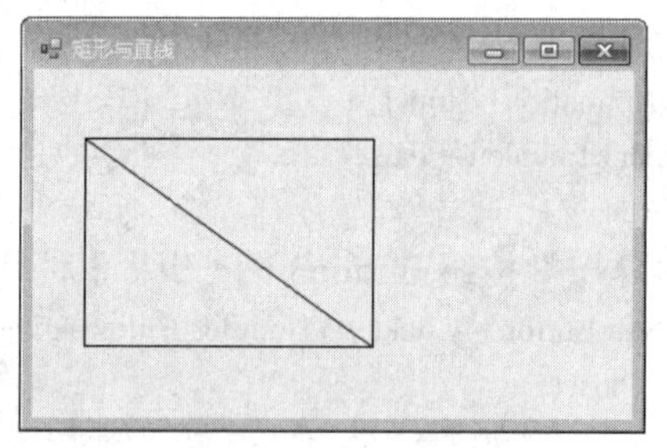

图 5-8　练习 2 图（左为设计状态，右为运行状态）

程序代码已编好，但不完善，请将“？”处替换为正确的代码。

```
Private Sub Form1_Load(…) Handles MyBase.Load
    LineShape1.X1 = 30
    LineShape1.Y1 = 40
    LineShape1.X2 = 200
    LineShape1.Y2 = 160
    RectangleShape1.Left = 30
    RectangleShape1.? = 40
    RectangleShape1.Width =?
    RectangleShape1.Height = LineShape1.Y2 - LineShape1.Y1
End Sub
```

3．窗体上已有部分控件，请按照图 5-9 所示添加分组框和单选按钮。要求：画两个分组框，名称分别为 GroupBox1、GroupBox2，在 GroupBox1 中添加两个单选按钮 RadioButton1～2，标题分别为“古典音乐”和“流行音乐”；在 GroupBox2 中添加两个单选按钮 RadioButton3～4，标题分别为“篮球”和“羽毛球”。

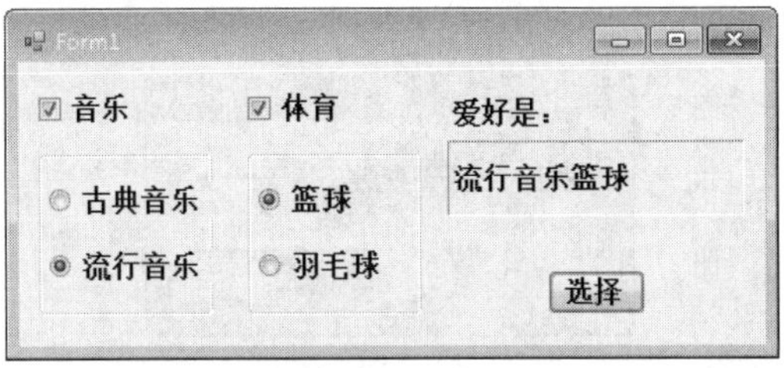

图 5-9　练习 3 图

程序运行时，“古典音乐”和“篮球”单选按钮为选中状态。单击“选择”按钮 Button1，将选中的单选按钮的标题显示在标签 Label2 中。如果“音乐”或“体育”未被选中，相应的单选按钮不可选。

下面给出了窗体及控件的有关事件代码，请将程序中的“？”改为正确的内容，不能修改程序的其他部分和控件属性。

```
Private Sub Form1_Load(…) Handles MyBase.Load
    CheckBox1.Checked = 1
    CheckBox2.Checked = 1
End Sub
Private Sub CheckBox1_CheckedChanged(…) Handles CheckBox1.CheckedChanged
    If CheckBox1.Checked Then
        GroupBox1.Enabled = True
    Else
        GroupBox1.Enabled = False
    End If
End Sub
Private Sub CheckBox2_CheckedChanged(…) Handles CheckBox2.CheckedChanged
    If CheckBox2.Checked Then
        GroupBox2.Enabled = True
    Else
        GroupBox2.Enabled = False
    End If
End Sub
Private Sub Button1_Click(…) Handles Button1.Click
    Dim s As String 's 表示爱好的选项
    If CheckBox1.Checked Then
        If ? = True Then s = "古典音乐" Else s = "流行音乐"
    End If
    If CheckBox2.Checked Then
        If RadioButton3.Checked = True Then s = s & "篮球" Else s = s & ?
    End If
    Label2.Text = ?
End Sub
```

4．如图 5-10 所示，窗体中有一个名称为 Button1 的命令按钮和一个名称为 Timer1 的计时器。请在窗体上画一个标签（名称为 Label1，标题为“请输入一个正整数:”)，再画一个文本框 TextBox1。已经给出了相应的事件过程。程序运行后，在文本框中输入一个正整数，单击“倒计数开始”按钮，则可使文本框中的数字每隔 0.3 秒减 1（倒计数）；当减到 0 时，倒计数停止，清空文本框，并把焦点移到文本框中。

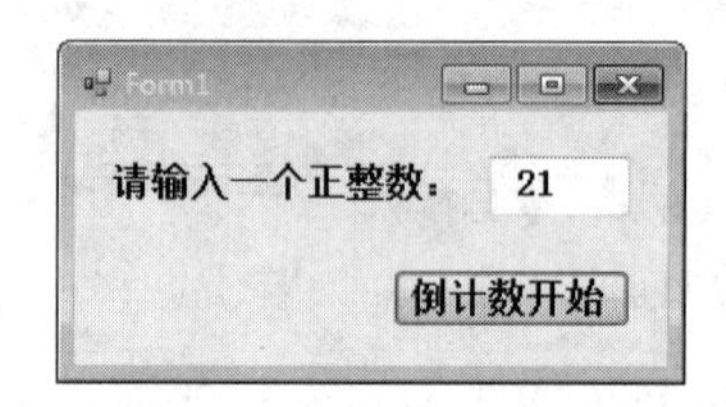

图 5-10　练习 4 图

要求把程序中的“？”改为正确的内容，使其能正确运行，但不能修改程序中的其他部分。

```
Private Sub Button1_Click(…) Handles Button1.Click
    Timer1.Start()
End Sub
Private Sub Timer1_Tick(…) Handles Timer1.Tick
    If Val(?) = 0 Then
        TextBox1.Text = ""
        Timer1.?
        TextBox1.?
    Else
        TextBox1.Text = Str(Val(TextBox1.Text) - 1)
    End If
End Sub
```

5．如图 5-11 所示，窗体上有两个列表框，名称分别为 ListBox1、ListBox2，在 ListBox2 中已经预设了内容，还有两个命令按钮，名称分别为 Button1、Button2，标题分别为“添加”和“清除”。程序的功能是，在运行时如果选中右边列表框中的一个列表项，单击“添加”按钮，则把该项移到左边的列表框中；若选中左边列表框中的一个列表项，单击“清除”按钮，则把该项移回右边的列表框中。

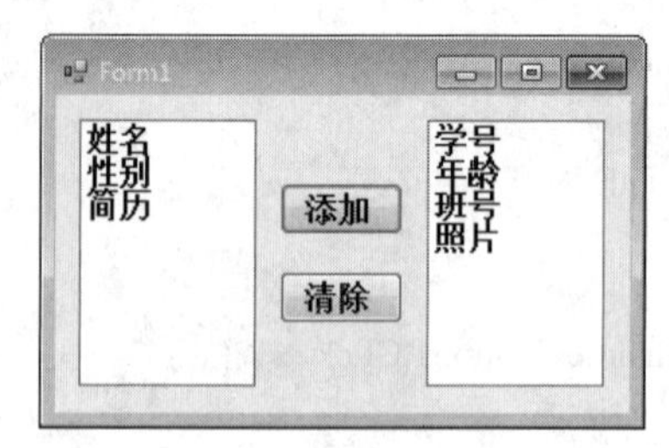

图 5-11　练习 5 图

下面已经给出了相关控件的程序代码，但程序不完整，请把程序中的“？”改为正确的内容。

```
Private Sub Button1_Click(…) Handles Button1.Click
    Dim k As Integer
    k = 0
    While (k < ListBox2.?)
```

```
            If ListBox2.GetSelected(k) Then
                ListBox1.Items.Add(ListBox2.Text)
                ListBox2.Items.Remove( ? )
            End If
            k = k + 1
        End While
    End Sub
    Private Sub Button2_Click(…) Handles Button2.Click
        ListBox2.Items.Add(ListBox1.Text)
        ListBox1.Items.RemoveAt( ? )
    End Sub
```

6．如图 5-12 所示，窗体有一个组合框 ComboBox1，其中已经预设了内容，还有一个文本框 TextBox1 和三个命令按钮 Button1～3，标题分别为“修改”“确定”“添加”。程序运行时，“确定”按钮不可用。

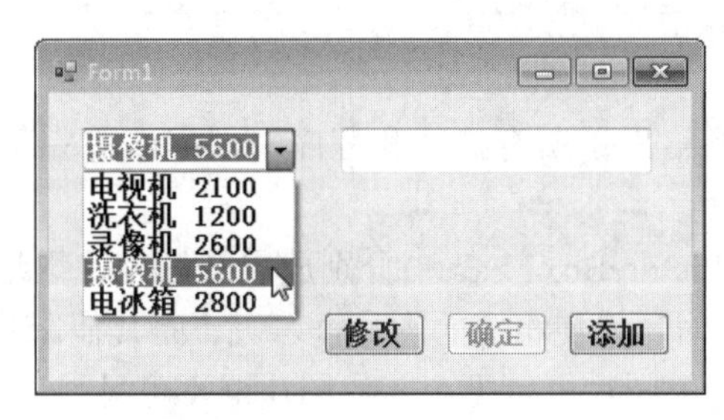

图 5-12　练习 6 图

程序的功能是：在运行时，如果选中组合框中的一个列表项，单击“修改”按钮，则把该项复制到 TextBox1 中（可在 TextBox1 中修改），此时“确定”按钮可用；若单击“确定”按钮，则用修改后的 TextBox1 中的内容替换组合框中该列表项的原有内容，同时使“确定”按钮不可用；若单击“添加”按钮，则把在 TextBox1 中的内容添加到组合框中。

下面已经给出了相关控件的程序代码，但程序不完整，请把程序中的“？”改为正确的内容。

```
    Private Sub Form1_Load(…) Handles MyBase.Load
        Combobox1.items.Add("电视机  2100")
        Combobox1.items.Add("洗衣机  1200")
        Combobox1.items.Add("录像机  2600")
        Combobox1.items.Add("摄像机  5600")
        Combobox1.items.Add("电冰箱  2800")
        Button2.Enabled = False
    End Sub
    Private Sub Button1_Click(…) Handles Button1.Click '修改
        TextBox1.Text = ComboBox1.Text
        Button2.? = True
    End Sub
    Private Sub Button2_Click(…) Handles Button2.Click '确定
        ComboBox1.Items( ? ) = TextBox1.Text
        TextBox1.Text = ""
        Button2.Enabled = False
    End Sub
    Private Sub Button3_Click(…) Handles Button3.Click '添加
```

```
        ?(TextBox1.Text)
    End Sub
```

7. 如图 5-13 所示，窗体中两个跟踪条 TrackBar1～2 分别表示红灯亮和绿灯亮的时间(秒)，移动滑块可以调节时间，调节范围为 1～10 秒。刚运行时，红灯亮。单击“开始”按钮则开始切换：红灯到一定时间后自动变为黄灯，1 秒后变为绿灯；绿灯到一定时间后自动变为黄灯，1 秒后变为红灯，如此切换。

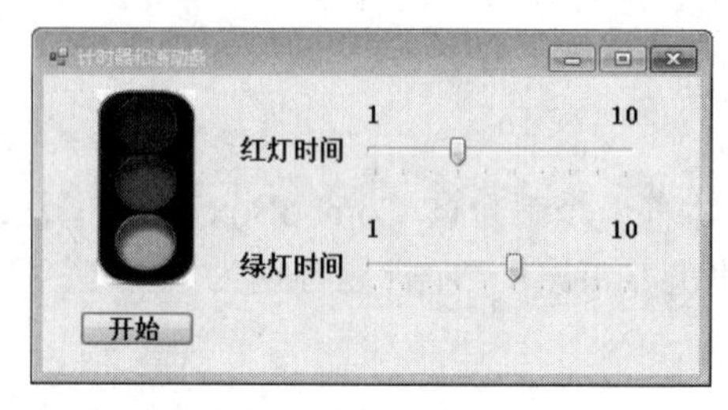

图 5-13　练习 7 图

所提供的窗体文件已经给出了所有控件和程序，但程序不完整，请把程序中的“？”改为正确的内容。

提示：在三个图片框 PictureBox1～3 中分别放置红灯亮、绿灯亮、黄灯亮的图标，并重叠在一起，当要使某个灯亮时，就使相应的图片框可见，而其他图片框不可见，并保持规定的时间，时间到就切换为另一个图片框可见，其他图片框不可见。

```
Dim red, green As Integer
Private Sub Button1_Click(…) Handles Button1.Click '开始
    ? = TrackBar1.Value
    green = TrackBar2.Value
    Timer1.Enabled =?
End Sub
Private Sub Timer1_Tick(…) Handles Timer1.Tick
    If PictureBox1.Visible Then
        red = red - 1
        If red = 0 Then
            ?.Visible = False
            PictureBox3.Visible = True
        End If
    ElseIf PictureBox3.Visible Then
        PictureBox3.Visible = False
        If red = 0 Then
            PictureBox2.Visible = True
            red = TrackBar1.Value
        Else
            PictureBox1.Visible = True
            green = TrackBar2.Value
        End If
    ElseIf PictureBox2.Visible Then
        green = ?
        If green = 0 Then
            PictureBox2.Visible = False
```

```
            PictureBox3.Visible = True
        End If
    End If
End Sub
```

思考：如果使用一个图像列表框中的三个图像，本题如何编写相关的程序代码？

提示：图片框要引用图像列表框中的图像，可使用下面的语句。

```
PictureBox1.Image = ImageList1.Images(index)   '其中 index 是 ImageList1 控件中图像的索引号
```

8．如图 5-14 所示，该程序用来对在上面的文本框中输入的英文字母串（称为“明文”）加密，加密结果（称为“密文”）显示在下面的文本框中。加密的方法为：选中一个单选按钮，单击“加密”按钮后，根据选中的单选按钮后面的数字 n，将“明文”中的每个字母改为它后面的第 n 个字母（z 后面的字母认为是 a，Z 后面的字母认为是 A）。

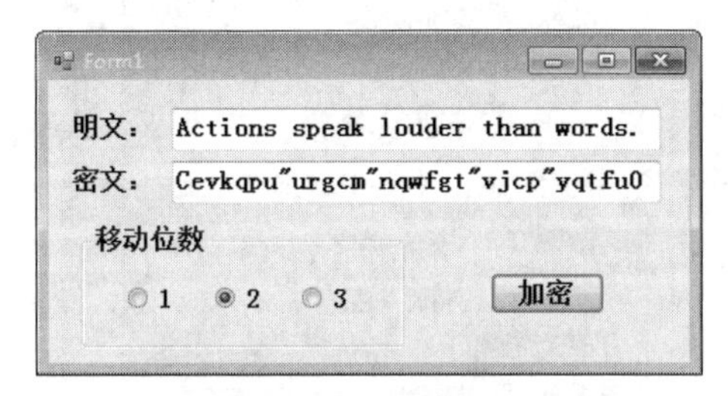

图 5-14 练习 8 图

下面给出了窗体所有控件和程序，但程序不完整，请把程序中的“？”改为正确的内容，不得修改程序中的其他部分。

```
Dim rb As New ArrayList() '声明一个存储单选按钮的数组列表
Private Sub Form1_Load(…) Handles MyBase.Load
    TextBox1.Text = "Actions speak louder than words."
    rb.Add(RadioButton1)
    rb.Add(RadioButton2)
    rb.Add(RadioButton3)
End Sub
Private Sub Button1_Click(…) Handles Button1.Click
    Dim n As Integer, k As Integer, m As Integer
    Dim c As String, a As String
    For k = 0 To 2
        If rb(k).Checked Then     '判断选择了第几个单选按钮
            n = Val(rb(k). ? )
        End If
    Next k
    m = Len(TextBox1.Text)
    a = ""
    For k = 1 To ?
        c = Mid(TextBox1.Text, ? , 1)
        c = Strings.StrDup(1, Chr(Asc(c) + n))
        If c > "z" Or c > "Z" And c < "a" Then
            c = Strings.StrDup(1, Chr(Asc(c) - 26))
        End If
        ? = a + c
```

```
        Next k
        TextBox2.Text = a
    End Sub
```

9. 如图 5-15 所示，窗体上有两个图片框控件 PictureBox1～2、一个计时器框控件 Timer1、两个标签框控件 Label1～2 和两个文本框控件 TextBox1～2。运行时，单击“发射”按钮 Button1，航天飞机图标将向上运动，速度逐渐加快，全部进入云中后则停止，并把飞行距离（用坐标值表示）、所用时间（单位为秒）分别显示在文本框 TextBox1 和 TextBox2 中。单击“关闭”按钮 Button2，则结束程序的运行。

图 5-15　练习 9 图

下面给出了窗体所有控件和程序，但程序不完整，请把程序中的“？”改为正确的内容，不得修改程序中的其他部分。

```
    Dim a, t, d 'a,t,d 分别表示加速度、用时和距离
    Private Sub Button1_Click(…) Handles Button1.Click
        Timer1.Enabled = True 'Timer1.? = True
        d = PictureBox1.Top
    End Sub
    Private Sub Button2_Click(…) Handles Button2.Click
        Me.Close() '关闭程序
    End Sub
    Private Sub Form1_Load(…) Handles MyBase.Load
        PictureBox1.Image = _
    Image.FromFile("C:\Program Files\Microsoft Office\MEDIA\CAGCAT10\j0215086.wmf")
        PictureBox2.Image = _
    Image.FromFile("C:\Program Files\Microsoft Office\MEDIA\CAGCAT10\j0293828.wmf")
        a = 1
        t = 0
    End Sub
    Private Sub Timer1_Tick(…) Handles Timer1.Tick
        PictureBox1.Top = PictureBox1.Top - a * 2
```

```
    If PictureBox1.Top + PictureBox1.Height < PictureBox2.Top + PictureBox2.Height Then
        ? = False
        d = ? - PictureBox1.Top
        TextBox1.Text = d
        TextBox2.Text = t * Timer1.Interval / 1000
    End If
    a = a + 0.1
    t = ?
End Sub
```

10．有如图 5-16 所示的窗体和控件，程序运行时，在 TextBox1 中输入一个商品名称，在 TextBox2 中输入数量，单击“计算”按钮，则会在列表框（ListBox1）中找到该商品的单价，单价乘以数量后显示在 TextBox3 中。若输入的商品名称是错误的，则在 TextBox3 中显示“无此商品”。

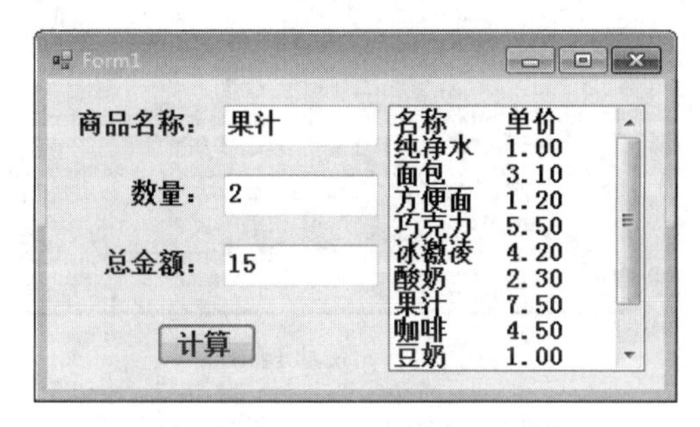

图 5-16　练习 10 图

提示：本题中列表框（ListBox1）中商品和单价之间用 Tab 符隔开。

下面给出了“计算”命令按钮的 Click 事件代码，请把程序中的“？”改为正确的内容。

```
Private Sub Button1_Click(…) Handles Button1.Click
    Dim flag As Boolean, product As String
    Dim n As Integer, price As Single
    flag = False
    For k = ? To ListBox1.Items.Count - 1
        n = InStr(ListBox1.Items(k), Chr(9))          'Chr(9)表示一个制表符 Tab
        product = Strings.Left(ListBox1.Items(k), ?)
        If Trim(TextBox1.Text) = product Then
            ListBox1.GetSelected(k)
            price = Val(Strings.Right( ? ))
            flag = True
            Exit For
        End If
    Next k
    If flag = True Then
        TextBox3.Text = ?
    Else
        TextBox3.Text = "无此商品"
    End If
End Sub
```

11．在窗体 Form1 上画两个单选按钮（名称分别为 RadioButton1 和 RadioButton2，标题分别为“添加”和“删除”）、一个列表框（名称为 ListBox1）和一个文本框（名称为 TextBox1），如图 5-17 所示。编写窗体的 Click 事件过程。程序运行后，如果选择“添加”单选按钮，然后单击窗体，则可从键盘上输入要添加的项目（内容任意，不少于三个），并添加到列表框中；如果选择“删除”单选按钮，然后单击窗体，则可从键盘上输入要删除的项目，将其从列表框中删除。程序的运行情况如图 5-17 所示。

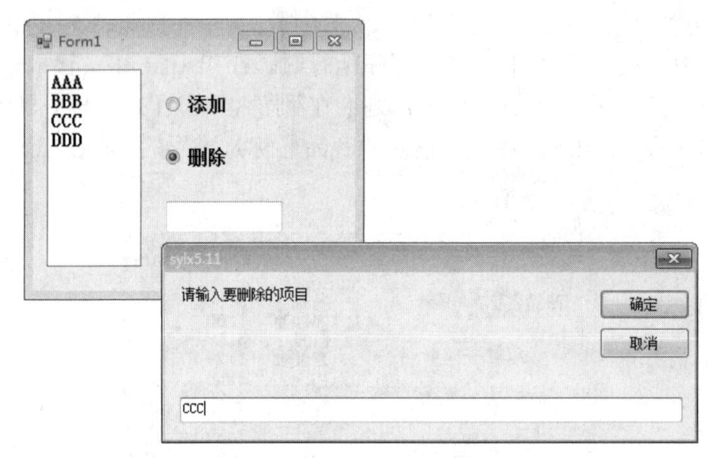

图 5-17　练习 11 图

为实现上述功能，下面已经给出了窗体 Form1 的 Click 事件代码，但这个程序不完整，请将程序中的“？”改为适当的内容，使其正确运行，但不能修改程序中的其他部分。

```
Private Sub Form1_Click(…) Handles Me.Click
    If RadioButton1.Checked Then
        TextBox1.Text = InputBox("请输入要添加的项目")
        ?(TextBox1.Text)
    End If
    If RadioButton2.Checked Then
        TextBox1.Text = InputBox("请输入要删除的项目")
        For i As Integer = 0 To ?
            If ListBox1.Items(i) = TextBox1.Text Then
            ListBox1.Items.RemoveAt(i)
            ?
            End If
        Next i
    End If
End Sub
```

12. 窗体中有一个矩形（RectangleShape1）、一个圆（OvalShape1）、一个分组框（GroupBox1）和两个命令按钮 Button1～2。分组框内有两个单选按钮 RadioButton1～2。程序运行时单击“开始”按钮 Button1，圆可以纵向或横向运动（通过选择单选按钮来决定），碰到矩形的边时，则向相反的方向运动，单击“停止”按钮 Button2，则停止运动，如图 5-18 所示。可以选择单选按钮随时改变运动方向。

程序不完整，要求把程序中的“？”改为正确的内容以实现上述功能。

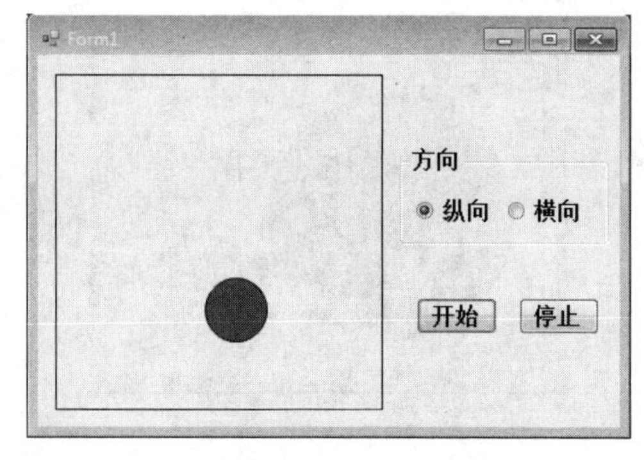

图 5-18　练习 12 图

```
Dim d As Integer
Private Sub Form1_Load(…) Handles MyBase.Load
    d = 1                          'd 用于判断小球运行的方向
End Sub
Private Sub Button1_Click(…) Handles Button1.Click
    Timer1.Start()                 '小球开始运动
End Sub
Private Sub Button2_Click(…) Handles Button2.Click
    Timer1.?                       '小球停止运动
End Sub
Private Sub Timer1_Tick(…) Handles Timer1.Tick
    If RadioButton1.Checked Then
        OvalShape1.Top = ? + d * 30
        If OvalShape1.Top <= RectangleShape1.? Or OvalShape1.Top + OvalShape1.Height >
RectangleShape1.Top + RectangleShape1.Height Then
            d = -d
        End If
    ElseIf RadioButton2.Checked Then
        OvalShape1.Left = OvalShape1.Left + d * 30
        If OvalShape1.Left <= RectangleShape1.Left Or OvalShape1.Left + OvalShape1.Width >
RectangleShape1.Left + RectangleShape1.Width Then
            d = ?
        End If
    End If
End Sub
```

13．如图 5-19 所示，窗体中有一个图片框，图片框中有一个蓝色圆，名称为 OvalShape1。当程序运行时，单击“开始”按钮，圆半径逐渐变大（圆心位置不变），当圆充满图片框时则变为红色，并开始逐渐缩小，当缩小到初始大小时又变为蓝色，并再次逐渐变大，如此反复。单击“停止”按钮，则停止变化。文件中已经给出了所有控件和程序，但程序不完整，请把程序中的“？”改为正确的内容。

```
Dim left0 As Integer
Private Sub Button1_Click(…) Handles Button1.Click
    Timer1.Enabled = ?
End Sub
```

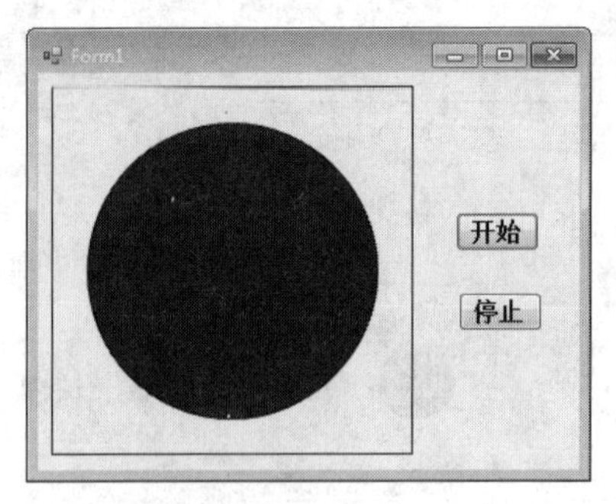

图 5-19　练习 13 图

```
Private Sub Button2_Click(…) Handles Button2.Click
    Timer1.Enabled = False
End Sub
Private Sub Form1_Load(…) Handles MyBase.Load
    left0 = OvalShape1.Left
    OvalShape1.FillColor = Color.Red
End Sub
Private Sub Timer1_Tick(…) Handles Timer1.Tick
    If OvalShape1.FillColor = Color.Blue Then
        If OvalShape1.Left >? Then
            OvalShape1.Height = OvalShape1.Height + 10
            OvalShape1.Width = OvalShape1.Width + 10
            OvalShape1.Left = OvalShape1.Left - 5
            OvalShape1.Top = OvalShape1.Top - 5
        Else
            OvalShape1.FillColor = Color.Red
        End If
    End If
    If OvalShape1.FillColor = Color.Red Then
        If OvalShape1.Left < left0 Then
            OvalShape1.Height = OvalShape1.Height - 10
            OvalShape1.Width = OvalShape1.Width - 10
            ? = OvalShape1.Left + 5
            ? = OvalShape1.Top + 5
        Else
            OvalShape1.FillColor = ?
        End If
    End If
End Sub
```

14．如图 5-20 所示，完成“点餐”程序的设计，具体要求如下：

（1）窗体的标题为“点餐”。

（2）窗体中有以下控件：一个分组框控件 GroupBox1（内有三个复选框数组 CheckBox1～3，分别对应三个文本框 TextBox1～3、三个标签 Label1～3）、一个命令按钮 Button1、一个文本框 TextBox4、两个标签 Label4～5。

（3）要求文本框只能接受数字键，并且只有选取了相应的套餐后才可以进行输入；如果没有选取套餐，那么文本框不能编辑并清空。

（4）选择所需套餐种类及份数，单击“确定”按钮后计算所需的费用总额并显示。

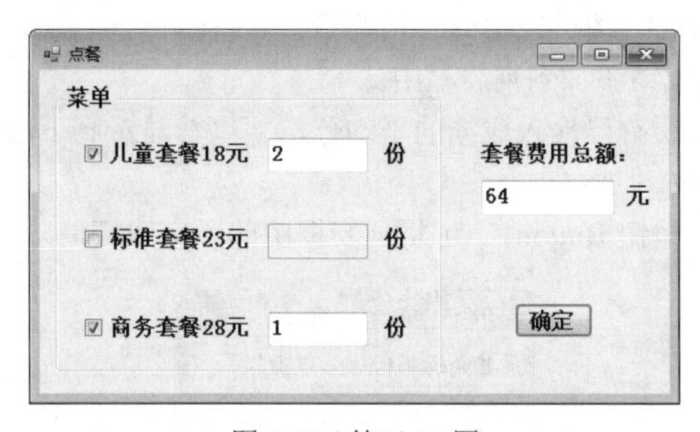

图 5-20 练习 14 图

15．如图 5-21 所示，完成“字体设置”程序的设计，具体要求如下：

（1）窗体的标题为“字体设置”，固定边框。

（2）窗体的上边有一个文本框 TextBox1，文字内容为“心想事成”。

（3）文本框下面的左边有一个标签 Label1，标题为“字体：”，标签下面是一个简单组合框 ComboBox1，有三项内容，分别是“宋体”“黑体”“楷体”，单击时可对文本框的字体进行设置。

（4）文本框下面的右边有一个标签 Label2，标题为“大小：”，标签下面是一个简单组合框 ComboBox2，有八项内容，分别是 10、12、16、20、24、36、48、72，单击时可对文本框的文字大小进行设置。

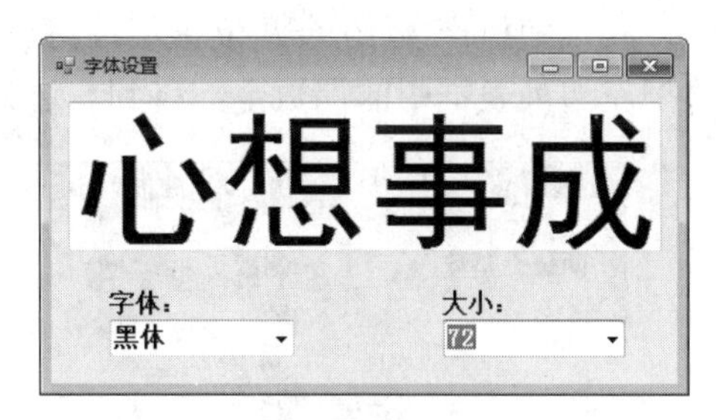

图 5-21 练习 15 图

16．如图 5-22 所示，某公司对员工的工资进行调整：若原有工资大于或等于 1000 元，增加工资 35%；若小于 1000 元但不小于 800 元，则增加工资 25%；若小于 800 元，则增加工资 15%。

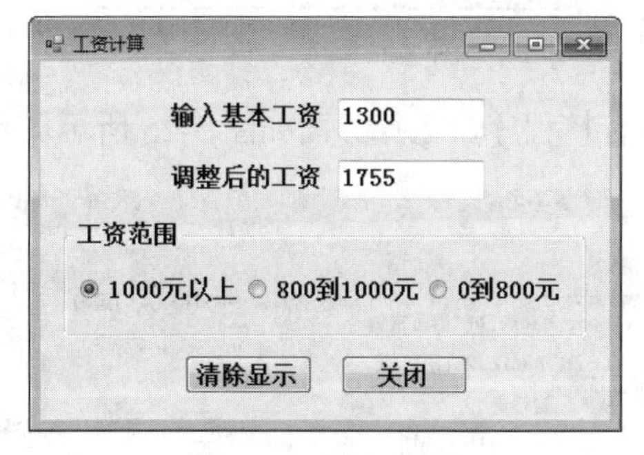

图 5-22 练习 16 图

请根据用户输入的原有工资，计算出增加后的工资。

17．如图 5-23 所示，完成计算平均成绩的程序，要求如下：

（1）用户在上面的文本框 TextBox1 中输入 0～100 之间的数值表示成绩，在文本框 TextBox1 中按回车键将成绩添加到列表框中。

（2）程序自动计算所有已输入成绩的平均分，并将其显示到下面的文本框 TextBox2 中，此文本框的内容不能修改。

（3）单击“清空”按钮 Button1，可将列表框中的所有成绩清除，平均成绩显示为空。

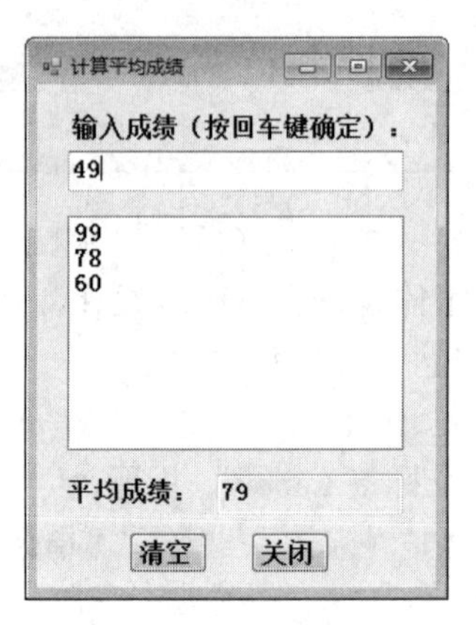

图 5-23　练习 17 图

18．如图 5-24 所示，应用程序的窗体在运行时能完成如下要求：

（1）参照运行时界面完成界面设计。

（2）单击“产生”按钮，实现随机产生 10 个两位正整数，在左边列表框内显示。

（3）单击“→”按钮，把左边列表框中的偶数全部移到右边列表框中。

图 5-24　练习 18 图

19．设计一个畅销书排行榜程序，运行界面如图 5-25 所示。具体要求如下：

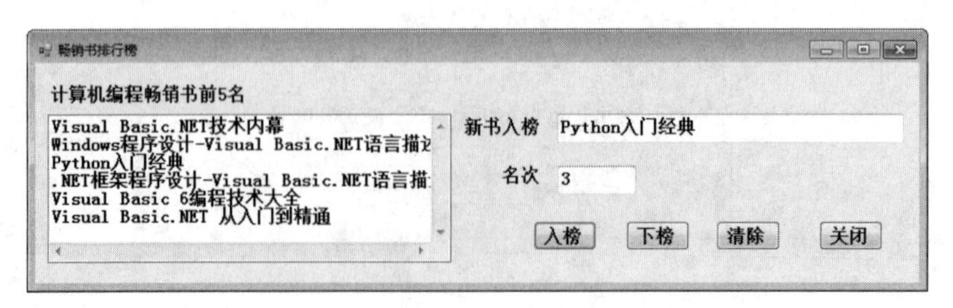

图 5-25　练习 19 图

（1）在左边列表框中显示排名在前 5 名的畅销书。

（2）输入新书名和名次，单击“入榜”按钮，添加到左边列表框中相应位置。

（3）单击“下榜”按钮，将选择的书从排行榜中删除，如未选择，则显示“请先选择!”。

（4）单击“清除”按钮，可以删除文本框中的输入内容，文本框 TextBox2 只允许输入数字 1～5。

（5）单击“关闭”按钮，退出程序。

20．如图 5-26 所示，完成定时程序的编写，功能要求如下：

用户在 TextBox1 和 TextBox2 文本框中设置定时时间，然后单击“定时”按钮 Button1 开始定时。两个文本框的 MaxLength 属性为 2，计时器的名称为 Timer1，系统当前时间显示在 Label1 标签中，单击“结束”按钮 Button2 可退出程序。

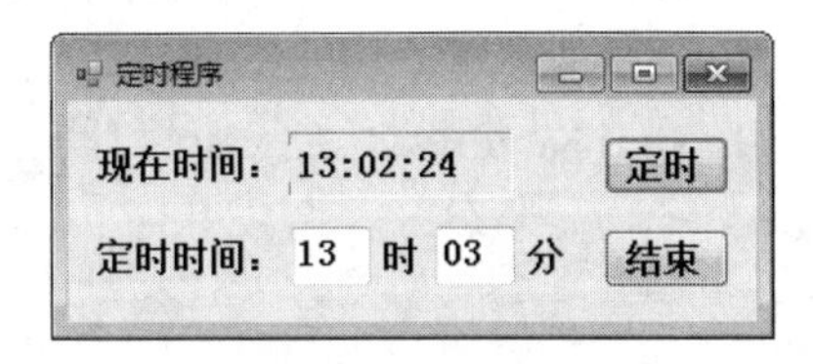

图 5-26　练习 20 图

第 6 章　过程与函数

一、实验目的

1．熟悉过程和函数的定义与调用方法。

2．进一步了解什么是变量、VB.NET 的变量类型以及变量的作用域。

3．理解过程和函数之间的数据传递关系、传递的形式、实参和形参的对应关系。

4．了解窗体与控件的 KeyDown、KeyPress、KeyUp 和鼠标的 MouseDown、MouseUp 及 MouseMove 事件与参数含义。

二、实验指导

例 6-1　利用过程调用计算表达式 $\sum_{i=1}^{10} x_i = 1! + 2! + 3 + \cdots + 10!$ 的值，如图 6-1 所示。

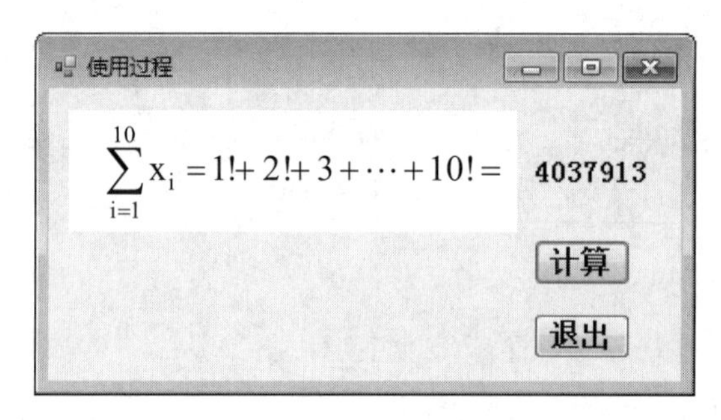

图 6-1　例 6-1 应用程序运行效果

操作步骤如下：

（1）启动 VB.NET 集成开发环境，建立一个 Windows 窗体应用程序项目。

（2）将窗体的 Text 属性值设置为“使用过程”，然后在窗体中添加一个图片框 PictureBox1、一个标签控件 Label1 和两个命令按钮 Button1～2。

（3）设置图片框 PictureBox1 的 Image 属性为自定义的公式图片，SizeMode 属性值为 AutoSize（设置图片框自动匹配图片的大小）。

（4）窗体及其他各控件的属性采用默认值。

（5）双击“计算”命令按钮 Button1，打开事件代码编辑器窗口。在本事件过程的下方（或上方）输入下面两行代码。

```
Private Sub factorial(ByRef x As Long)

End Sub
```

上面两行代码表示了要添加的过程 factorial，如图 6-2 所示。

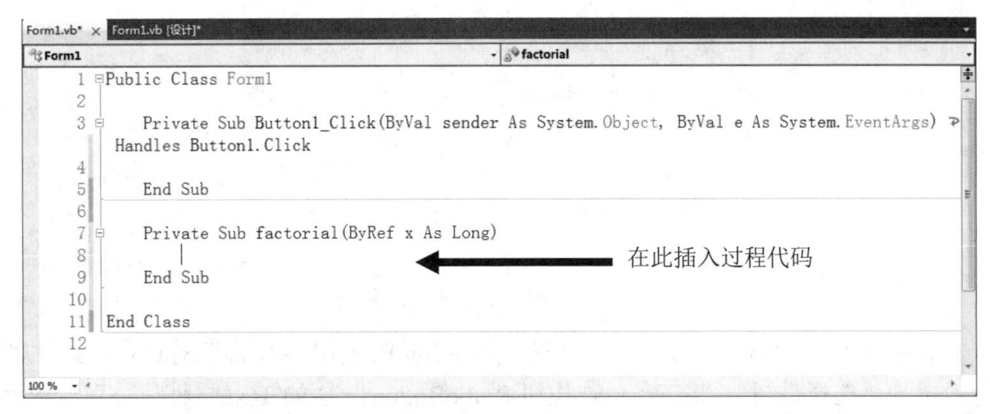

图 6-2　代码窗口中输入过程 factorial 程序代码（箭头所指处）

（6）输入过程 factorial 的代码及有关事件代码。

- factorial 过程代码

```
Private Sub factorial(ByRef x As Long)    'x 用于接受主程序传递过来的数据
    Dim a%, b&
    a = 0
    b = 1
    Do While a < x
        a = a + 1
        b = b * a                'b 为表示某个数字的阶乘
    Loop
    x = b                        '返回阶乘数
End Sub
```

- “计算”命令按钮 Button1 的 Click 事件代码

```
Private Sub Button1_Click(…) Handles Button1.Click
    Dim k%, n&, s& '这里 s 代表阶乘和
    For k = 1 To 10
        n = k
        Call factorial(n)
        s = s + n
    Next
    Label1.Text = Trim(Str(s))
End Sub
```

- “退出”命令按钮 Button2 的 Click 事件代码

```
Private Sub Button2_Click(…) Handles Button2.Click
    Me.Close() '关闭窗体
End Sub
```

例 6-2　如图 6-3 所示，设计一个应用程序，以调用自定义函数的方式实现不同进制数据之间的相互转换。要求从键盘输入待转换的数据，将转换结果显示在文本框中。

操作步骤如下：

（1）启动 VB.NET 集成开发环境，建立一个 Windows 窗体应用程序项目。将窗体的 Text 属性值设置为“数制转换”。

（2）在窗体中添加一个标签控件 Label1、一个命令按钮 Button1、两个文本框 TextBox1～2 和一个框架 GroupBox1。

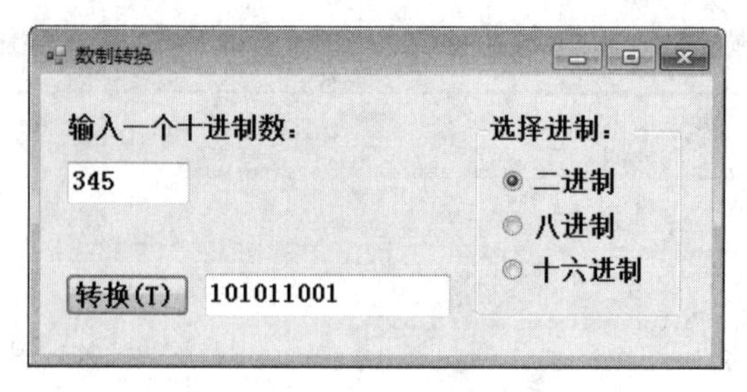

图 6-3 例 6-2 程序运行图

（3）在框架 GroupBox1 中增加三个单选按钮 RadioButton1～3，将框架 GroupBox1 的 Text 属性值设置为“选择进制”，将三个单选按钮 RadioButton1～3 的 Text 属性值分别设置为“二进制”“八进制”和“十六进制”。

（4）窗体及各控件的其他属性均采用默认值。

（5）双击“转换”命令按钮 Button1，打开事件代码编辑器窗口。在本事件过程的下方（或上方）输入下面两行代码。

```
Public Function convert(ByRef a%, ByRef b%) As String

End Function
```

上面两行代码表示了要添加的函数 convert，如图 6-4 所示。

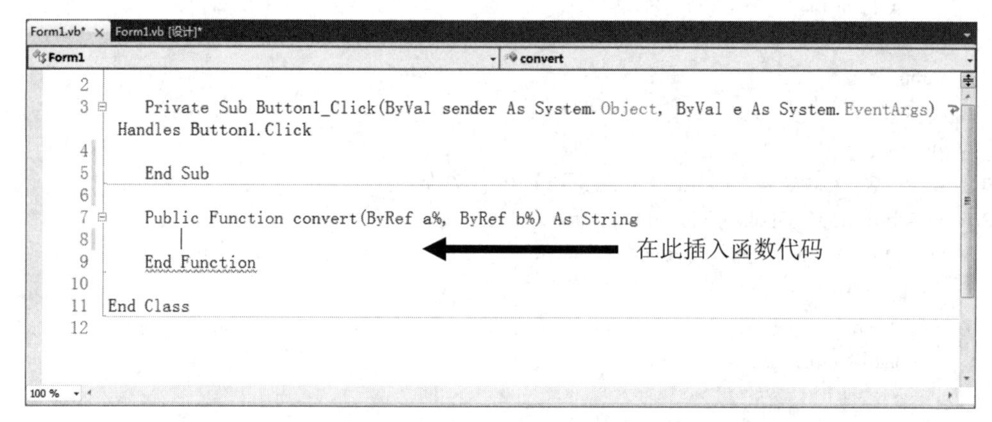

图 6-4 代码窗口中输入函数 convert 程序代码（箭头所指处）

（6）添加函数 convert 程序及有关事件代码。

- “转换”命令按钮 Button1 的 Click 事件代码

```
Private Sub Button1_Click(…) Handles Button1.Click
    Dim x%, y%
    x = Val(TextBox1.Text)      '取出十进制数
    If TextBox1.Text = "" Then
        MsgBox("请先输入一个十进制数！")
        TextBox1.Focus()
        Exit Sub
    End If
   If RadioButton1.Checked = True Then
       y = 2
   ElseIf RadioButton2.Checked = True Then
```

```
            y = 8
        ElseIf RadioButton3.Checked = True Then
            y = 16
        End If
        TextBox2.Text = convert(x, y)
    End Sub
```

- 窗体 Form1 的 Load 事件代码

```
Private Sub Form1_Load(…) Handles MyBase.Load
    TextBox1.Text = "" : TextBox2.Text = ""
    RadioButton1.Checked = True
    RadioButton2.Checked = False
    RadioButton3.Checked = False
End Sub
```

- 函数 convert 程序代码

```
Public Function convert(ByRef a%, ByRef b%) As String
    Dim str$, temp%
    str = ""
    Do While a <> 0
        temp = a Mod b
        a = a \ b
        If temp >= 10 Then
            str = Chr(temp - 10 + 65) & str
        Else
            str = temp & str
        End If
    Loop
    convert = str
End Function
```

例 6-3　编写一个子过程，将一个一维数组中的元素向右循环移位，移位次数由文本框输入。例如，数组各元素的值依次为 0，1，2，3，4，5，6，7，8，9，10；移位两次后，各元素的值依次为 9，10，0，1，2，3，4，5，6，7，8。程序运行后的界面如图 6-5 所示。

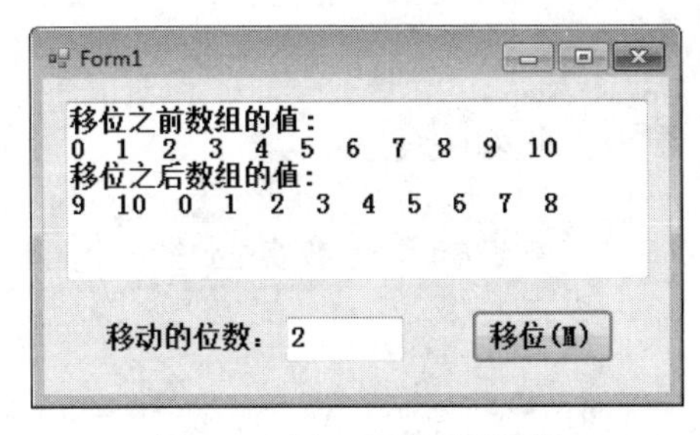

图 6-5　例 6-3 程序运行图

分析：

（1）在 Form1_Activated()事件过程中，对数组 a()进行初始化，并将其显示在屏幕上，此时要设置 Picture1 的 AutoRedraw 属性为 True，以便窗口上的信息能进行动态刷新。

（2）为了让数组 a()能在各过程中使用，需将该数组声明成模块级变量。

（3）编写一个过程 MoveRight()，使得每调用该过程一次，数组元素可以向右移动一位。

在移动过程中，首先将最后一个元素的值临时保存起来，然后将该元素前面的各元素依次向后移动一位。最后，再将临时保存的那个数赋予数组中的第一个元素。

（4）调用子过程时，数组作为参数传递，实参使用数组名，而形参为数组名加一对无下标的小圆括号（动态数组）。

操作步骤如下：

（1）新建一个 Windows 窗体应用程序的项目，在窗体 Form1 上添加一个标签 Label1（Text 属性为“移动的位数：”）、两个文本框 TextBox1～2 和一个命令按钮 Button1（Text 属性为“移位(&M)”）。

（2）文本框 TextBox1 的 Multiline 为 True，适当调整文本框控件的高度和宽度。

（3）编写窗体及命令按钮相关事件代码。

```
Public Class Form1

    Dim a(10) As Integer            'a(10)用于存放 10 个数
    Private Sub Button1_Click(…) Handles Button1.Click       '“移位”命令按钮
        Dim I As Integer, J As Integer, K As Integer
        J = Val(TextBox2.Text)
        Do                          '循环的次数
            K = K + 1
            Call MoveRight(a)       '调用移位过程，并传递数组 a
        Loop Until K = J
        TextBox1.Text &= "移位之后数组的值：" & vbCrLf
        For I = 0 To 10
            TextBox1.Text &= a(I) & "    "
        Next
        TextBox1.Text &= vbCrLf
    End Sub

    Private Sub MoveRight(ByVal m() As Integer)   '移位过程
        Dim r As Integer, s As Integer, t As Integer
        r = UBound(m)
        s = m(r)
        For t = r To LBound(m) + 1 Step -1
            m(t) = m(t - 1)         '向右移一位
        Next
        m(LBound(m)) = s            '数组最后一个数填充到第一个元素中
    End Sub

    Private Sub Form1_Activated(ByVal sender As Object, ByVal e As System.EventArgs) Handles
Me.Activated        'Activated 事件
        Dim I As Integer
        TextBox1.Text = "移位之前数组的值：" & vbCrLf
        For I = 0 To 10
            a(I) = I
            TextBox1.Text &= a(I) & "    "
        Next I
```

```
        TextBox1.Text & = vbCrLf
    End Sub

End Class
```

例 6-4　利用子过程 Fibonacci(&n)的递归调用，计算斐波那契（Fibonacci）数。程序运行结果如图 6-6 所示。

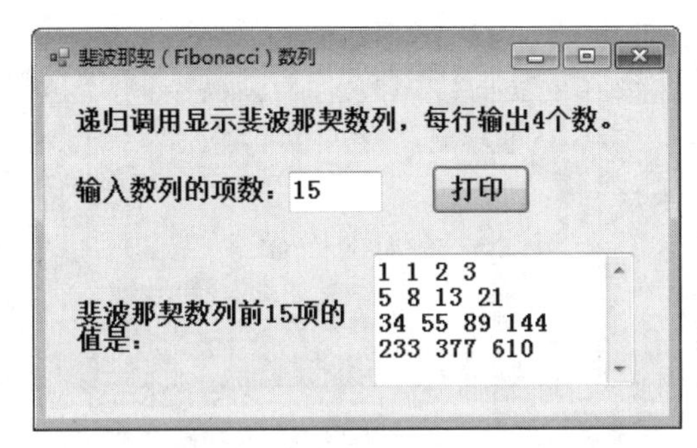

图 6-6　计算并输出斐波那契（Fibonacci）数

分析：参照例 6-1，我们可以得出计算斐波那契（Fibonacci）数的方法。

（1）对于已知数 n，如果 n<2，则 Fibonacci(1)=1，Fibonacci(2)=1。

（2）若 n>2，则斐波那契（Fibonacci）数的计算公式如下：

Fibonacci(n) = Fibonacci(n - 1) + Fibonacci(n - 2)

本例的设计步骤请参照例 6-1，此处不再详述，这里给出的是递归函数过程及有关事件代码。

```
Public Class Form1

    '"打印"命令按钮 Button1 的 Click 事件代码
    Private Sub Button1_Click(…) Handles Button1.Click
        Dim F(30) As Long, k&, n&
        TextBox2.Text = ""
        n = Val(TextBox1.Text)
        Label3.Text = "斐波那契数列前" & Trim(Str(n)) & "项的值是："
        For k = 1 To n
        TextBox2.Text = TextBox2.Text & Fibonacci(k) & " "   '调用 Fibonacci(n)递归函数
            If k Mod 4 = 0 Then TextBox2.Text = TextBox2.Text + vbCrLf
        Next
    End Sub
    '计算斐波那契（Fibonacci）数的函数过程代码
    Private Function Fibonacci(ByVal n As Long) As Long
        If n > 2 Then
            Fibonacci = Fibonacci(n - 1) + Fibonacci(n - 2)
        Else
            Fibonacci = 1
        End If
    End Function

End Class
```

例 6-5 如图 6-7 所示，完成一个密码检验程序的设计。程序运行时，要求在文本框中输入密码“12345678”并按回车键后，标签 Label2 中显示“欢迎光临！”，如图 6-7（a）所示；如果输入的密码与“12345678”不吻合，则标签 Label2 中显示“密码不符，请再输入一遍！”，如图 6-7(b)所示，同时清空文本框的内容，允许再输入一遍；如果输入的密码仍然与“12345678”不吻合，标签 Label2 中显示“非法用户，请退出程序！”，且文本框不能使用，如图 6-7（c）所示。

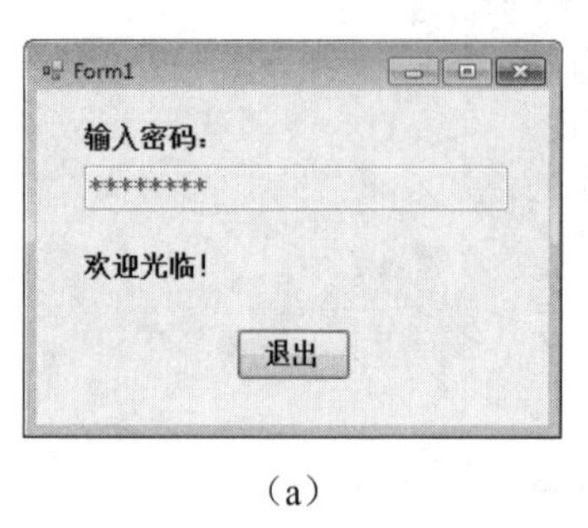

（a）

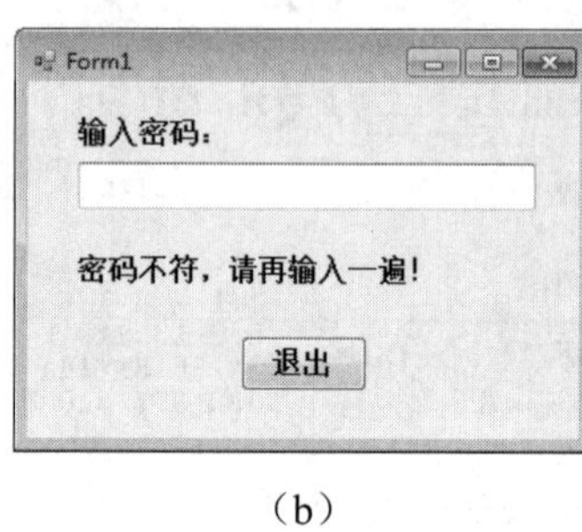

（b）

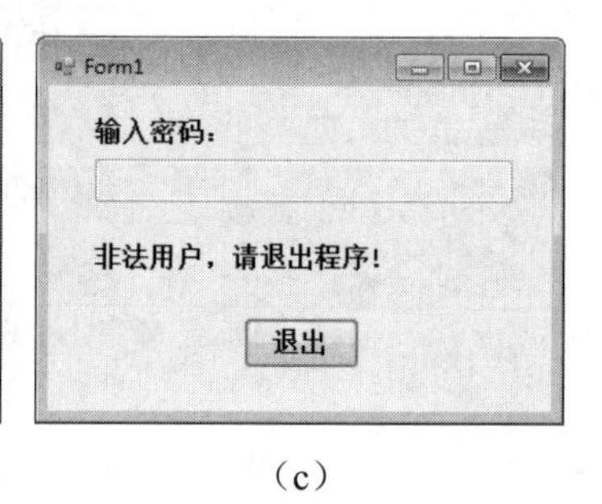

（c）

图 6-7 密码检验程序

操作步骤如下：

（1）新建一个 Windows 窗体应用程序的项目，在窗体 Form1 上添加两个标签 Label1～2、一个文本框 TextBox1 和一个命令按钮 Button1。

（2）文本框 TextBox1 的 PasswordChar 属性值设置为*；Maxlength 属性值设置为 8，并适当调整文本框控件的高度和宽度。

（3）将标签控件 Label2 的 TextAlign 属性值设置为 MiddleLeft（靠左居中对齐），AutoSize 属性值设置为 True，Visible 属性值设置为 False。

（4）将 Button1 的 Text 属性值设置为“退出”。

（5）编写命令按钮的 Click 事件代码和文本框 TextBox1 的 KeyPress 事件代码。

- 命令按钮的 Click 事件代码

```
Private Sub Button1_Click(…) Handles Button1.Click
    Me.Close() '关闭窗体
End Sub
```

- 文本框 TextBox1 的 KeyPress 事件代码

```
Private Sub TextBox1_KeyPress(ByVal sender As Object, ByVal e As System.Windows.Forms. _
KeyPressEventArgs) Handles TextBox1.KeyPress
    Static times As Integer             '统计第几次输入密码
    If e.KeyChar = Chr(13) Then         '按回车键后进行密码检验
        times = times + 1
        If TextBox1.Text = "12345678" Then
            Label2.Visible = True
            Label2.Text = "欢迎光临！"
            TextBox1.Enabled = False
        Else
            If times < 2 Then
                Label2.Text = "密码不符，请再输入一遍！"
                Label2.Visible = True
```

```
            TextBox1.Text = ""
        Else
            Label2.Visible = True
            Label2.Text = "非法用户，请退出程序！"
            TextBox1.Text = ""
            TextBox1.Enabled = False
        End If
    End If
  End If
End Sub
```

三、实验练习

1．如图 6-8 所示，已有模块文件 Modify.vb，模块中的 Uppersen 过程是将一个英文句子中每个单词的首字母变成大写字母。例如：输入“i fell in love with you the moment i saw you.”，输出为“I Fell In Love With You The Moment I Saw You.”。

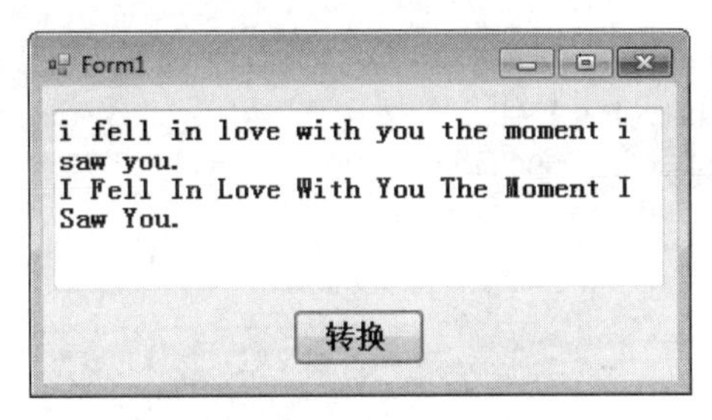

图 6-8　练习 1 图

下面给出 Modify.vb 模块程序代码和“转换”命令按钮的 Click 事件代码，请把程序中的“？”改为正确的内容，使其实现上述功能，但不能修改程序中的其他部分。

```
Option Explicit Off
Module Modify
    Public oldsen As String, newsen As String
    Public Sub Uppersen()    '从键盘上任意输入一条英文句子，将句子中每个单词的首字母都变成大写字母
        Dim chr As String
        Dim lastchr As String, L As Integer, i As Integer
        Oldsen = InputBox("请输入英文句子：")
        L = ?
        '以空格作为单词的界定符，空格后的字母转换为大写字母
        lastchr = ?
        For i = 1 To L
            chr = ?                        '取出长度为 1 的一个字符
            If lastchr = " " Then chr = ?    '判断前面是否为空格，如果是，则该字母转换为大写字母
            newsen = newsen & chr
            lastchr = chr
        Next i
    End Sub
End Module
```

```
Public Class Form1
    Private Sub Button1_Click(…) Handles Button1.Click
        oldsen = InputBox("请输入英文句子：")
        Call Uppersen()
        TextBox1.Text &= oldsen & vbCrLf
        TextBox1.Text &= ?& vbCrLf
    End Sub
End Class
```

2．如图 6-9 所示，窗体与命令按钮的有关程序代码已经给出，其中的 Money 过程用于统计一个有 7 位工作人员的餐厅发工资所需的 100 元、50 元、10 元、5 元和 1 元的票面数，请在程序的“？”处填入必要的内容，使其完整。Modify.Bas 模块中的 SalaryData 过程是给出 7 个员工的工资（工资单位是元）。

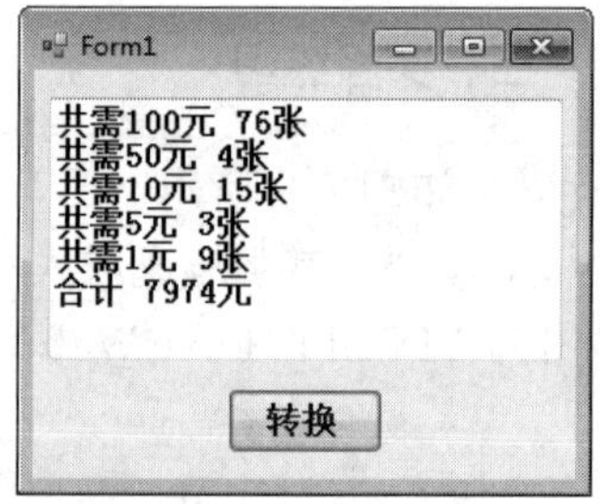

图 6-9 练习 2 图

```
Module Modify
    Public salary(7) As Integer      '七人的工资
    Public Sub SalaryData()
        salary(1) = 1398 : salary(2) = 1765
        salary(3) = 689 : salary(4) = 1500
        salary(5) = 832 : salary(6) = 590
        salary(7) = 1200
    End Sub
End Module

Public Class Form1
    Dim hundred As Integer, totalhundred As Integer      '100 元票面数量、总数量
    Dim fifty As Integer, totalfifty As Integer          '50 元票面数量、总数量
    Dim ten As Integer, totalten As Integer              '10 元票面数量、总数量
    Dim five As Integer, totalfive As Integer            '5 元票面数量、总数量
    Dim one As Integer, totalone As Integer              '1 元票面数量、总数量
    Dim totalsalary As Integer  ' 工资总计
    Private Sub Button1_Click(…) Handles Button1.Click
        Call Money()
        TextBox1.Text &= "共需 100 元" & Str(totalhundred) & "张" & vbCrLf
        TextBox1.Text &= "共需 50 元" & Str(totalfifty) & "张" & vbCrLf
        TextBox1.Text &= "共需 10 元" & Str(totalten) & "张" & vbCrLf
        TextBox1.Text &= "共需 5 元" & Str(totalfive) & "张" & vbCrLf
        TextBox1.Text &= "共需 1 元" & Str(totalone) & "张" & vbCrLf
        TextBox1.Text &= "合计" & Str(totalsalary) & "元" & vbCrLf
    End Sub

    Private Sub Money()
        Dim i As Integer, temp As Integer
        totalhundred = 0 : totalfifty = 0 : totalten = 0
        totalfive = 0 : totalone = 0 : totalsalary = 0
        Call SalaryData()
        For i = 1 To 7
```

```
            temp = ?                        '取出每一个职工的工资
            hundred = Int(temp / 100)       '统计 100 元的个数
            temp = ?
            fifty = Int(temp / 50)          '统计 50 元的个数
            temp = temp - fifty * 50
            ten = Int(temp / 10)            '统计 10 元的个数
            temp = temp - ten * 10
            five = Int(temp / 5)            '统计 5 元的个数
            temp = temp - five * 5
            one = ?                         '统计 1 元的个数
            totalhundred = totalhundred + hundred
            totalfifty = totalfifty + fifty : totalten = totalten + ten
            totalfive = totalfive + five : totalone = totalone + one
            totalsalary = ?                 '统计工资总额
        Next i
    End Sub

End Class
```

3．如图 6-10 所示，程序运行时，文本框 TextBox1 和 TextBox2 不可用。单击“拆分与排序”命令按钮（Button1），用户可在文本框 TextBox1 中输入一个字符串，按下回车键（Enter）后，可对已输入的文本进行拆分与排序并显示在文本框 TextBox2 中。

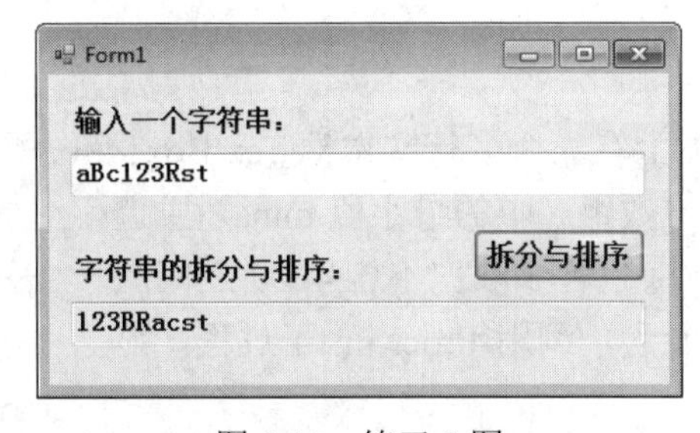

图 6-10　练习 3 图

下面给出“拆分与排序”命令按钮、文本框 TextBox1 和 sortchar 过程的程序代码。其中 sortchar 过程是对字符串进行整理，字符串进行整理时按照字符的 ASCII 码从小到大的顺序将这些字符重新组成新的字符串（如输入 aBc123Rst，重新组合的字符串为 123BRacst）。

程序不完整，请将程序中的“？”替换成必要的内容。

```
Public Class Form1
'“拆分与排序”按钮 Button1 的 Click 事件代码
    Private Sub Button1_Click(…) Handles Button1.Click
        TextBox1.ReadOnly = False
        TextBox1.Focus()
    End Sub
    Private Sub sortchar(ByRef y As String)
        Dim c() As String, L As Integer       '拆分出的字符、字符串长度
        Dim i As Integer, j As Integer, temp As String
        L = ?
        ReDim c(L)                            '字符串拆分
        For i = 1 To L
```

```
            c(i) = ?
        Next i
        For i = 1 To L - 1                  '字符排序
            For j =     ?
                If Asc(c(i)) > Asc(c(j)) Then
                    temp = c(i) : c(i) = c(j) : c(j) = temp
                End If
            Next j
        Next i                              '排序后的字符组成新字符串
        y = ""
        For i = 1 To L
            y=?
        Next i
    End Sub
    Private Sub TextBox1_KeyPress(…) Handles TextBox1.KeyPress
        Dim x As String                     '原字符串、重新组合的字符串
        x = Trim(TextBox1.Text)
        If e.KeyChar = vbCr Then            '判断是否按了回车键
            Call sortchar(x)
            TextBox2.Text = ?
        End If
    End Sub

End Class
```

4．如图 6-11 所示，窗体上有一个多行文本框 TextBox1 和一个命令按钮 Button1。编一子过程 ProcMin(a,mina)，求一维数组 a 中的最小值 mina。主调程序随机产生 10 个 300～400（包含 300 但不含 400）之间的数，显示产生的数组中的各元素。调用 ProcMin 子过程，显示出数组中的最小值。

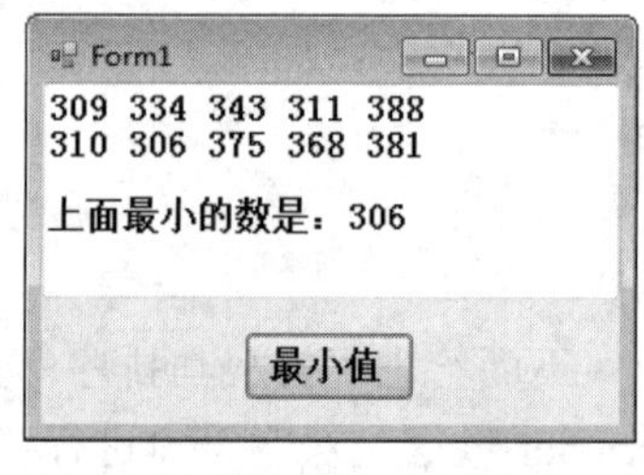

图 6-11　练习 4 图

下面程序有错误，请把程序中的“？”改为正确的内容。

```
Private Sub Button1_Click(…) Handles Button1.Click
        TextBox1.Clear()
        Randomize()
        Dim a(10) As Integer, k%, mina%
        For k = 1 To 10
            a(k) = Int(Rnd * 100 + 300)
            TextBox1.Text &= a(k) & " "
            If k Mod 5 = 0 Then TextBox1.Text &= vbCrLf
        Next
        mina = 400
        Call ProcMin(a, mina)
        TextBox1.Text &= vbCrLf
        TextBox1.Text &= "上面最小的数是：" &   ?
End Sub
Sub ProcMin(?,ByRef minb%)
    Dim i%
```

```
    For i = 1 To 10
        If ? Then minb = b(i)
    Next
End Sub
```

5．如图 6-12 所示，通过调用过程 Sort 将数组按降序排序。程序运行后，在四个文本框中各输入一个整数，如图 6-12（a）所示，然后，单击命令按钮，即可使数组按降序排序，并在文本框中显示出来，如图 6-12（b）所示。

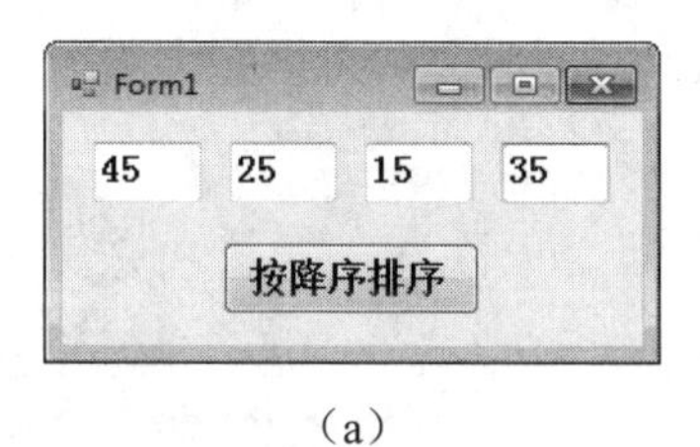

（a）

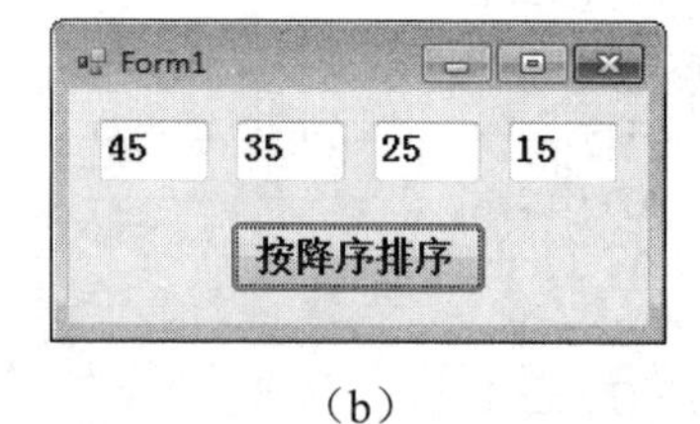

（b）

图 6-12　练习 5 图

下面给出“按降序排序”命令按钮的 Click 事件代码，请把程序中的“？”改为正确的内容，使其实现上述功能，但不能修改程序中的其他部分。

```
Private Sub Sort(ByRef a() As Integer)
    Dim Start As Integer, Finish As Integer
    Dim i As Integer, j As Integer, t As Integer
    Start = ?(a)
    Finish = UBound(a)
    For i = ? To 1 Step -1
        For j = 1 To ?
            If a(j) ? a(j + 1) Then
                t = a(j + 1)
                a(j + 1) = a(j)
                a(j) = t
            End If
        Next j
    Next i
End Sub

Private Sub Button1_Click(…) Handles Button1.Click
    Dim arr1(3), k As Integer
    Dim Str As String
    For k = 0 To 3
        Str = "TextBox" & (k + 1)
        arr1(k) = Me.Controls(Str).Text
    Next k
    Sort(arr1)
    TextBox1.Text = arr1(0)
    TextBox2.Text = arr1(1)
    TextBox3.Text = arr1(2)
    TextBox4.Text = arr1(3)
End Sub
```

6. 如图 6-13 所示，窗体上有四个文本框 TextBox1～4、一个标签 Label1 和一个命令按钮 Button1（求平均值）。程序运行后，在四个文本框中各输入一个整数，然后单击命令按钮，通过调用过程 Average 可求出数组的平均值，并在窗体上显示出来。

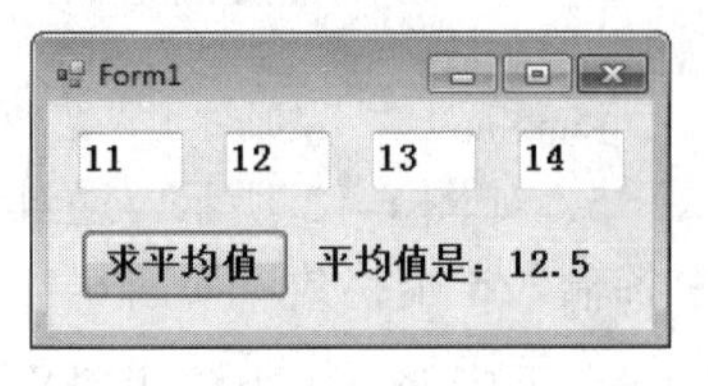

图 6-13 练习 6 图

下面给出“求平均值”命令按钮的 Click 事件代码，请把程序中的“？”改为正确的内容，使其实现上述功能，但不能修改程序中的其他部分。

```
Private Function Average(ByVal a() As Integer) As Single
    Dim Start As Integer, Finish As Integer
    Dim i As Integer
    Dim Sum As Integer
    Start = LBound(a)
    Finish = UBound(a)
    Sum=?
    For i = Start To Finish
        Sum=Sum + ?
    Next i
    Average=?
End Function

Private Sub Button1_Click(…) Handles Button1.Click
    Dim arr1(3), i As Integer
    Dim aver As Single
    For Each c As Control In Me.Controls
        If TypeOf (c) Is TextBox Then        '判断是否为一个文本框
            arr1(i) = Val( ? )
            i = i + 1
        End If
    Next
    Aver=Average(?)
    Label1.Text = "平均值是：" & aver
End Sub
```

7. 如图 6-14 所示，窗体上有两个文本框 TextBox1～2，一个名称为 Button1、标题为“计算”的命令按钮和四个标签 Label1～4。程序运行时，通过键盘将 n 和 x 值分别输入到两个文本框 TextBox1～2 之中，然后，单击“计算”命令按钮，则计算下面表达式的值并将其显示在标签 Label4 中。

$$z=(x-2)!+(x-3)!+(x-4)!+\cdots+(x-n)!$$

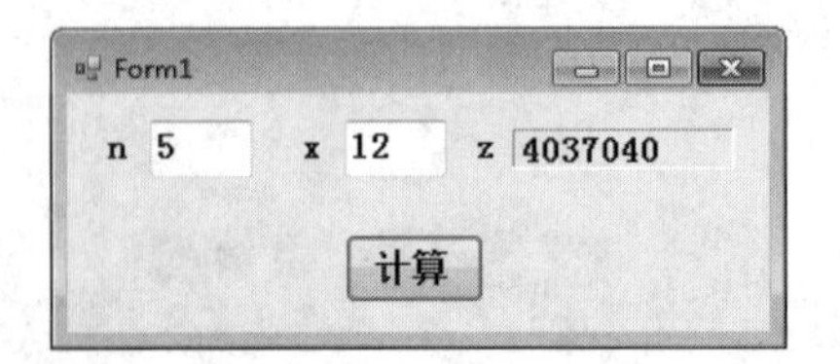

图 6-14 练习 7 图

下面给出“计算”命令按钮的 Click 事件代码，请把程序中的“？”改为正确的内容，使其实现上述功能，但不能修改程序中的其他部分。

```
Private Function xn(ByVal m As Integer) As Long
    Dim i As Integer
    Dim temp As Long
    tmp = ?
    For i = 1 To m
        temp=?
    Next
    ? = temp
End Function

Private Sub Button1_Click(…) Handles Button1.Click
    Dim n, I, t As Integer
    Dim z As Long, x As Single
    n = Val(TextBox1.Text)          '取文本框 TextBox1 中的值
    x = Val(TextBox2.Text)          '取文本框 TextBox2 中的值
    z = 0
    For i = 2 To n
        t = x - i
        z = z + ?
    Next
    Label4.Text = z                 '显示结果
End Sub
```

8．如图 6-15 左侧所示，选择要打印的行数，单击“打印”按钮，可在即时窗口中打印对应行由*号组合的菱形，如图 6-15 右侧所示。

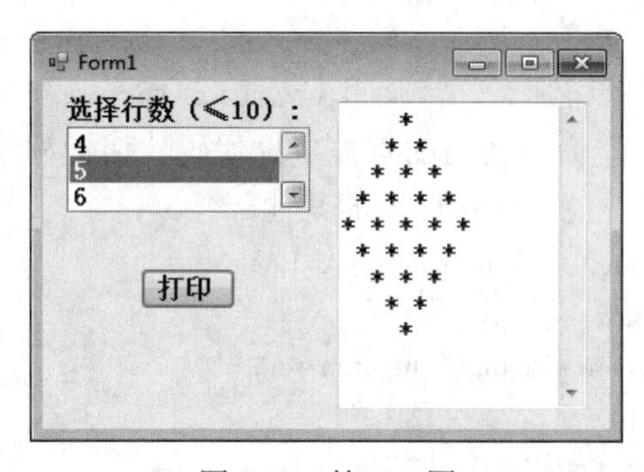

图 6-15　练习 8 图

下面给出“打印”按钮 Button1 的 Click 事件代码，请把程序中的“？”改为正确的内容，使其实现上述功能，但不能修改程序中的其他部分。

```
Private Sub Button1_Click(…) Handles Button1.Click
    Dim n%, i%
    n = Val(ListBox1.Text)              '选择行数
    For i = 1 To n
        TextBox1.Text &= Space(n - i)
        ?
        TextBox1.Text &= vbCrLf         '换行
    Next
```

```
        For i = n - 1 To 1?
            ?
            Call PrintStar(i)
            TextBox1.Text &= vbCrLf        '换行
        Next
    End Sub
    Sub PrintStar(ByVal j As Integer)
        Dim k%
        For k = 1 To j 'For k = 1 To ?
            TextBox1.Text &=?
        Next
    End Sub
```

9．编一求两个数 m、n 最大公约数的函数 gcd(m,n)。主调程序在两个文本框中输入数据，在文本框中显示结果，如图 6-16 所示。

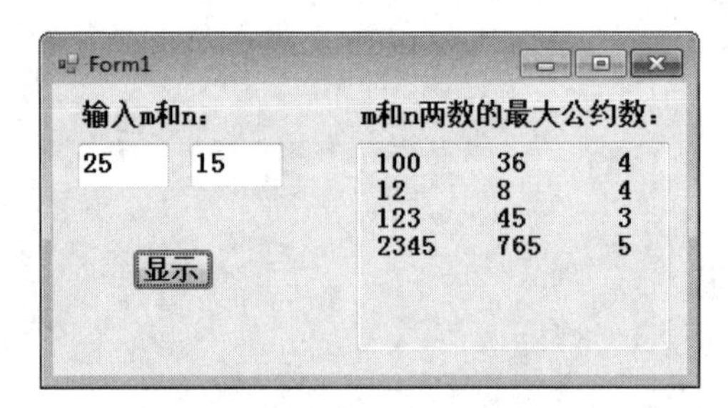

图 6-16　练习 9 图

提示：为了在文本框中显示多行，文本框的 MultiLine 属性值必须设置为 True。为了在 TextBox3 文本框中每行一组并整齐地显示结果，可设置 AcceptTab 属性值为 True，即可在文本框中使用制表符（Tab），如需换行，可使用 vbCrLf 为回车换行的常数符号。

下面给出窗体和“显示”命令按钮的有关事件代码，请把程序中的“？”改为正确的内容，使其实现上述功能，但不能修改程序中的其他部分。

```
    Function gcd(ByVal m As Long, ByVal n As Long) As Long
        Dim max&, min&, i&, k&
        If ? Then max = n : min = m Else max = m : min = n
        For i = 1 To min
            If max Mod i = 0 And min Mod i = 0 Then k = i
        Next i
        ?
    End Function

    Private Sub Button1_Click(…) Handles Button1.Click
        Dim m As Long, n As Long
        m = Val(TextBox1.Text)
        ?
        TextBox3.Text &= Str(m) & Chr(9) & Str(n) & Chr(9) & Str(gcd(m, n)) & vbCrLf
        TextBox1.Text = ""
        TextBox2.Text = ""
```

```
    TextBox1.Focus()
End Sub
```

10．如图 6-17 所示，窗体中有三标签 Label1～3、三个文本框 TextBox1～3 和一个命令按钮 Button1。编写一子过程 delestr(s1,s2)，将字符串 s1 中出现的 s2 子字符串删去，结果存放在 s1 中。

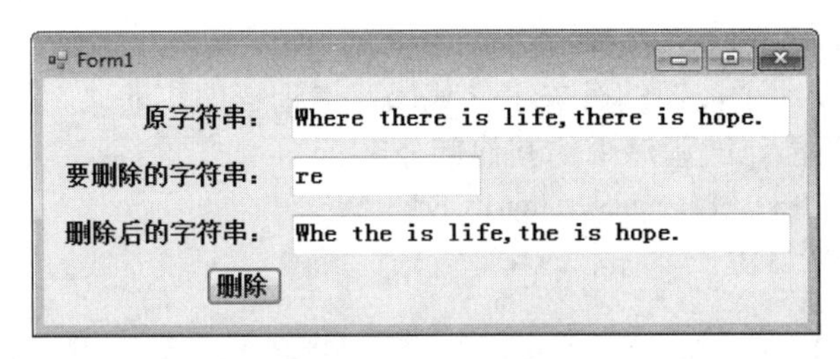

图 6-17　练习 10 图

下面给出“删除”命令按钮的有关事件代码，请把程序中的“？”改为正确的内容，使其实现上述功能，但不能修改程序中的其他部分。

```
Private Sub Button1_Click(…) Handles Button1.Click
    Dim ss1 As String
    ss1 = TextBox1.Text
    Call delestr(ss1, TextBox2.Text)        '调用 delestr 子过程
    TextBox3.text = ?
End Sub
Private Sub delestr(? s1 As String, ByRef s2 As String)
    Dim i%, Ls2%
    i =?                                    '在 s1 中查找子串 s2
    Ls2 =?                                  '取 s2 的长度
    Do While i > 0
        s1 = Left(s1, i - 1) + ?            '在 s1 中删除子串 s2 形成新的字符串
        i = InStr(s1, s2)
    Loop                                    'Do While 循环结束
End Sub
```

11．如图 6-18 所示，窗体中有两个标签 Label1～2、两个文本框 TextBox1～2 和一个命令按钮 Button1。其中文本框 TextBox2 的 ReadOnly 属性值为 True，Multiline 属性值为 True，ScrollBars 属性值为 Vertical。

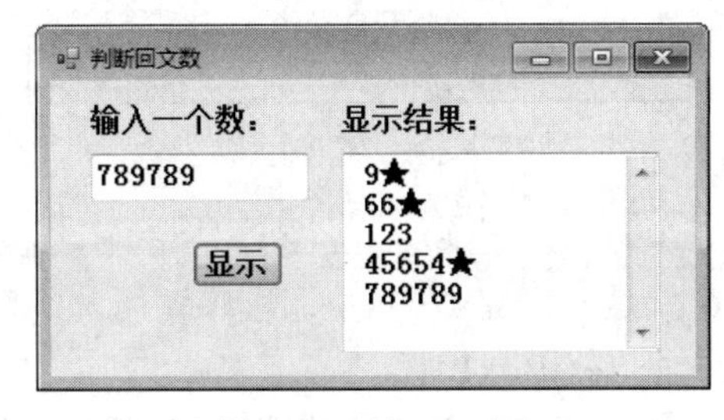

图 6-18　练习 11 图

编一函数过程 IsH(n)，对于已知正整数 n，判断该数是否是回文数，函数的返回值类型为布尔型。主调程序每输入一个数，调用 IsH(n)函数过程，然后在文本框中显示输入的数，若该

数是回文数则显示一个★。

提示：

（1）所谓回文数是指顺读与倒读数字相同，即指最高位与最低位相同，次高位与次低位相同，依此类推。当只有一位数时，也认为该数是回文数。

（2）回文数的求法：只需要对输入的数（按字符串类型处理），利用 Mid 函数从两边往中间比较，若不相同，就不是回文数。

下面给出“显示”命令按钮的有关事件代码，请把程序中的“？”改为正确的内容，使其实现上述功能，但不能修改程序中的其他部分。

```
Private Sub Button1_Click(…) Handles Button1.Click
    Call IsH(TextBox1.Text)
End Sub
Private Function IsH(ByVal n) As String
    Dim i, L As Integer
    L = Int(Len(n) / 2)
    If L >= 1 Then
        For i = 1 To L
            If Mid(n, i, 1) <>? Then          '前后数进行判断
                TextBox2.Text &= Str(n) & vbCrLf
                Exit Function
            End If
        Next i
    End If
    ? &= Str(n) & "★" & vbCrLf              '在文本框 TextBox2 中显示
End Function
```

12．如图 6-19 所示，窗体中有一个文本框 TextBox1 和一个命令按钮 Button1。其中文本框 TextBox1 的 Multiline 属性值为 True，ScrollBars 属性值为 Horizontal，WordWrap 属性值为 False。

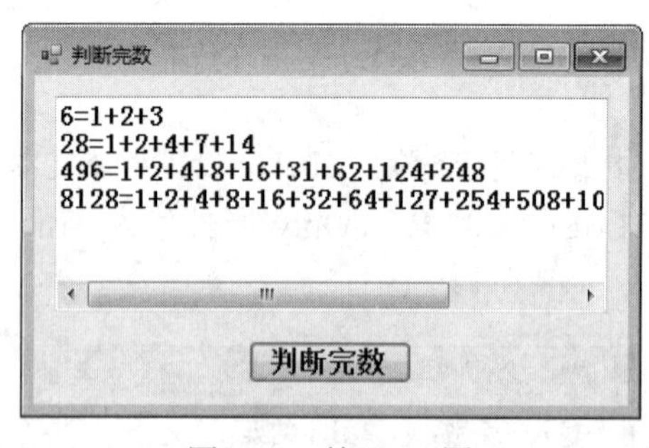

图 6-19　练习 12 图

编写一个函数过程，用于判断一个已知数 m 是否是完数（完数就是指该数本身等于它各个因子之和，如 6=1+2+3，6 就是一个完数）。主调程序调用此函数求出 10000 之内的所有完数，并把所求完数显示在文本框 TextBox1 中。

下面给出“判断完数”命令按钮的有关事件代码，请把程序中的“？”改为正确的内容，使其实现上述功能，但不能修改程序中的其他部分。

```
Private Sub Button1_Click(…) Handles Button1.Click
    Dim i As Integer, st As String
```

```
        st = "" '表示该数各个因子之和的表达式
        For i = 1 To 10000
            If ? Then TextBox1.Text &= Mid(st, 1, Len(st) - 1) & vbCrLf
        Next i
    End Sub
    Private Function ws(ByVal m%, ByRef st1 As String) As Boolean
        Dim Sum%
        st1 = m & "="
        Sum = 0
        For i = 1 To ?
            If m Mod i = 0 Then
                Sum = Sum + i
                st1 &= i & "+"
            End If
        Next i
        If Sum = m Then ws =?
    End Function
```

13．如图 6-20 所示，在窗体上画一个列表框 ListBox1 和一个文本框 TextBox1。编写窗体的 MouseDown 事件过程。程序运行后，如果用鼠标左键单击窗体，则从键盘上输入要添加到列表框中的项目（内容任意，不少于三个字符），将其显示在列表框中；如果用鼠标右键单击窗体，则从键盘上输入要删除的项目，将其从列表框中删除。

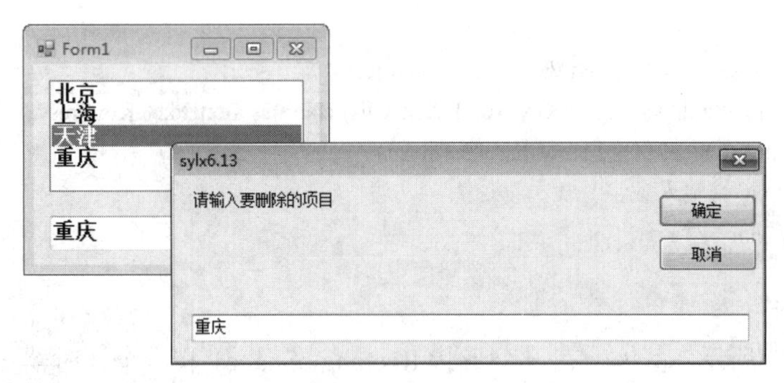

图 6-20　练习 13 图

下面给出相关事件代码，请把程序中的“？”改为正确的内容，使其实现上述功能，但不能修改程序中的其他部分。

```
    Private Sub Form1_MouseDown(ByVal sender As Object, _
        ByVal e As System.Windows.Forms.MouseEventArgs) Handles Me.MouseDown
            If e.Button = Windows.Forms.MouseButtons.Left Then          '左击鼠标时
                TextBox1.Text = InputBox("请输入要添加的项目")
                ListBox1.Items.?(TextBox1.Text)
            End If
            If e.Button = Windows.Forms.MouseButtons.Right Then         '右击鼠标时
                TextBox1.Text = InputBox("请输入要删除的项目")
                For i = 0 To ListBox1.Items.? - 1
                    If ListBox1.Items.Item(i) = ? Then                  '进行比较
                        ListBox1.Items.RemoveAt(?)                      '删除该项
                    End If
```

```
            Next i
        End If
    End Sub
```

14．如图 6-21 所示，程序运行时，通过键盘向文本框中输入数字，如果输入的是非数字字符，则提示输入错误，且文本框中不显示输入的字符。单击名称为 Button1、标题为“添加”的命令按钮，则将文本框中的数字添加到名称为 ComboBox1 的组合框中。

图 6-21　练习 14 图

下面给出了“添加”命令按钮和文本框 Text1 的 KeyPress 事件代码，但程序不完整，请把程序中的“？”改为正确的内容。

```
Private Sub Button1_Click(…) Handles Button1.Click
    ComboBox1.?(TextBox1.Text)        '添加项目
    TextBox1.Focus()
    TextBox1.SelectAll()
End Sub

Private Sub TextBox1_KeyPress(ByVal sender As Object, _
ByVal e As System.Windows.Forms.KeyPressEventArgs) Handles TextBox1.KeyPress
    If e.KeyChar > Chr(57) Or e.KeyChar <? Then
        MsgBox("请输入数字！")
        e.KeyChar = ""
    End If
End Sub
```

15．如图 6-22 所示，窗体上有一个形状 RectangleShape1 和一个计时器 Timer1。设置形状 RectangleShape1 的 BackStyle 属性值为 Opaque，Size 属性值为 77*77；计时器 Timer1 的 Interval 属性值为 100。程序运行时，形状 RectangleShape1 的前景色不断地以黄色和红色变化，单击鼠标，形状 RectangleShape1 将移动到鼠标所在处。

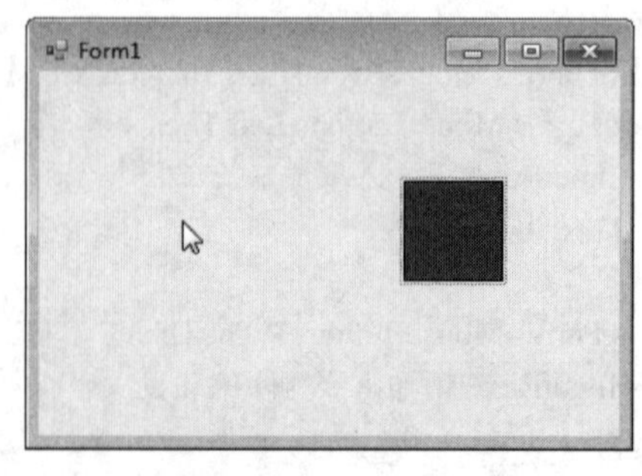

图 6-22　练习 15 图

下面给出了所有控件和程序，但程序不完整，请把程序中的“？”改为正确的内容。

```
Private Sub Timer1_Tick(…) Handles Timer1.Tick
    Static f As Boolean
    If f = False Then
        RectangleShape1.BackColor = Color.Red          '背景为红色
        f = True
    Else
        RectangleShape1.BackColor = Color.Yellow       '背景为黄色
        f = ?
    End If
End Sub

Private Sub Form1_Activated(…) Handles Me.Activated
    Timer1.Enabled = ?                                 '启动计时器
End Sub

Private Sub Form1_MouseDown(ByVal sender As Object, _
ByVal e As System.Windows.Forms.MouseEventArgs) Handles Me.MouseDown
    RectangleShape1.Left = ?
    RectangleShape1.Top = e.Y
End Sub
```

16．加密和解密。在当今信息社会，信息的安全性得到了广泛的重视，信息加密是保障安全性的措施之一。信息加密有各种方法，最简单的加密方法是：将每个字母加一序数，称为密钥。例如，加序数 5，这时 A 对应 F，a 对应 f，B 对应 G，Y 对应 D，Z 对应 E。解密是加密的逆操作。

编写一个加密的程序，即将输入的一行字符串中的所有字母加密，程序的运行界面如图 6-23 所示。

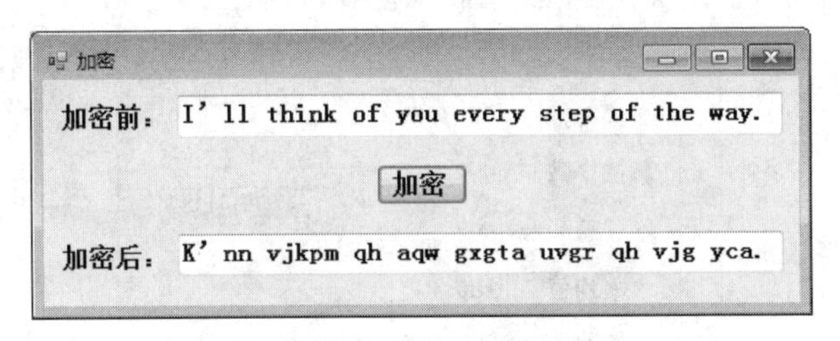

图 6-23　练习 16 图

下面给出了“加密”命令按钮和文本框 TextBox1 的 KeyPress 事件代码，但程序不完整，请把程序中的“？”改为正确的内容。

```
Function Encryption(ByVal s As String, ByVal Key As Integer) As String
    Dim c, Code As String, iAsc As Integer
    Code = ""
    For i = 1 To Len(s)
        c = Mid(s, i, 1)                        '取第 i 个字符
        Select Case ?
            Case "A" To "Z"                     '大写字母加序数 Key 加密
                iAsc = Asc(c) + Key
                If iAsc > Asc("Z") Then ?       '加密后字母超过 Z 的解决方法
```

```
                Encryption = Encryption + Chr(iAsc)
            Case "a" To "z"
                iAsc =?                              '小写字母加序数 Key 加密
                If iAsc > Asc("z") Then iAsc = iAsc - 26
                Encryption = Encryption + Chr(iAsc)
            Case Else                                '其他字符时不加密，与已加密子字符串连接
                Encryption = Encryption +?
        End Select
    Next i
End Function
Private Sub Button1_Click(…) Handles Button1.Click
    '加密事件
    TextBox2.Text = Encryption(TextBox1.Text, 2)     '调用加密过程，2 表示加密长度
End Sub

Private Sub TextBox1_KeyPress(ByVal sender As Object, _
   ByVal e As System.Windows.Forms.KeyPressEventArgs) Handles TextBox1.KeyPress
    If ? Then                                        '判断是否按下回车键
        TextBox2.text = ?
    End If
End Sub
```

17．如图 6-24 所示，窗体上从上到下依次有五个标签 Label1～5、五个文本框 TextBox1～5 和一个命令按钮 Button1。窗体的功能是：从给定的字符"age43dhbc765shdk8djfk65bdgth23end"中找出所有的数（单个的数字或连续的数字都算一个数），并求出这些数的个数、总和及平均值。

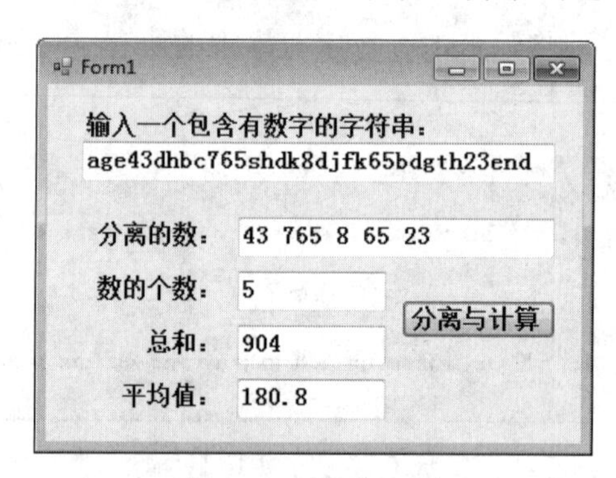

图 6-24 练习 17 图

窗体及有关控件事件代码已经给出，其中有三处错误，请找出并改正。

```
Private Sub Button1_Click(…) Handles Button1.Click
    Dim p As String, num() As Integer, i As Integer
    Dim s As Integer, av As Single
    p = TextBox1.Text            '取出字符串
    TextBox2.Text = "" : TextBox3.Text = ""
    TextBox4.Text = "" : TextBox5.Text = ""
    ReDim num(Len(p))
    Call getn(p, num)            'num 表示分离的数
    For i = 1 To UBound(num)
        s = s + num(i)           '求各数之和
```

```
            TextBox2.Text = TextBox2.Text &?& " "         '显示数
        Next i
        av = ?                       '求平均值
        TextBox3.Text = UBound(num)
        TextBox4.Text = s            's 表示总和
        TextBox5.Text = av           'av 表示平均值
    End Sub

    Private Sub getn(ByVal ss As String, ByRef d() As Integer)
        Dim k, n As Integer, st As String, f As Boolean
        k = 1
        n = 1
        st = ""
        Do Until n > Len(ss)
            If Mid(ss, n, 1) >= "0" And Mid(ss, n, 1) <= "9" Then
                st = st & ?          'st 表示数字字符串
                f = True
            ElseIf f Then
                f = False
                ReDim Preserve d(k)
                d(k) = ?             '将各数放到数组元素中
                st = ""
                k = k + 1
            End If
            n = n + 1
        Loop
    End Sub
```

18．如图 6-25 所示，窗体中有一个实心圆。程序运行时，当用鼠标左键单击窗体任意空白位置时，实心圆向单击位置直线移动；若用鼠标右键单击窗体，则实心圆停止移动。窗体文件中已经给出了全部控件，但程序不完整。

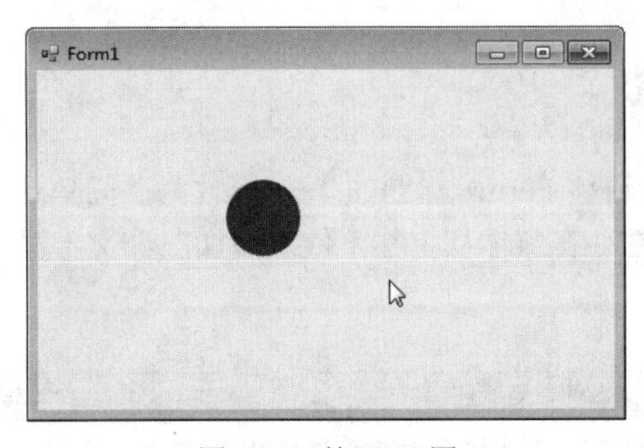

图 6-25　练习 18 图

要求：请把程序中的“？”改为正确的内容，使其能正确运行，不能修改程序的其他部分和控件属性。最后把修改后的文件按原文件名存盘。

```
    Public Class Form1
        Dim stepy As Integer                    '纵向移动增量
        Dim stepx As Integer                    '横向移动增量
```

```
    Const LEFT_BUTTON = 1048576                  '表示鼠标左键

    Private Sub Form1_MouseDown(ByVal sender As Object, ByVal e As System.Windows.Forms.
MouseEventArgs) Handles Me.MouseDown
        Dim x0 As Integer, y0 As Integer, a As Single, radius As Integer
        radius = OvalShape1.Width / 2            '圆的半径
        If e.Button = LEFT_BUTTON Then
            x0 = OvalShape1.Left + radius        '圆心的 x 坐标
            y0 = OvalShape1.Top + radius         '圆心的 y 坐标
            If e.X = x0 Then
                stepy = Math.Sign(e.Y - y0) * 10
                Stepx=?
            Else
                a = (e.Y - y0) / (e.X - x0)      '斜率
                stepx = Math.Sign(e.X - x0) * 10
                ?=a * stepx
                If Math.Abs(stepy) > Math.Abs(stepx) Then
                    stepy = Math.Sign(e.Y - y0) * 10
                    stepx = stepy / a
                End If
            End If
            ?=True
        Else
            ?=False
        End If
    End Sub

    Private Sub Timer1_Tick(…) Handles Timer1.Tick
        OvalShape1.Left &= stepx
        OvalShape1.Top &= ?
    End Sub

End Class
```

19．如图 6-26 所示，窗体 Form1 标题的 Text 属性为“简单计算器”，固定边框且标题栏无最大化按钮和最小化按钮。在窗体从上往下依次添加三个文本框 TextBox1～3，三个文本框的对齐方式均为右对齐。

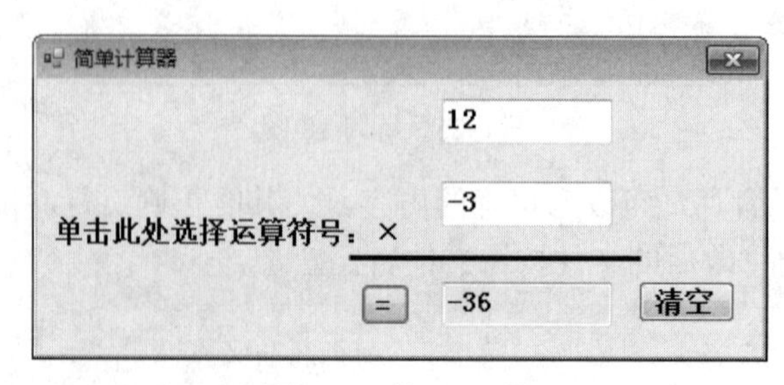

图 6-26　练习 19 图

试根据下面的提示完成本题程序的设计，要求如下：

（1）在上面两个文本框 TextBox1～2 中输入要进行计算的两个数，输入数时不接受非数字键。

（2）第三个文本框 TextBox3 用于显示计算结果，且不能进行编辑操作。

（3）单击“+”号标签，可选择+、–、×、÷运算符，运算符默认为“+”。

（4）单击“=”命令按钮 Button1，将计算结果显示在文本框 TextBox3 中。

（5）单击“清空”命令按钮 Button2，三个文本框内容都被清空，同时第一个文本框获得焦点。

提示：

（1）数字 0～9 的 ASCII 码值为 48～57，+、–、.（小数点）、BackSpace（退格键）和 Enter（回车键）的 ASCII 码值分别为 43、45、46、8 和 13，可用于判断文本框 TextBox1～2 中输入的内容是否为数字。

（2）判断在文本框中输入的内容是否为数字，可用两种方法进行判断：一是用函数 IsNumeric；二是用 TextBox1～2 控件的 KeyPress 事件的参数 e.KeyChar。

（3）文本框 TextBox1 的 KeyPress 事件代码如下：

```
Private Sub TextBox1_KeyPress(ByVal sender As Object, _
ByVal e As System.Windows.Forms.KeyPressEventArgs) Handles TextBox1.KeyPress
    Select Case Asc(e.KeyChar)
        Case 13                                       'Enter 键
            TextBox2.Focus()
        Case 43                                       '“+”号
            If InStr(TextBox1.Text, "+") <> 0 Then    '判断是否已有“–”号
                e.KeyChar = ""
            End If
            If TextBox1.SelectionStart Then
                e.KeyChar = ""                        '“+”号是否位于开头
            End If
        Case 45                                       '“–”号
            If InStr(TextBox1.Text, "_") <> 0 Then    '判断是否已有“–”号
                e.KeyChar = ""
            End If
            If TextBox1.SelectionStart Then
                e.KeyChar = ""                        '“–”号是否位于开头
            End If
        Case 46                                       '小数点“.”
            If InStr(TextBox1.Text, ".") <> 0 Then    '判断是否已有“.”号
                e.KeyChar = ""
            End If
        Case 48 To 57, 8                              '数字 0～9，BackSpace 键
        Case Else
            e.KeyChar = ""
    End Select
End Sub
```

20. 如图 6-27 所示，窗体上有一个“统计”命令按钮 Button1。请画三个标签，其名称分

别是 Label1～3，再画三个文本框 TextBox1～3，程序功能如下：

（1）在 TextBox1 文本框中输入一句英文（仅含有字母和空格，空格是用来分隔不同单词的）。

（2）单击“统计”按钮，则自动统计 TextBox1 文本框中每个单词的长度，并将所有单词的平均长度（四舍五入取整）显示在 TextBox2 文本框内，将最长单词的长度显示在 TextBox3 文本框内。

图 6-27　练习 20 图

下面给出了“统计”命令按钮的 Click 事件代码，但程序不完整，请把程序中的“？”改为正确的内容。

```
Private Sub Button1_Click(…) Handles Button1.Click
    Dim c, s, t As String
    Dim maxLen, totalLen, num As Integer
    s = ""
    t = ""                              't 表示一个单词
    maxlen = 0
    totallen = 0
    num = 0                             'num 表示单词的总数
    s = TextBox1.Text
    For i = 1 To ?
        c = Mid(s, i, 1)                '表示从 s 中取一个字符
        If c <> " " Then                '生成空格前的单词
            t = ?
        Else
            If Len(t) ? maxLen Then     '比较单词的长度
                maxLen = Len(t)
            End If
            totalLen = totalLen + Len(t)
            num = num + 1
            t = ""
        End If
    Next i
    MsgBox(num)
    TextBox2.Text = CInt(?)             '显示单词的平均长度
    TextBox3.Text = maxLen
End Sub
```

第 7 章　菜单与界面设计

一、实验目的

1．熟悉使用 VB.NET 菜单编辑器创建下拉式菜单、快捷菜单的方法。
2．掌握 VB.NET 自定义对话框和通用对话框的使用方法。
3．掌握简单的多文档界面程序的设计。
4．了解 MDI 窗体和子窗体的特点。

二、实验指导

例 7-1　有如图 7-1 所示的应用程序，通过菜单中的色彩设置，可以将窗体的背景分别改为“红色”“绿色”“蓝色”，选择“操作”菜单中的“退出”命令，则自动退出程序。

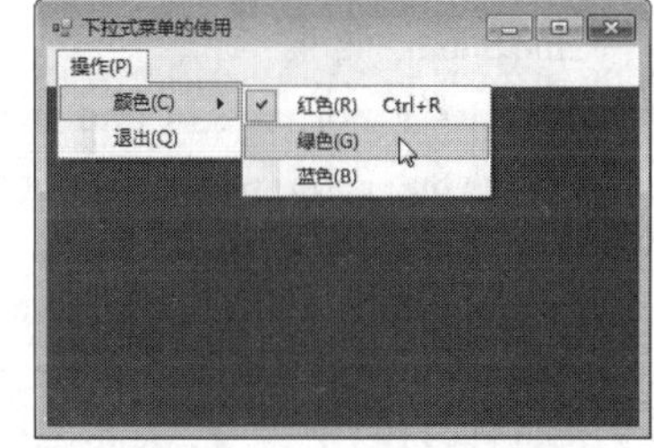

图 7-1　下拉菜单的使用

操作步骤如下：

（1）选择“文件”菜单中的“新建项目”命令，建立一个 Windows 窗体应用程序项目。

（2）双击工具箱中的 MenuStrip 控件，将该控件添加到窗体设计器下方的面板中，如图 7-2 所示。

（3）单击窗体设计器下方的面板中的 MenuStrip1 控件，此时窗体上出现可视化的菜单设计器。

（4）依照图 7-2，在菜单项文本框中输入各菜单项的标题，如有热键设置，可在文本框中输入带“&”的标题文字，如“颜色(&C)”。

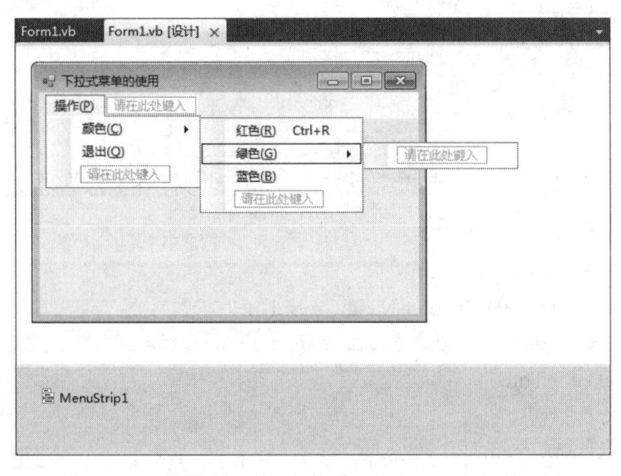

图 7-2　可视化的下拉式菜单（MenuStrip）设计器

（5）各菜单项的标题设置完成后，按表 7-1 所示的内容完成各菜单项其他属性的修改，例如将“颜色(&C)”菜单项的默认名称（Name）“颜色 CToolStripMenuItem”改为“MenuColor”。

表 7-1　例 7-1 各菜单项相关属性值的设置

标题（Text）	名称（Name）	ShortcutKeys（快捷键）
操作(&P)	MainMenu	Ctrl+P
….颜色(&C)	MenuColor	Ctrl+C
……..红色(&R)	MenuRed	Ctrl+R
……..绿色(&G)	MenuGreen	Ctrl+G
……..蓝色(&B)	MenuBlue	Ctrl+B
….退出(&Q)	MenuQuit	Ctrl+Q

注：“....”表示一级菜单，“........”表示二级菜单。

（6）在可视化菜单设计器中，双击某菜单项，打开代码编辑窗口，同时出现该菜单项的默认的事件代码，设计者可在此处为菜单项添加相关的程序代码。

- “退出”菜单项

```
Private Sub MenuQuit_Click(…) Handles MenuQuit.Click        '退出
    Me.Close()        '单击本菜单项，自动退出程序
End Sub
```

- 窗体 Form1 的 Load 事件代码

```
Private Sub Form1_Load(…) Handles MyBase.Load        '加载时
    MenuRed.Checked = False
    MenuGreen.Checked = False
    MenuBlue.Checked = False
End Sub
```

这段程序让三个菜单项都处于未被选中状态（在程序运行时起作用，在设计过程中，三个菜单项始终处于选中状态）。

- “红色”菜单项（MenuRed）

```
Private Sub MenuRed_Click(…) Handles MenuRed.Click
    MenuRed.Checked = True
    MenuGreen.Checked = False
    MenuBlue.Checked = False
    Me.BackColor = Color.Red
End Sub
```

这段代码让“红色”菜单项处于选中状态，而其他颜色的菜单项处于未被选中状态，同时将窗体的背景色变为红色（VbRed）。

- “绿色”菜单项（MenuGreen）

```
Private Sub MenuGreen_Click(…) Handles MenuGreen.Click
    MenuRed.Checked = False
    MenuGreen.Checked = True
    MenuBlue.Checked = False
    Me.BackColor = Color.Green
End Sub
```

“绿色”菜单项处于选中状态，其他菜单项未被选中，同时窗体背景色变为绿色。

- “蓝色”菜单项（MenuBlue）

```
Private Sub MenuBlue_Click(…) Handles MenuBlue.Click
```

```
        MenuRed.Checked = False
        MenuGreen.Checked = False
        MenuBlue.Checked = True
        Me.BackColor = Color.Blue
    End Sub
```

"蓝色"菜单项处于选中状态，其他菜单项未被选中，同时窗体背景变为蓝色。

（7）按 F5 键，观察程序运行结果。

例 7-2　在一个只有标签控件的窗体中创建快捷菜单，程序运行界面如图 7-3 所示。

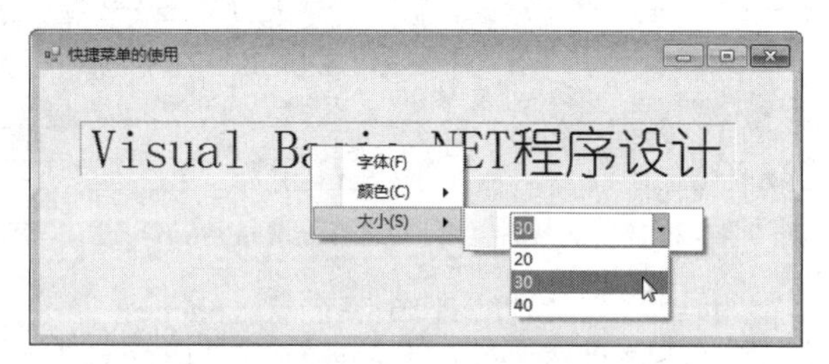

图 7-3　快捷菜单的应用

其中菜单项"大小"下是一个寄宿组合框，组合框有 20、30、40 三个项目，各菜单项的相关属性值设置如表 7-2 所示。

表 7-2　例 7-2 各菜单项相关属性值的设置

<table>
<tr><th>标题（Text）</th><th colspan="3">名称（Name）</th></tr>
<tr><td>字体(&F)</td><td colspan="3">MenuFont</td></tr>
<tr><td>颜色(&C)</td><td colspan="3">MenuColor</td></tr>
<tr><td>....红色(&R)</td><td colspan="3">MenuRed</td></tr>
<tr><td>....绿色(&G)</td><td colspan="3">MenuGreen</td></tr>
<tr><td>....蓝色(&B)</td><td colspan="3">MenuBlue</td></tr>
<tr><td>大小(&S)</td><td colspan="3">MenuSize</td></tr>
<tr><td rowspan="3">....寄宿组合框</td><td rowspan="3">Text：20
Name：MenuComb</td><td rowspan="3">Items 属性</td><td>20</td></tr>
<tr><td>30</td></tr>
<tr><td>40</td></tr>
</table>

操作步骤如下：

（1）选择"文件"菜单中的"新建项目"命令，建立一个 Windows 窗体应用程序项目。

（2）双击工具箱中的 ContextMenuStrip 控件，将该控件添加到窗体设计器下方的面板中，默认名称为 ContextMenuStrip1，如图 7-4 所示。

（3）单击窗体设计器下方面板中的 ContextMenuStrip 控件，此时窗体上出现可视化的快捷菜单设计器。

（4）依照图 7-4，在菜单项文本框中输入各菜单项的标题，如有热键设置，可在文本框中输入带"&"的标题文字，如"颜色(&C)"。

（5）在"大小"菜单项右侧右击鼠标，执行弹出的快捷菜单中的"插入"| ComboBox 命令，在"大小"菜单项右侧插入一个寄宿组合框（默认名称为 ToolStripComboBox1）作为该菜单项的二级子菜单。

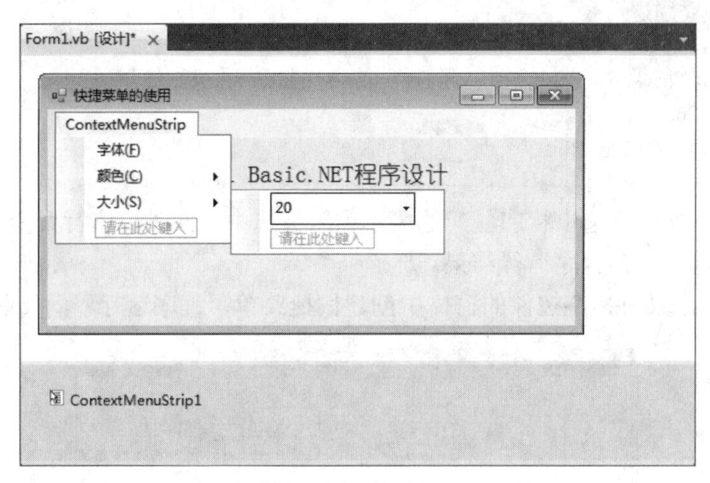

图 7-4 可视化的快捷菜单（ContextMenuStrip）设计器

（6）单击插入的寄宿组合框，在属性窗口中将名称（Name）修改为 MenuComb，将 Text 属性值修改为 20，为 Items 集合属性添加 20、30 和 40 三个项目。

（7）其他菜单项的标题设置完成后，按表 7-2 所示的内容完成各菜单项其他属性的修改。同时，完成对窗体 Form1 和标签 Label1 各属性的设置。

（8）在窗体设计器中，单击标签 Label1，在其属性窗口中修改 ContextMenuStrip 属性值为 ContextMenuStrip1。

（9）在可视化菜单设计器中，双击某菜单项，打开代码编辑窗口，同时出现该菜单项的默认的事件代码，设计者可在此处为菜单项添加相关的程序代码。

（10）本例只编写“大小”子菜单中各菜单项的事件代码，其他各菜单项的事件代码请读者自行完成。

- 窗体 Form1 的 Load 事件代码

```
Private Sub Form1_Load(…) Handles MyBase.Load'设置字体默认大小
    Label1.Font = New Font(Label1.Font.Name, MenuComb.Text)
End Sub
```

为完成在寄宿组合框 MenuCombo 中单选某项从而设置标签控件 Label1 中的字体大小，可以编写寄宿组合框 MenuComb 的 SelectedIndexChanged 事件代码或者 TextChanged 事件代码。

- 寄宿组合框 MenuComb 的 SelectedIndexChanged 事件代码

```
Private Sub MenuComb_SelectedIndexChanged(…) Handles enuComb.SelectedIndexChanged
    Label1.Font = New Font(Label1.Font.Name, enuComb.Items(MenuComb.SelectedIndex))
End Sub
```

- 寄宿组合框 MenuComb 的 TextChanged 事件代码

```
Private Sub MenuComb_TextChanged(…) Handles MenuComb.TextChanged
    Label1.Font = New Font(Label1.Font.Name, MenuComb.Text)
End Sub
```

（11）按 F5 键，观察程序运行结果。

例 7-3 设计如图 7-5 所示的应用程序界面，单击窗口左侧不同的命令按钮，可以调用通用对话框。

分析：本题需要使用 VB.NET 中通用对话框控件，其难点是“打印文件”程序的设计，这部分的程序，读者可暂时不用理解或掌握，等阅读了第 9 章和第 10 章之后再深刻理解。

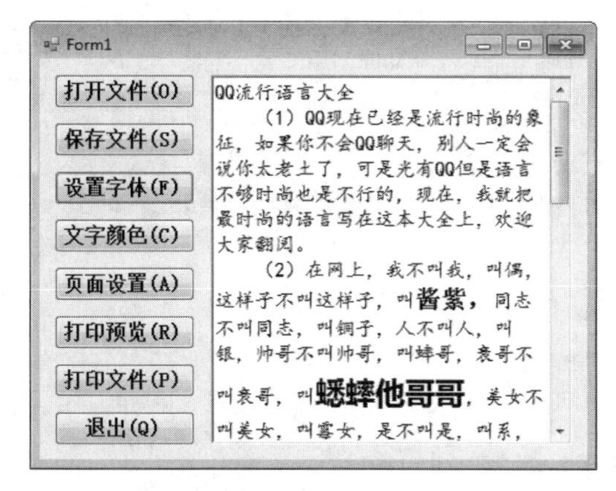

图 7-5　“通用对话框”的使用

操作步骤如下：

（1）选择“文件”菜单中的“新建项目”命令，建立一个 Windows 窗体应用程序项目。

（2）在窗体中添加 8 个命令按钮 Button11～8，然后在窗体中添加一个富文本框控件 RichTextBox1。

（3）在工具箱中，分别双击 OpenFileDialog 控件、SaveFileDialog 控件、FontDialog 控件、ColorDialog 控件、PageSetupDialog 控件、PrintDocument 控件、PrintPreviewDialog 控件和 PrintDialog 控件，将这些控件添加在窗体设计器的下方组件面板中。

（4）设置窗体和各控件的属性，并适当调整窗体和控件的布局。

（5）添加相关的事件代码。

- 窗体 Form1 的 Load 事件代码

```
Private Sub Form1_Load(…) Handles MyBase.Load
    PrintPreviewDialog1.Document = PrintDocument1
    PrintDialog1.Document = PrintDocument1
    PageSetupDialog1.Document = PrintDocument1
    RichTextBox1.Multiline = True
    RichTextBox1.ScrollBars = RichTextBoxScrollBars.Both
    RichTextBox1.Font = New Font("楷体", 12, FontStyle.Regular)
End Sub
```

- 当单击“打开文件”按钮时出现如图 7-6 所示的“打开”对话框

```
Private Sub Button1_Click(…) Handles Button1.Click     '打开文件
    OpenFileDialog1.Filter = "文本文件(*.txt)|*.txt|所有文件(*.*)|*.*"
    OpenFileDialog1.FilterIndex = 1
    OpenFileDialog1.InitialDirectory = "..\" & Application.StartupPath
    OpenFileDialog1.Title = "打开"
    If OpenFileDialog1.ShowDialog() = Windows.Forms.DialogResult.OK Then
        RichTextBox1.LoadFile(OpenFileDialog1.FileName, _
        RichTextBoxStreamType.PlainText)
    End If
End Sub
```

- 当单击“保存文件”按钮时出现如图 7-7 所示的“另存为”对话框

```
Private Sub Button2_Click(…) Handles Button2.Click     '保存文件
    Dim saveFile1 As New SaveFileDialog()
```

图 7-6 “打开”对话框

图 7-7 “另存为”对话框

```
    saveFile1.DefaultExt = "*.txt"
    saveFile1.Filter = "文本文件(*.txt)|*.txt|所有文件(*.*)|*.*"
    saveFile1.FilterIndex = 1
    saveFile1.InitialDirectory = "..\" & Application.StartupPath
    If saveFile1.ShowDialog() = Windows.Forms.DialogResult.OK And (saveFile1.FileName.Length) > 0 _
Then
        '保存 RichTextBox1 控件中的内容到文件
        RichTextBox1.SaveFile(saveFile1.FileName, _
        RichTextBoxStreamType.PlainText)
    End If
End Sub
```

- 当单击“设置字体”按钮时出现如图 7-8 所示的“字体”对话框

```
Private Sub Button3_Click(…) Handles Button3.Click      '设置字体
    FontDialog1.ShowDialog()
    RichTextBox1.SelectionFont = FontDialog1.Font
End Sub
```

- 当单击“文字颜色”按钮时出现如图 7-9 所示的“颜色”对话框

```
Private Sub Button4_Click(…) Handles Button4.Click      '文字颜色
    ColorDialog1.ShowDialog()
    RichTextBox1.SelectionColor = ColorDialog1.Color
End Sub
```

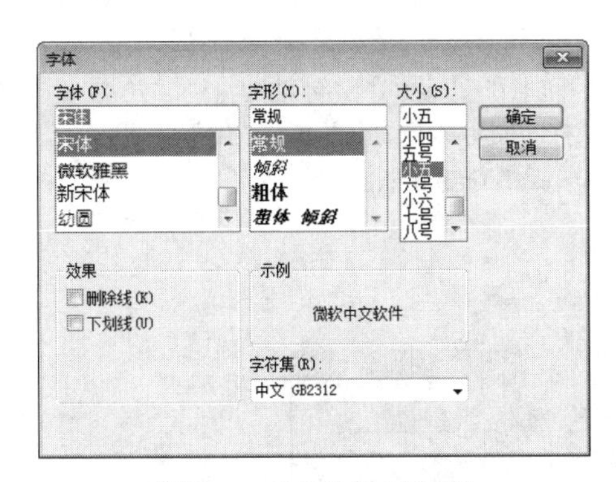

图 7-8　“字体”对话框

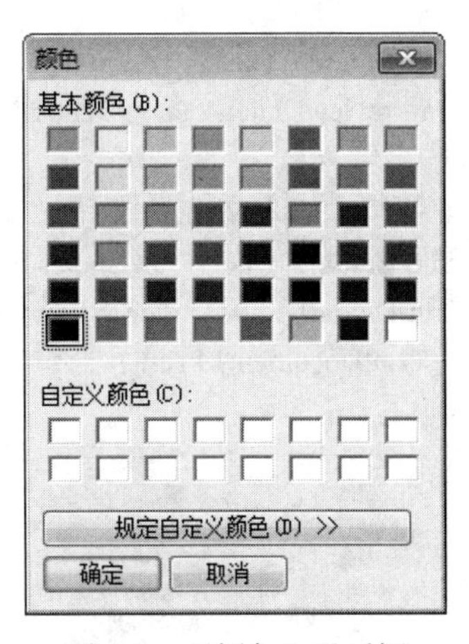

图 7-9　“颜色”对话框

- 当单击“页面设置”按钮时出现如图 7-10 所示的“页面设置”对话框

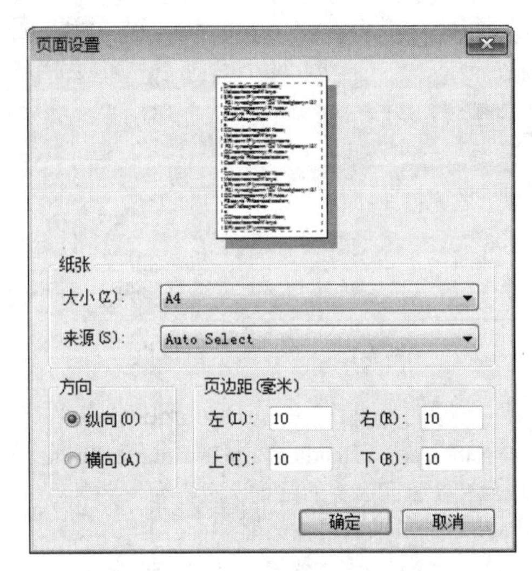

图 7-10　“页面设置”对话框

```
Private Sub Button5_Click(…) Handles Button5.Click      '页面设置
    PageSetupDialog1.ShowDialog()
    PrintDocument1.DefaultPageSettings = PageSetupDialog1.PageSettings
End Sub
```

- 当单击“打印预览”按钮时出现如图 7-11 所示的“打印预览”窗口

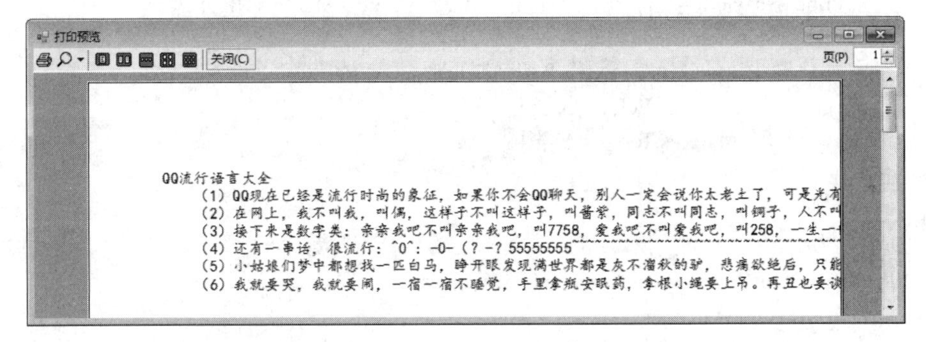

图 7-11　“打印预览”窗口

```
Private Sub Button6_Click(…) Handles Button6.Click     '打印预览
    PrintPreviewDialog1.ShowDialog()
End Sub
```

- 当单击“打印文件”按钮时出现如图 7-12 所示的“打印”对话框

```
Private Sub Button7_Click(…) Handles Button7.Click     '打印文件
    If PrintDialog1.ShowDialog = Windows.Forms.DialogResult.OK Then
        PrintDocument1.Print()
    End If
End Sub
```

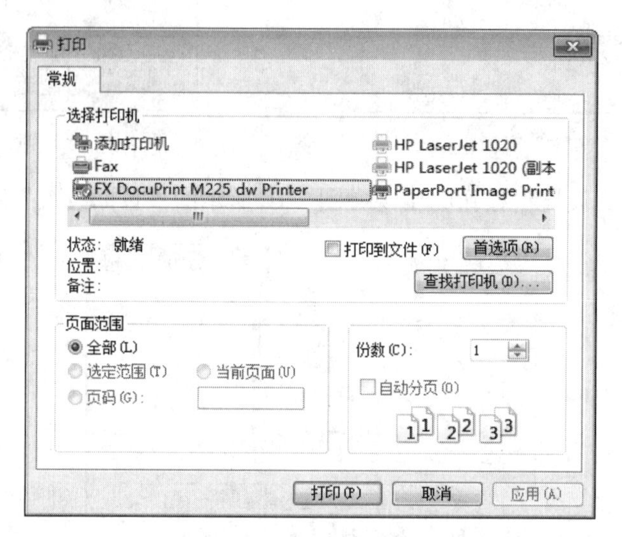

图 7-12 “打印”对话框

- 当单击“打印文件”按钮时将触发 PrintDocument1 控件的 PrintPage 事件

```
Private Sub PrintDocument1_PrintPage(…) Handles PrintDocument1.PrintPage
    '声明一个变量来保存最后一个打印字符的位置。声明为
    '静态以便后面的 PrintPage 事件可以引用该变量
    Static intCurrentChar As Integer     '初始化要用于打印的字体
    Dim font As New Font("Microsoft Sans Serif", 24)

    Dim intPrintAreaHeight, intPrintAreaWidth, marginLeft, marginTop As Integer
    With PrintDocument1.DefaultPageSettings
        '初始化包含打印区域矩形边界的局部变量
        intPrintAreaHeight = .PaperSize.Height - .Margins.Top - .Margins.Bottom
        intPrintAreaWidth = .PaperSize.Width - .Margins.Left - .Margins.Right

        '初始化局部变量以保存将用作打印区域矩形左上角的 X 和 Y 坐标的边距值
        marginLeft = .Margins.Left     'X 坐标
        marginTop = .Margins.Top       'Y 坐标
    End With

    '如果用户选择了“横向”模式，则交换打印区域的高度与宽度
    If PrintDocument1.DefaultPageSettings.Landscape Then
        Dim intTemp As Integer
        intTemp = intPrintAreaHeight
```

```
        intPrintAreaHeight = intPrintAreaWidth
        intPrintAreaWidth = intTemp
    End If

    '初始化定义打印区域的矩形结构
    Dim rectPrintingArea As New RectangleF(marginLeft, marginTop, intPrintAreaWidth, intPrintAreaHeight)
    '将 StringFormat 类实例化，该类封装文本布局信息（如对齐方式和行距），显示操作
    '（如省略号插入和区域数字替换）和 OpenType 功能。使用 StringFormat 可使
    'MeasureString 和 DrawString 在打印每页时仅使用整数行，而忽略非完整行
    '如果每页的打印区域高度不能整除每页的行数（通常都会如此），
    '非完整行在其他情况下可能会打印
    Dim fmt As New StringFormat(StringFormatFlags.LineLimit)
    '调用 MeasureString 确定适合打印区域矩形的字符数
    '向 CharFitted Integer 传递 ByRef，稍后用于计算 intCurrentChar，进而计算 HasMorePages
    ' LinesFilled 对于本示例不是必要的，但必须在传递 CharsFitted 时进行传递
    'Mid 用于传递从打印的上一页断开的剩余文本段
    Dim intLinesFilled, intCharsFitted As Integer
    e.Graphics.MeasureString(Mid(RichTextBox1.Text, intCurrentChar + 1), font, _
                New SizeF(intPrintAreaWidth, intPrintAreaHeight), fmt, _
                intCharsFitted, intLinesFilled)

    '将文本打印到页
    e.Graphics.DrawString(Mid(RichTextBox1.Text, intCurrentChar + 1), font, _
        Brushes.Black, rectPrintingArea, fmt)

    '使当前字符前进到在此页上打印的最后一个字符
    '因为 intCurrentChar 是静态变量，所以它的值可以用于要打印的下一页
    '使它前进 1 个字符并将其传递到 Mid()
    '以打印下一页（请参见上面 MeasureString()）
    intCurrentChar += intCharsFitted

    'HasMorePages 通知打印模块是否应激发另一个 PrintPage 事件
    If intCurrentChar < RichTextBox1.Text.Length Then
        e.HasMorePages = True
    Else
        e.HasMorePages = False
        '因为 intCurrentChar 是静态的，所以必须显式重置它
        intCurrentChar = 0
    End If
End Sub
```

- 当单击“退出”按钮时的程序代码

```
Private Sub Button8_Click(…) Handles Button8.Click '退出
    Me.Close()
End Sub
```

例 7-4 输入学生的高等数学、大学英语和计算机基础三科成绩，成绩以柱状方式显示，如图 7-13 所示。

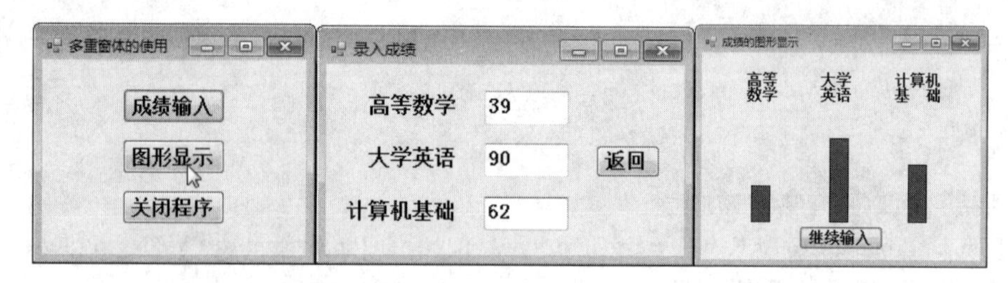

图 7-13　由三个窗体组成的多重窗体

分析：本题最关键的地方是在第三个窗体中如何画图，我们先在该窗体中画出三个矩形控件 RectangleShape1～3，矩形控件底部对齐。为了让这三个矩形控件能根据第二个窗体的文本框中输入的相应数据来显示其对应的矩形高，可依照如下公式：

RectangleShape1.Top = t0 + h0 * (h0 - Val(SndForm.TextBox1.Text)) / 100

RectangleShape1.Height = h0 * Val(SndForm.TextBox1.Text) / 100

其中，t0 和 h0 分别表示该矩形控件的原始顶端（到窗体上部的距离）和原始高度。

此外，本例所建项目中需要多个窗体，在程序运行时，须使用操作窗体的有关方法。

操作步骤如下：

（1）选择“文件”菜单中的“新建项目”命令，建立一个 Windows 窗体应用程序项目。

（2）在窗体 Form1 中添加三个命令按钮 Button1～3，修改窗体及三个命令按钮的 Text 为：多重窗框程序、成绩输入、图形显示和关闭程序。将窗体 Form1 的 Name 属性改为 FrtForm。

（3）添加命令按钮 Button1～3 的相关事件代码。

- “成绩输入”命令按钮 Button1 的 Click 事件代码

```
Private Sub Button1_Click(…) Handles Button1.Click '成绩输入
    Me.Hide()            '隐藏主窗体
    SndForm.Show()       '显示窗体 SndForm
End Sub
```

- “图形显示”命令按钮 Button2 的 Click 事件代码

```
Private Sub Button2_Click(…) Handles Button2.Click '图形显示
    Me.Hide()            '隐藏主窗体
    ThrForm.Show()       '显示窗体 ThrForm
End Sub
```

- “关闭程序”命令按钮 Button3 的 Click 事件代码

```
Private Sub Button3_Click(…) Handles Button3.Click '关闭程序
    Me.Close()
End Sub
```

（4）执行“工程”菜单中的“添加 Windows 窗体”命令，为项目添加一个新窗体 Form2。用同样的操作再添加一个新窗体 Form3，最终形成如图 7-14 所示的设计界面。

（5）将窗体 Form2～3 的 Name 属性分别命名为 SndForm 和 ThrForm。在窗体 SndForm 和 ThrForm 中添加相关的控件，设计好窗体及各控件的属性，并调整窗体的大小和各控件的位置。

（6）为窗体 SndForm 和 ThrForm 及各控件添加相关的事件代码。

- 窗体 SndForm 中“返回”命令按钮 Button1 的 Click 事件代码

```
Private Sub Button1_Click(…) Handles Button1.Click     '返回
```

```
    Me.Hide()
    FrtForm.Show()         '显示窗体 FrtForm
End Sub
```

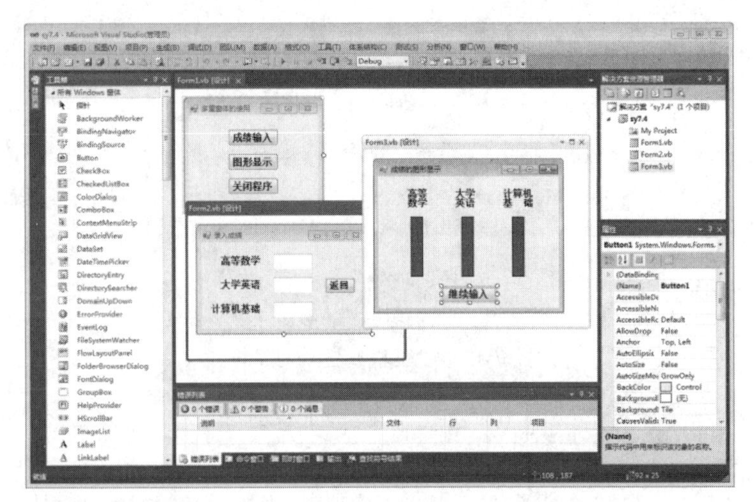

图 7-14　多重窗体

● 窗体 SndForm 的 Load 事件代码

```
Private Sub SndForm_Load(…) Handles MyBase.Load           '清空数据
    TextBox1.Text = "" : TextBox2.Text = "" : TextBox3.Text = ""
End Sub
```

● 窗体 ThrForm 中“继续输入”命令按钮 Button1 的 Click 事件代码

```
Dim t0, h0 As Integer '表示三个矩形框的原始顶端和原始高度，在窗体 ThrForm 声明区声明
Private Sub Button1_Click(…) Handles Button1.Click
    Me.Hide()
    SndForm.Show()
End Sub
```

● 窗体 ThrForm 的 Load 事件代码

```
Private Sub ThrForm_Load(…) Handles MyBase.Load
    t0 = RectangleShape1.Top            '取矩形的原始顶点值
    h0 = RectangleShape1.Height         '取矩形的高度值
End Sub
```

● 窗体 ThrForm 的 Activate 事件代码

```
Private Sub ThrForm_Activated(…) Handles Me.Activated
    RectangleShape1.Top = t0 + h0 * (h0 - Val(SndForm.TextBox1.Text)) / 100
    RectangleShape1.Height = h0 * Val(SndForm.TextBox1.Text) / 100'画矩形 1
    RectangleShape2.Top = t0 + h0 * (h0 - Val(SndForm.TextBox2.Text)) / 100
    RectangleShape2.Height = h0 * Val(SndForm.TextBox2.Text) / 100'画矩形 2
    RectangleShape3.Top = t0 + h0 * (h0 - Val(SndForm.TextBox3.Text)) / 100
    RectangleShape3.Height = h0 * Val(SndForm.TextBox3.Text) / 100'画矩形 3
    Me.Refresh()
End Sub
```

（7）单击“项目”菜单中的“属性”命令，在窗体文档选项卡中出现项目属性选项卡，如图 7-15 所示。在项目属性选项卡中，在“启动窗体”列表框中选择一个启动的对象，如 FrtForm，单击“确定”按钮后，可设置应用程序的启动窗体或程序。

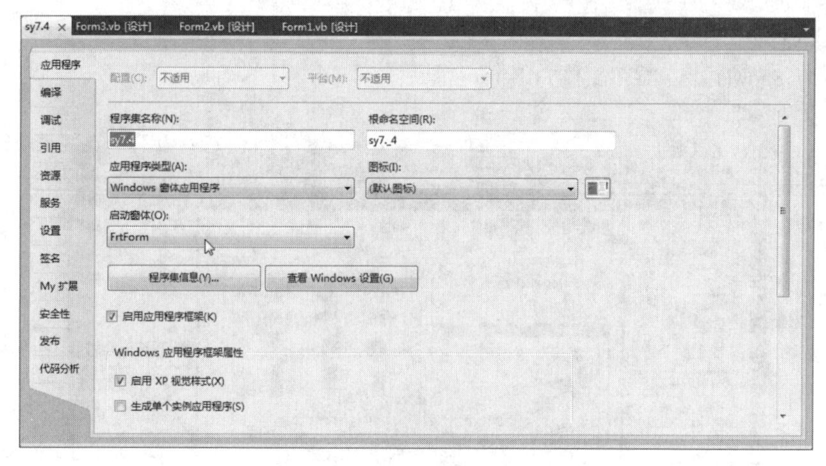

图 7-15 “工程属性”对话框

（8）按下 F5 功能键，启动应用程序，观察运行效果。

三、实验练习

1．如图 7-16 所示，在名称为 Form1 的窗体上设计一个菜单。要求在窗体上添加名称为 menu0、标题为“图像”的主菜单。在“图像”主菜单中，添加两个名称分别为 menu1、menu2，标题分别为“显示图像”和“隐藏图像”的菜单项。

程序运行时，“显示图像”菜单项不可用。再编写适当的事件过程，使得程序运行时，单击“隐藏图像”，窗体中不显示图像，“隐藏图像”菜单项不可用，“显示图像”菜单项变为可用。要求程序中不得使用变量。

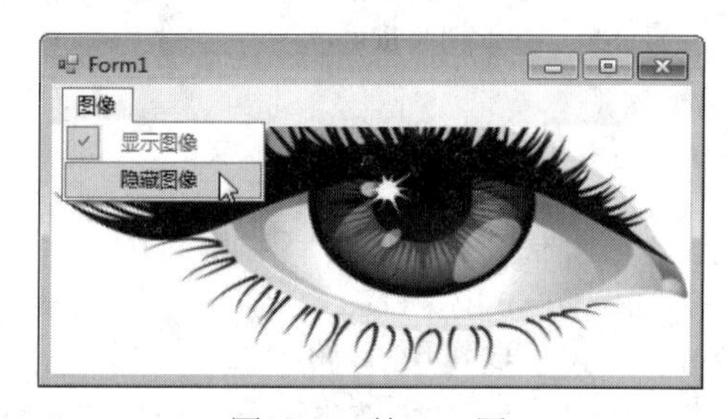

图 7-16 练习 1 图

2．如图 7-17 所示，在窗体上建立一个名称为 TextBox1 的文本框，然后建立两个主菜单，标题分别为“销售业态”和“帮助”，名称分别为 myMenu 和 myHelp，其中“销售业态”菜单包括“大型百货”“连锁超市”“前店后厂”三个菜单项，名称分别为 myMenu1、myMenu2、myMenu3。要求程序运行后，如果选择“大型百货”，则在 TextBox1 文本框内显示“销售”；如果选择“连锁超市”，则在 TextBox1 文本框内显示“利客隆”；如果选择“前店后厂”，则在 TextBox1 文本框内显示“稻香村”。

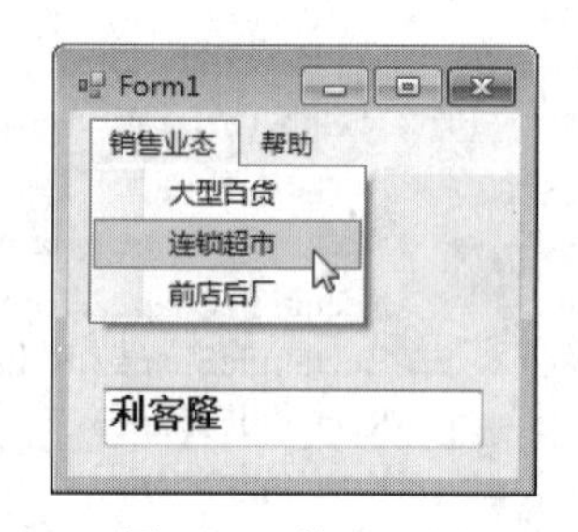

图 7-17 练习 2 图

3．如图 7-18 所示，在窗体上建立一个菜单，菜单标题为“项目”（名称为 Item），它有两个菜单项，其名称分别为 Add 和 Delete，标题分别为“添加项目”和“删除项目”，然后画一个列表框（名称为 ListBox1）和一个文本框（名称为 TextBox1，只读）。

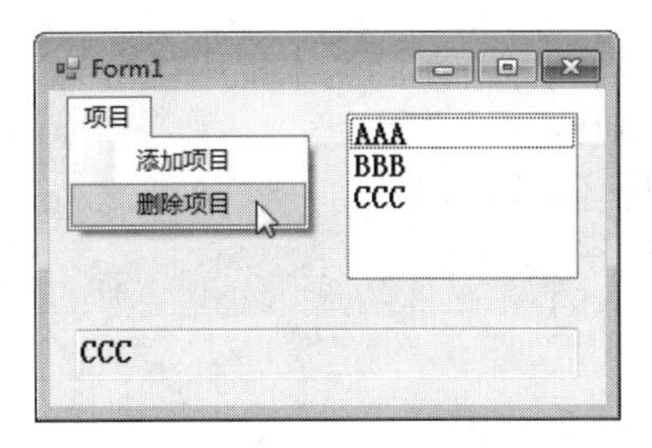

图 7-18　练习 3 图

程序运行后，如果执行“添加项目”命令，则从键盘上输入要添加到列表框中的项目（内容任意，不少于三个）；如果执行“删除项目”命令，则从键盘上输入要删除的项目，将其从列表框中删除。

下面给出了两个菜单项“添加项目”“删除项目”的 Click 事件代码，但这个程序不完整，请把程序中的“？”改为适当的内容，使其正确运行，但不能修改程序中的其他部分。

```
Private Sub Add_Click(···) Handles Add.Click '添加项目
    TextBox1.Text = InputBox("请输入要添加的项目")
    ListBox1.Items.?
End Sub
Private Sub Delete_Click(···) Handles Delete.Click '删除项目
    TextBox1.Text = InputBox("请输入要删除的项目")
    For i = 0 To ?
        If ListBox1.Items(i) = TextBox1.Text Then 'If Listbox1.items(i)=? Then
            ListBox1.Items.RemoveAt(i)
            ?
        End If
    Next i
End Sub
```

4．窗体 Form1 上有三个文本框 TextBox1～3，已给出了部分程序代码，要求完成以下工作：

（1）在属性窗口中修改 TextBox3 的适当属性，使其在运行时不显示，作为模拟的剪贴板使用，如图 7-19 所示。

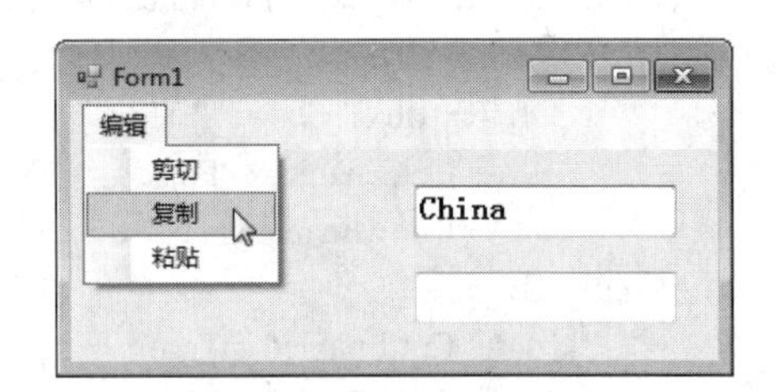

图 7-19　练习 4 图

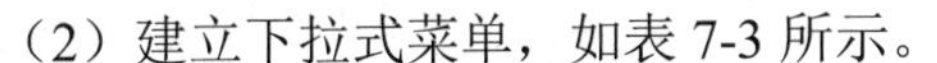

（2）建立下拉式菜单，如表 7-3 所示。

表 7-3　属性设置

标题	名称
编辑	Edit
剪切	Cut
复制	Copy
粘贴	Paste

（3）窗体文件中给出了所有事件过程，但不完整，请把程序中的“？”改为正确的内容，以便实现如下功能：当光标所在的文本框中无内容时，“剪切”“复制”不可用，否则可以把该文本框中的内容剪切或复制到 TextBox3 中；若 TextBox3 中无内容，则“粘贴”不能用，否则

可以把 TextBox3 中的内容粘贴到光标所在的文本框中的内容之后。

```
Dim which As Integer   '用于判断使用的当前文本框
Private Sub Cut_Click(…) Handles Cut.Click '剪切
    If which = 1 Then
        TextBox3.Text = TextBox1.Text
        TextBox1.Text = ""
    ElseIf ? Then
        TextBox3.Text = TextBox2.Text
        TextBox2.Text = ""
    End If
End Sub
Private Sub Copy_Click(…) Handles Copy.Click '复制
    If which = 1 Then
        TextBox3.Text = TextBox1.Text
    ElseIf which = 2 Then
        TextBox3.Text = TextBox2.Text
    End If
End Sub
Private Sub Paste_Click(…) Handles Paste.Click '粘贴
    If which = 1 Then
        TextBox1.Text = ?
    ElseIf which = 2 Then
        TextBox2.Text = TextBox2.Text + TextBox3.Text
    End If
End Sub
Private Sub Edit_Click(…) Handles Edit.Click
    If which = ? Then
        If TextBox1.Text = "" Then
            Cut.Enabled = False
            Copy.Enabled = False
        Else
            Cut.Enabled = True
            Copy.Enabled = True
        End If
    ElseIf which = ? Then
        If TextBox2.Text = "" Then
            Cut.Enabled = False
            Copy.Enabled = False
        Else
            Cut.Enabled = True
            Copy.Enabled = True
        End If
    End If
    If ? = "" Then
        Paste.Enabled = False
    Else
        Paste.Enabled = True
```

```
        End If
    End Sub
    Private Sub TextBox1_GotFocus(…) Handles TextBox1.GotFocus '获得焦点时
        which = 1
    End Sub
    Private Sub TextBox2_GotFocus(…) Handles TextBox2.GotFocus '获得焦点时
        which = 2
    End Sub
    Private Sub Form1_Load(…) Handles MyBase.Load
        TextBox3.? = False      '文本框 TextBox3 隐藏
    End Sub
```

5．如图 7-20 所示，窗体上有两个标签 Label1～2 和两个文本框 TextBox1～2。快捷菜单中（myMenu）有两个名为 m1 和 m2 的菜单项。m1 菜单项的功能是计算 100 以内自然数之和，m2 菜单项的功能是计算 7 的阶乘。

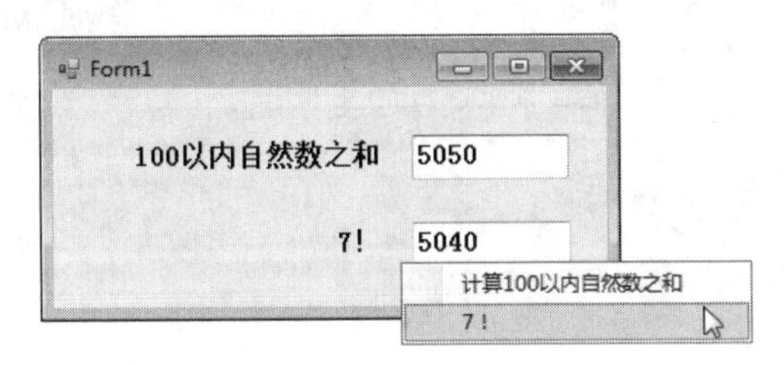

图 7-20　练习 5 图

程序运行时，用鼠标右击窗体，弹出一个快捷菜单，如图 7-20 所示。当选中“计算 100 以内自然数之和”菜单项时，将计算 100 以内自然数之和并放入 TextBox1 中；当选中“7!”菜单项时，计算 7 的阶乘并放入 TextBox2 中。

下面给出了所有事件过程和函数程序代码，但不完整，请把程序中的“？”改为正确的内容，以实现上述程序功能。

```
    Private Sub Form1_Load(…) Handles MyBase.Load
        Me.?= myMenu                                  '和快捷菜单相关联
    End Sub
    Private Sub M1_Click(…) Handles M1.Click          '计算 100 以内自然数之和
        Dim s As Integer
        s = 0
        For k = 1 To 100
            s = s + k
        Next k
        TextBox1.Text = s
    End Sub
    Private Sub M2_Click(…) Handles M2.Click          '计算 7 的阶乘
        TextBox2.Text = ?
    End Sub
    Private Function fact(ByVal n As Integer) As Integer   '计算阶乘
        Dim t As Long
        t = 1
        For k = n To ?
            t = t * k
```

```
        Next k
        fact = t
    End Function
```

6. 如图 7-21 所示，包含了所有控件和部分程序。当程序运行时，单击“打开文件”按钮，则弹出“打开”对话框，默认目录为当前项目所在目录，默认文件类型为“文本文件”。选中图 7-21 中的 in5.txt 文件，单击“打开”按钮，则把文件中的内容读入并显示在文本框 TextBox1 中；单击“修改内容”按钮，则将 TextBox1 中的大写字母 E、N、T 改为小写，把小写字母 e、n、t 改为大写；单击“保存文件”按钮，则弹出“另存为”对话框，默认文件类型为“文本文件”，默认文件夹为当前项目所在文件夹，默认文件为 out5.txt，单击“保存”按钮，则将 TextBox1 中修改后的内容存到 out5.txt 文件中。

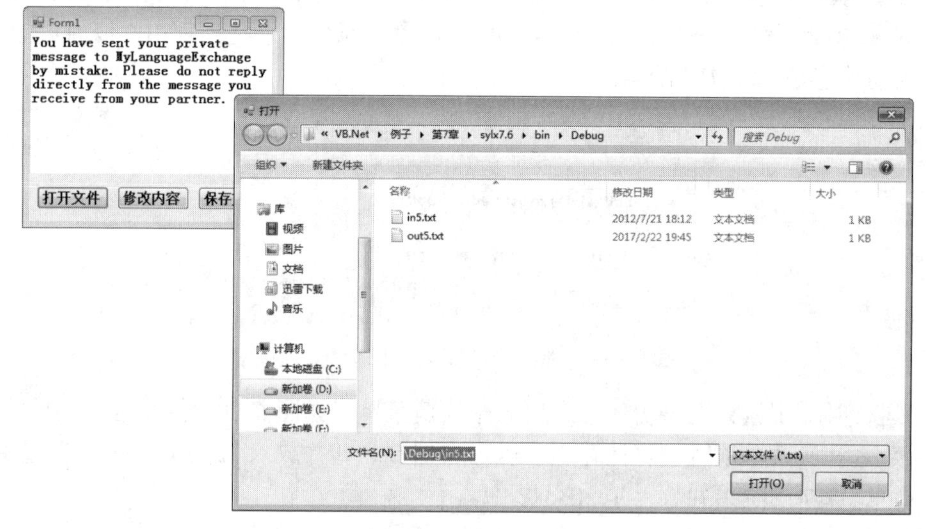

图 7-21　练习 6 图

窗体中已经给出了所有控件和程序，但程序不完整，请把程序中的“？”改为正确的内容，使程序正确运行。

```
Private Sub Button1_Click(…) Handles Button1.Click '打开文件
    Dim s As String
    OpenFileDialog1.Filter = "所有文件|*.*|文本文件|*.txt"
    OpenFileDialog1.FilterIndex = ?
    OpenFileDialog1.InitialDirectory = Application.StartupPath
    OpenFileDialog1.?     '显示“打开”对话框
    FileOpen(1, OpenFileDialog1.FileName, OpenMode.Input)    '打开选定的文件
    '以下将文件中的内容读入到文本中，读者可暂时不理会它
    s = LineInput(1)
    FileClose(1)
    TextBox1.Text = s
End Sub
Private Sub Button2_Click(…) Handles Button2.Click '修改内容
    Dim ch As String
    Dim s As String
    Dim n As Long
    s = TextBox1.Text
```

```
        TextBox1.Text = ""
        For n = 1 To Len(s)
            ch = Mid(s, n, 1)
            If ch = "E" Or ch = "N" Or ch = "T" Then
                ch = LCase(ch)
            ElseIf ch = "e" Or ch = "n" Or ch = "t" Then
                ch = ?
            End If
            TextBox1.Text = TextBox1.Text &?
        Next
    End Sub
    Private Sub Button3_Click(…) Handles Button3.Click      '保存文件
        SaveFileDialog1.Filter = "文本文件|*.txt|所有文件|*.*"
        SaveFileDialog1.FilterIndex = 1
        SaveFileDialog1.FileName = "out5.txt"
        SaveFileDialog1.InitialDirectory = Application.StartupPath
        SaveFileDialog1.ShowDialog()
        FileOpen(1, SaveFileDialog1.FileName, OpenMode.Output)
        '以下是保存文件，读者可暂时不理会它
        Print(1, TextBox1.Text)
        FileClose(1)
    End Sub
```

7. 在如图 7-22 所示的应用程序中，含有名称分别为 Form1、Form2 的两个窗体。其中 Form1 上有两个控件（图片框和计时器）和一个菜单“操作”，该菜单含有三个菜单命令，如图 7-22（左）所示。Form2 上有一个名称为 Button、标题为“返回”的命令按钮，如图 7-22（右）所示。要求：当单击“窗体 2”菜单命令时，隐藏 Form1，显示 Form2；单击“动画”菜单命令时，小汽车开始移动，一旦移到窗口的右边界时自动跳到窗体的左边界重新移动；单击“退出”菜单命令时，结束程序运行。

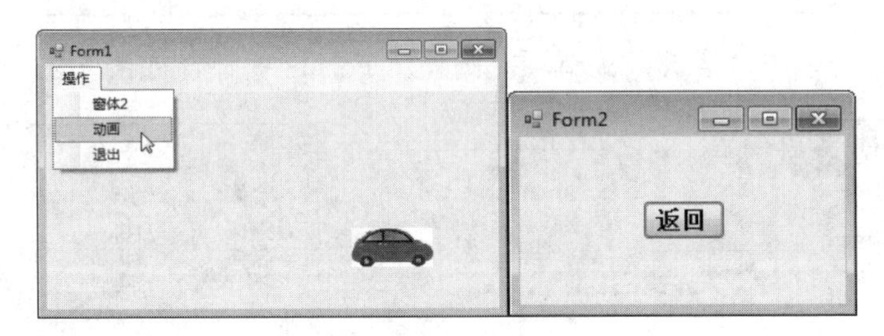

图 7-22　练习 7 图

下面给出了窗体 Form1 中各菜单命令和计时器的事件代码，但程序不完整，请把程序中的“？”改为正确的内容，并编写窗体 Form2 的“返回”命令按钮的 Click 事件过程。

请读者补充窗体 Form1 中“操作”菜单的各菜单命令的 Click 事件过程。

```
Private Sub mnu_Click(…) Handles Frm2.Click, Anim.Click, Quit.Click '窗体 2
    Select Case DirectCast(sender, ToolStripMenuItem).Name
        Case "Frm2"
            Me.Hide()
            Form2.Show()
        Case "Anim"
```

```
                Timer1.?
            Case "Quit"
                Me.Close()
        End Select
    End Sub
    Private Sub Timer1_Tick(…) Handles Timer1.Tick
        PictureBox1.Left = PictureBox1.Left + 10
        If PictureBox1.Left + PictureBox1.Width >= ? Then
            PictureBox1.Left =?
        End If
    End Sub
    '请读者编写窗体 Form2 中“返回”命令按钮的 Click 事件过程
    Private Sub Button1_Click(…) Handles Button1.Click
        '***以下为读者编写***
        ?
    End Sub
```

8．有一个 Windows 项目，项目中有两个名称分别为 Form1 和 Form2 的窗体，Form1 为启动窗体，程序执行时 Form2 不显示。

Form1 中有菜单，如图 7-23（a）所示。菜单设计如表 7-4 所示。

表 7-4 属性设置

标题（Text）	名称（Name）
对齐	Alignm
….左对齐	M1
….居中对齐	M2
….右对齐	M3
格式	Format
退出	Quit

程序运行时，若单击“格式”菜单项，则显示 Form2 窗体，如图 7-23（b）所示。

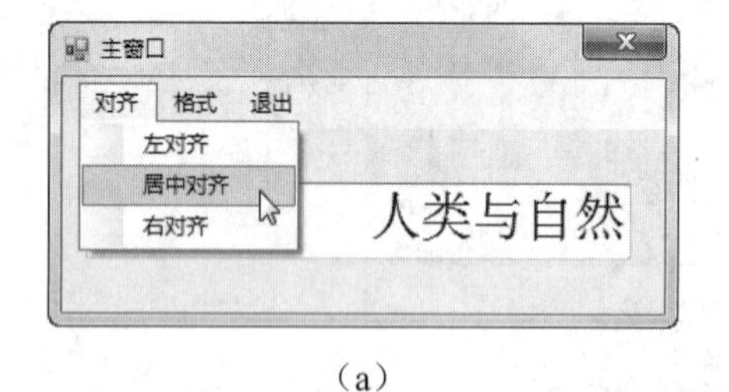

（a）

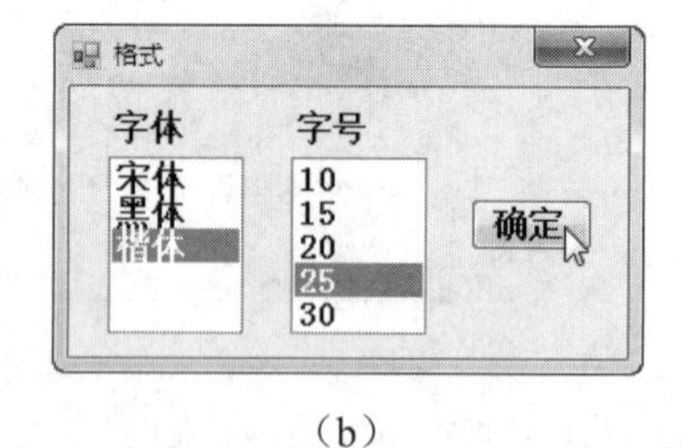

（b）

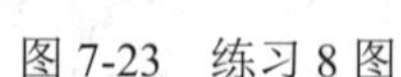
图 7-23 练习 8 图

Form2 有两个标签 Label1～2、两个列表框 ListBox1～2 和一个命令按钮 Button1。在 Form2 中选中一种字号和字体后单击“确定”按钮，则可改变 Form1 上文本框中内容的字号和字体，并使 Form2 窗体消失。若单击“退出”菜单项，则结束程序的运行。

下面已经给出了所有控件和程序，但程序不完整，要求：

（1）利用属性窗口设置适当的属性，使 Form1 窗体标题栏右上角的最大化、最小化按钮消失（如图 7-23（a）所示）。

（2）利用属性窗口把 Form2 窗体的标题设置为“格式”（如图 7-23（b）所示）。

（3）请把程序中的“？”改为正确的内容。

```
Private Sub Quit_Click(…) Handles Quit.Click '退出
    Me.Close()
End Sub
Private Sub Format_Click(…) Handles Format.Click '格式
    Me.Hide()
    ?
End Sub
Private Sub M1_Click(…) Handles M1.Click '左对齐
    TextBox1.TextAlign = 0
End Sub
Private Sub M2_Click(…) Handles M2.Click '居中对齐
    TextBox1.TextAlign = 2
End Sub
Private Sub M3_Click(…) Handles M3.Click '右对齐
    TextBox1.TextAlign = 1
End Sub
```

以下是窗体 Form2 的有关事件代码。

```
Private Sub Button1_Click(…) Handles Button1.Click '确定
    If ListBox1.SelectedIndex >= 0 Then
        Form1.TextBox1.Font = New Font(ListBox1.Text, ?)
    End If
    If ListBox2.Text <> "" Then
        ?
    End If
    Me.Visible = ?
    Form1.Show()
End Sub
```

9．设计的窗体及其上面的控件如图 7-24 所示。程序运行时，若选中“累加”单选按钮，则“10”和“16”菜单项不可用，若选中“阶乘”单选按钮，则“1000”和“2000”菜单项不可用。选中菜单中的一个菜单项后，单击“计算”按钮，则相应的计算结果在文本框中显示，例如，选中“累加”和“2000”，则计算 1+2+3+…+2000，选中“阶乘”和“10”，则计算 10!。

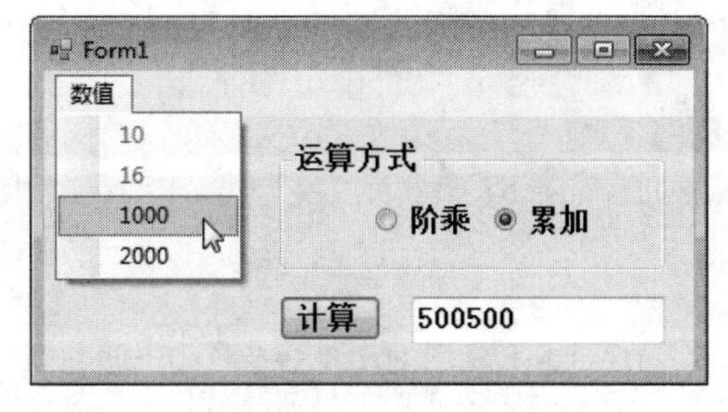

图 7-24　练习 9 图

窗体 Form1 中的菜单设计如表 7-5 所示。

表 7-5 属性设置

标题（Text）	名称（Name）
数值	NumMenu
….10	Num10
….16	Num16
….1000	Num1000
….2000	Num2000

下面已经给出了所有控件和程序，但程序不完整，要求把程序中的“？”改为正确的内容。

```
Dim n As Integer '取菜单的数字
Private Sub Button1_Click(…) Handles Button1.Click   '计算
    Dim i As Integer
    Dim j As Integer
    Dim m As Long
    Dim sum As Long '表示阶乘数或累加数
    m = 1
    If n = 10 Or n = 16 Then
        For i = 2 To n
        ?
        Next
        TextBox1.Text = m
    End If
    sum = 0
    If ? Then
        For j = 1 To n
        ?
        Next
        TextBox1.Text = sum
    End If
End Sub
Private Sub Num10_Click(…) Handles Num10.Click '菜单项“10”
    n = Num10.Text
End Sub
Private Sub Num16_Click(…) Handles Num16.Click '菜单项“16”
    n = Num16.Text
End Sub
Private Sub Num1000_Click(…) Handles Num1000.Click '菜单项“1000”
    n = Num1000.Text
End Sub
Private Sub Num2000_Click(…) Handles Num2000.Click '菜单项“2000”
    n = Num2000.Text
End Sub
Private Sub RadioButton1_CheckedChanged(…) Handles RadioButton1.CheckedChanged '阶乘
```

```
        Num10.Enabled = True
        Num16.Enabled = True
        Num1000.Enabled = ?
        Num2000.Enabled = ?
    End Sub
    Private Sub RadioButton2_CheckedChanged(…) Handles RadioButton2.CheckedChanged    '累加
        Num10.Enabled = ?
        Num16.Enabled = ?
        Num1000.Enabled = True
        Num2000.Enabled = True
    End Sub
```

10．如图 7-25（a）所示，窗体 Form1 上有一个“动画”下拉式菜单，包含“开始”和“结束”两个菜单项。单击“开始”菜单项，窗体 Form1 上显示一个眨眼睛的动画，单击“结束”菜单项，则动画结束。眨眼睛的动画的三幅图像如图 7-25（b）所示。

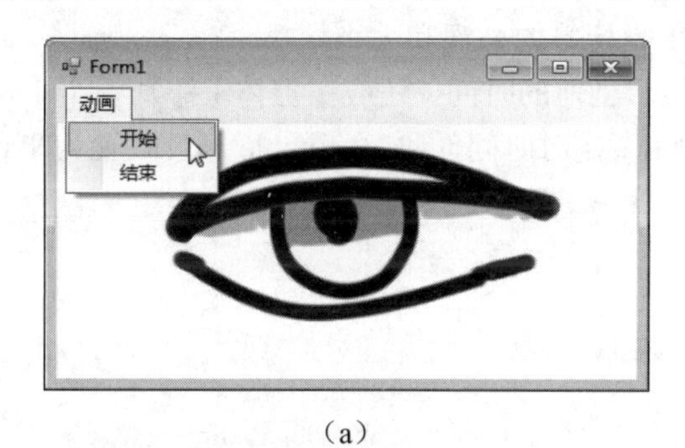

（a）

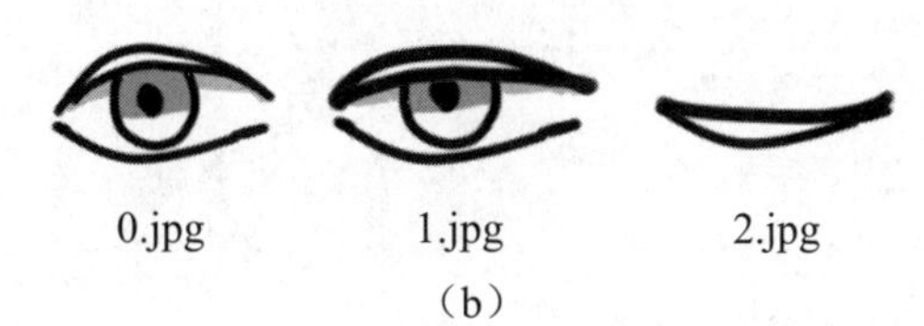

（b）

图 7-25　练习 10 图

请将程序中的“？”改为正确的内容，使其实现上述功能，但不能修改程序中的其他部分。

```
    Private Sub 开始 ToolStripMenuItem_Click(…) Handles 开始 ToolStripMenuItem.Click
        Timer1.?
    End Sub
    Private Sub 结束 ToolStripMenuItem_Click(…) Handles 结束 ToolStripMenuItem.Click
        Timer1.Stop()
    End Sub
    Private Sub Timer1_Tick(…) Handles Timer1.Tick
        Static n As Integer         'n 表示图像的总张数
        Dim num As Integer
        n = n + 1
        num = ?                     'num 表示显示哪张图像
        Me.BackgroundImage = Image.FromFile(Application.StartupPath & "\" &?& ".jpg")
    End Sub
```

11．建立状态栏界面，程序运行的界面如图 7-26 所示。

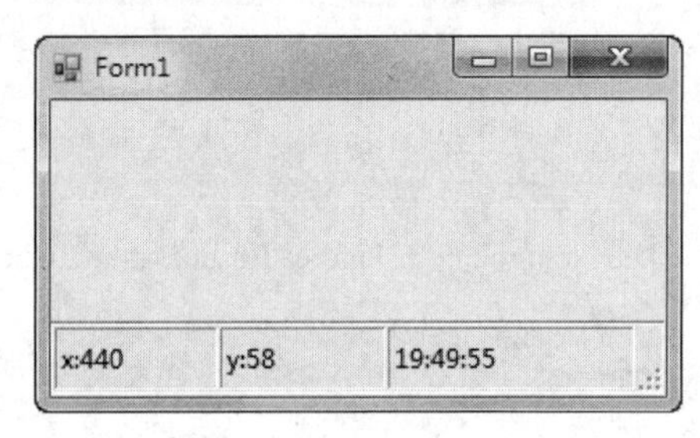

图 7-26　练习 11 图

要求：

（1）建立一个项目。

（2）为窗体添加一个状态栏 StatusStrip1 控件。在状态栏控件中，添加三个工具标签，其 Name 属性分别为 TxLabel、TyLabel 和 TtLabel。

（3）适当调整三个工具标签的外观和大小。

（4）为了在面板中显示当前的时间，还应在窗体上添加一个 Timer 控件。设置 Timer1 控件的 Interval 属性值为 1000（定时时间间隔），Enable 属性设置为 True。

第 8 章　自定义类与对象的使用

一、实验目的

1．掌握类的创建和类的实例化。
2．掌握在应用程序中使用类的方法。
3．掌握函数重载，了解函数改写。
4．掌握类的继承和派生。

二、实验指导

例 8-1　设计一个点类（VBPoin），其具有数据 X、Y（点的坐标），以及设置数据成员（SetValue）和求到原点距离（Distance）的功能。程序运行结果如图 8-1 所示。

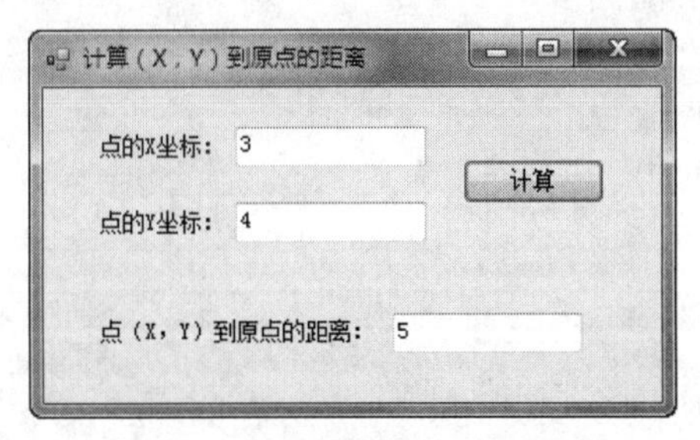

图 8-1　例 8-1 程序的运行界面

操作步骤如下：

（1）打开 VS2010 开发环境，新建一个 Windows 窗体应用程序 VBPoint.vbproj。
（2）执行“项目”菜单中的“添加类”命令，添加一个类模块 MyPoint.vb。
（3）在 MyPoint.vb 类代码窗口中，将新添加的类名修改为“vbPoint”。

```
Public Class vbPoint
    Private x As Integer                    '表示点的 X 坐标
    Private y As Integer                    '表示点的 Y 坐标
    Public d As Single                      '表示点(X,Y)到原点的距离
    Public Property xPos() As Integer       '声明 xPos 属性，用于设置点的 X 坐标
        Get
            Return x
        End Get
        Set(ByVal value As Integer)
            x = value
        End Set
    End Property

    Public Property yPos() As Integer       '声明 yPos 属性，用于设置点的 Y 坐标
```

```
            Get
                Return y
            End Get
            Set(ByVal value As Integer)
                y = value
            End Set
        End Property
        Public Sub Distance()
            d = Math.Sqrt(x ^ 2 + y ^ 2)        '计算距离
        End Sub
    End Class
```

（4）在窗体上添加三个标签控件 Label1～3、三个文本框 TextBox1～3 和一个命令按钮控件 Button1。

“计算”命令按钮 Button1 的 Click 事件代码如下：

```
Public Class Form1
    Private Sub Button1_Click(…) Handles Button1.Click
        Dim p As New vbPoint()
        Dim a, b As Integer
        a = Val(TextBox1.Text)
        b = Val(TextBox2.Text)
        p.xPos = a
        p.yPos = b
        p.Distance()
        TextBox3.Text = p.d
    End Sub
End Class
```

思考：

（1）在例 8-1 的基础上，如何增加一个显示点(x,y)的坐标信息的方法 ShowPoint()?

（2）在例 8-1 的基础上，使用函数方法计算点到原点的距离时，如何改写类的声明？

例 8-2 使用类的构造函数。

构造函数是.NET 中的一类特殊方法，它用于初始化类型和创建类型的实例（对象）。

VB.NET 中构造函数是一个名称为 New 的 Sub 通用过程，访问性修饰符总是 Public，函数可带参数，也可不带参数。

要求完成以下操作：

（1）创建一个类 Circle，类中有：一个常数成员 PI，用于设置圆周率；一个私有成员 R，用于保存圆半径和一个计算圆面积的函数方法 Area()；一个无参数构造函数和一个用于设置指定半径的构造函数。

（2）创建下面的窗体界面，内有两个命令按钮 Button1～2、两个文本框 TextBox1～2 和两个标签 Label1～2。

（3）程序执行时，单击“无参数构造函数”按钮（Button1），即可在文本框 TextBox1 中显示默认圆半径（R=10）的圆面积。单击“有参数构造函数”按钮（Button2），此时弹出输入圆半径的输入对话框，输入一个圆半径，然后可在文本框 TextBox2 中显示给定圆半径的圆面积。程序运行情况如图 8-2 所示。

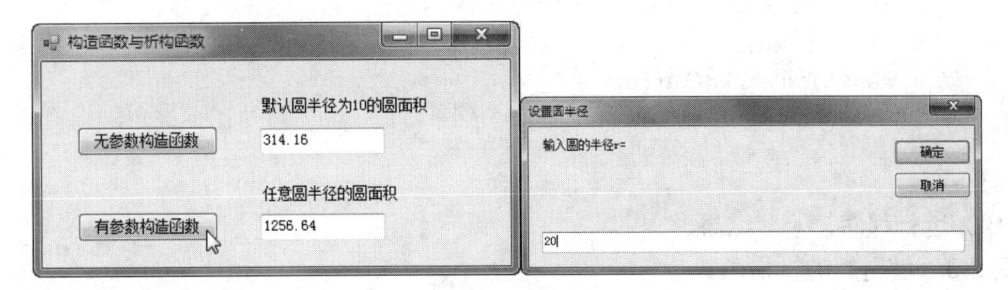

图 8-2　例 8-2 程序的运行界面

操作步骤如下：

（1）在 VS2010 开发环境中，创建一个新 Windows 窗体应用程序项目。

（2）在窗体 Form1 中，添加程序所用有关控件，设置好窗体及相关控件的属性并合理安排窗体及控件的大小和位置。

（3）类 Circle 定义和窗体及控件的相关事件代码如下：

- 类 Circle 的声明代码

```
'带参数与不带参数的构造函数
Public Class Circle
    Private R As Single
    Private Const PI As Single = 3.1416
    '定义无参数构造函数
    Public Sub New()
        R = 10
    End Sub
    '定义有参数构造函数
    Public Sub New(ByVal myR As Single)
        R = myR
    End Sub
    '定义求圆面积的方法
    Public Function Area() As Single
        Area = PI * R * R
    End Function
End Class
```

- 窗体相关控件的事件代码

```
Public Class Form1

    Private Sub Button1_Click(…) Handles Button1.Click
        '调用无参数构造函数
        Dim C As New Circle
        TextBox1.Text = CStr(C.Area)
    End Sub

    Private Sub Button2_Click(…) Handles Button2.Click
        '调用有参数构造函数
        Dim C As Circle
```

```
            Dim r As Single
            r = InputBox("输入圆的半径 r=", "设置圆半径", 10)
            C = New Circle(r)
            TextBox2.Text = CStr(C.Area)
        End Sub

    End Class
```

（4）运行程序，观察结果。

例 8-3 使用类的析构函数。

析构函数是实现销毁一个类的实例的方法成员。析构函数不能有参数，不能有任何修饰符，不能被调用，而且每个类只有一个析构函数。

Microsoft.NET 框架中的 CLR（Common Language Runtime）提供了一种新的内存管理机制——自动内存管理机制（Automatic Memory Management），在大多数情况下，资源的释放可以通过“垃圾回收器”自动完成，一般不需要用户干预，只在一些特殊情况下需要用到析构函数。

下面在例 8-2 的基础上，介绍析构函数的简单使用。

操作步骤如下：

（1）修改例 8-2 的类声明，完整的代码如下：

```
'带有析构函数的类 Circle
Public Class Circle
    Implements IDisposable 'IDisposable 定义了一种释放分配的资源的方法
    Public Overloads Sub Dispose() Implements IDisposable.Dispose
'使用 IDisposable.Dispose 方法，用户可以在将对象作为垃圾回收之前随时释放资源
'如果调用了 IDisposable.Dispose 方法，此方法会释放对象的资源
        R = Nothing      '释放 R
    End Sub

    Private R As Single
    Private Const PI As Single = 3.1416
    '定义无参数构造函数
    Public Sub New()
        R = 10
    End Sub
    '定义有参数构造函数
    Public Sub New(ByVal myR As Single)
        R = myR
    End Sub
    '定义求圆面积的方法
    Public Function Area() As Single
        Area = PI * R * R
    End Function
    Protected Overrides Sub Finalize()        '定义析构函数
        '调用 Dispose()方法
        Dispose()
    End Sub
End Class
```

（2）修改“有参数构造函数”按钮 Button2 的 Click 事件代码，代码如下：

```
Private Sub Button2_Click(…) Handles Button2.Click
    '调用有参数构造函数
    Dim C As Circle
    Dim r As Single
    r = InputBox("输入圆的半径 r=", "设置圆半径", 10)
    C = New Circle(r)
    TextBox2.Text = CStr(C.Area)
    C.Dispose()
    MsgBox("清除资源后的圆面积是" & CStr(C.Area))
End Sub
```

（3）运行程序，我们会发现最后屏幕上显示的面积为 0，这是因为我们清除了类 C 所占用的内存资源。

例 8-4　类方法的定义和使用。定义一个 Point 类，它能表示一个点的横坐标和纵坐标，设计成员函数以分别实现：

（1）横坐标、纵坐标的录入。

（2）点的平移。

（3）设计一个 Show 函数，实现坐标和时间的输出。

（4）在 Point 类基础上加上一个时间（ddate 类，自定义类）属性表明一个点出现的时间。

操作步骤如下：

（1）在 VS2010 开发环境中，创建一个新 Windows 窗体应用程序项目。

（2）在窗体 Form1 中，添加程序所用有关控件，设置好窗体及相关控件的属性并合理安排窗体及控件的大小和位置。

（3）类 ddate 和 Point 的定义和窗体及控件相关事件代码如下：

- 类 ddate 和 Point 的定义声明代码（要求本题定义的类放在一个类模块中）

```
Class ddate '声明一个时间类 ddate
    Public h, m, s As Integer
    Public Sub New() '用于设置初始时间
        h = 6
        m = 30
        s = 40
    End Sub
    '设置输入坐标的时间
    Public Sub setdate(ByVal hi As Integer, ByVal mi As Integer, ByVal si As Integer)
        h = hi
        m = mi
        s = si
    End Sub
End Class

Class point '声明一个点类 Point
    Private x As Integer
    Private y As Integer
    Private d As New ddate
    Public Sub point()     '以下三个 Point()方法用于重载
```

```
        x = 0 : y = 0
    End Sub
    Public Sub point(ByVal xi As Integer, ByVal yi As Integer)
        x = xi : y = yi
    End Sub
    Public Sub point(ByVal xi As Integer, ByVal yi As Integer, ByVal di As ddate)
        x = xi : y = yi : d = di
    End Sub
    Public Sub setxy(ByVal xi As Integer, ByVal yi As Integer) '设置点的坐标(X,Y)
        x = xi : y = yi
    End Sub
    Public Sub setdate(ByVal di As ddate)    '设置时间
        d = di
    End Sub
    Public Sub move(ByVal xi As Integer, ByVal yi As Integer)    '坐标移动的大小
        x += xi : y += yi
    End Sub
    Public Sub show()   '显示坐标移动后的坐标值和时间
        MsgBox("Point(" & x & "," & y & ") 出现在 " & d.h & ":" & d.m & ":" & d.s,,"坐标位移后")
    End Sub
End Class
```

- 窗体相关控件的事件代码

```
Public Class Form1
    Private Sub Button1_Click_1(…) Handles Button1.Click
        Dim x%, y%
        Dim d As New ddate
        d.setdate(Hour(TimeOfDay()), Minute(TimeOfDay()), Second(TimeOfDay()))
        '上面语句设置初始时间
        Dim pos As New point
        pos.point(1, 2, d)  '设置点的起始坐标为(1,2)和时间
        pos.show()
        x = TextBox1.Text : y = TextBox2.Text
        pos.setxy(x, y)
        pos.move(1, 2)
        d.setdate(Hour(TimeOfDay()), Minute(TimeOfDay()), Second(TimeOfDay()))
        '上面一条语句设置坐标移动后的时间
        pos.setdate(d)       '设置位移后的时间
        pos.show()
    End Sub
End Class
```

（4）单击“调试”菜单，执行“启动调试”命令（或按下功能键 F5）。执行程序后，显示的程序运行窗口如图 8-3 所示。

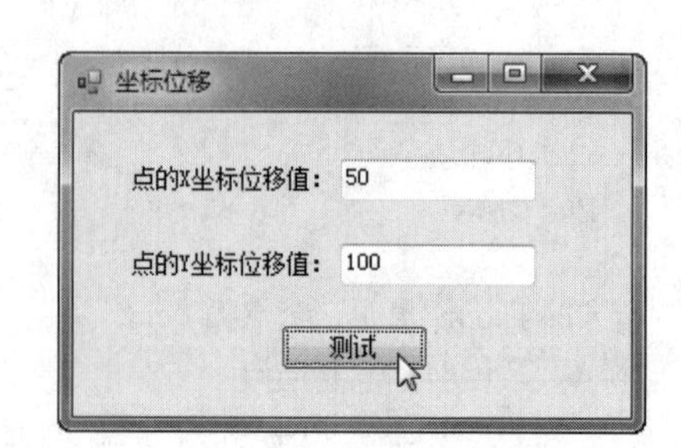

图 8-3　例 8-4 程序的运行界面

（5）分别输入点的 X 和 Y 坐标位移值，单击“测试”按钮，将出现如图 8-4 所示的结果。

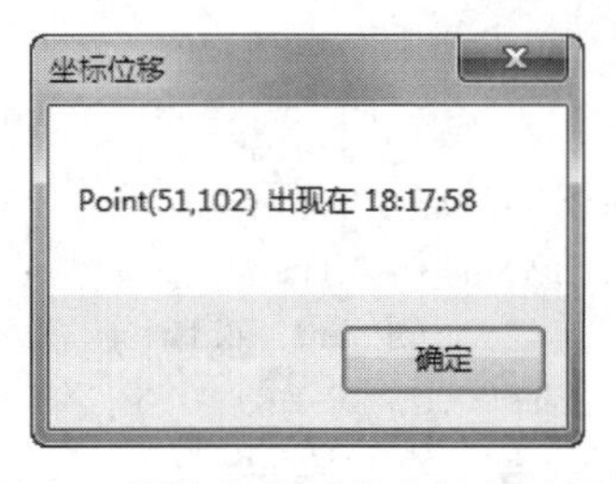

（a）显示点的初始坐标和时间　　（b）点的位移后的坐标和时间

图 8-4　例 8-4 程序的运行结果

例 8-5　事件的使用。定义一个矩形类 Rect，该类中包含宽 width 和高 height 两个成员变量。无参构造函数给宽和高赋值为 10；带两个参数的构造函数给 width 和 height 赋值。用 Area 方法求矩形的面积，添加一个事件 Validate，当输入的矩形的长度或宽度小于或等于 0，不能形成有效的矩形时触发 Validate 事件。

要求：使用类库，并将该类库引入到当前项目中，同时给出一个测试。

操作步骤如下：

（1）在 VS2010 开发环境中，创建一个新类库应用程序项目，类库名为“RectLibrary”。

（2）在“解决方案资源管理器”中，将项目中的“Class1.vb”改名为“Rect.vb”，此时在类代码窗口中，新类名自动修改为“Rect”。

类 Rect 的代码如下：

```
Public Class Rect
    Private width As Single
    Private height As Single
    Public Event Validate()        '判断矩形的有效性事件
    Public Sub New()               '无参构造函数
        width = 10
        height = 10
    End Sub
    Public Sub New(ByVal w As Single, ByVal h As Single) '有参构造函数
        width = w
        height = h
    End Sub
    Public Property Length() As Single '声明矩形的长度属性
        Get
            Return width
        End Get
        Set(ByVal Value As Single)
            If Value <= 0 Then
                RaiseEvent Validate()
            Else
                width = Value
            End If
        End Set
    End Property
    Public Property altitude() As Single '声明矩形的宽度属性
        Get
```

```
                Return height
            End Get
            Set(ByVal Value As Single)
                If Value <= 0 Then
                    RaiseEvent Validate()
                Else
                    height = Value
                End If
            End Set
        End Property
        Public Function Area() As Single '计算矩形面积
            Return width * height
        End Function
    End Class
```

（3）在 VS2010 中，执行“文件”→“添加”→“新建项目”命令，在当前项目中新建一个 Windows 窗体应用程序（AppRect）。

（4）在“解决方案资源管理器”中，右击项目 AppRect，执行快捷菜单中的“设为启动项目”，此时，该项目名称文字为黑体，如图 8-5 所示。

图 8-5 设为启动项目

（5）在“解决方案资源管理器”中，单击“显示所有文件”图标，将展开 AppRect 项目下的所有内容，如图 8-6 所示。

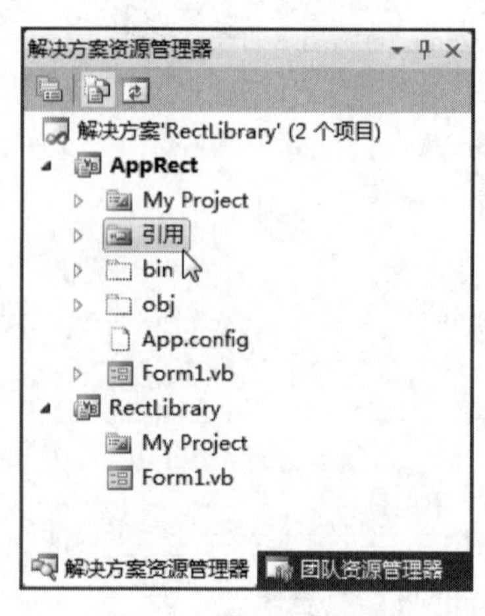

图 8-6 展开项目内容

（6）右击“引用”，在弹出的快捷菜单中执行“添加引用”命令，打开“添加引用”对话框，如图 8-7 所示。

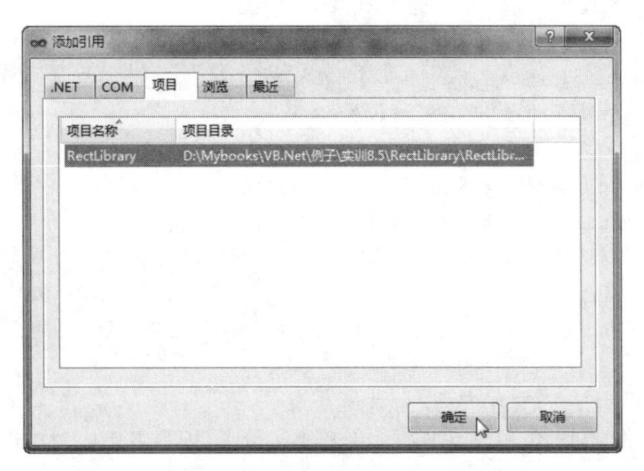

图 8-7　“添加引用”对话框

（7）单击“项目”选项卡，这时可看到生成的 RectLibrary，单击“确定”按钮，将生成的类库文件 RectLibrary.dll 添加到“引用”中，如图 8-8 所示。

（8）在窗体 Form1 中，添加程序所用的有关控件，设置好窗体及相关控件的属性并合理安排窗体及控件的大小和位置，如图 8-9 所示。

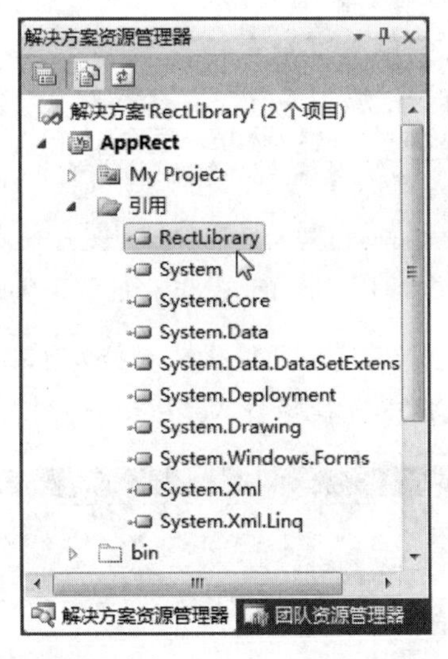

图 8-8　添加了“RectLibrary.dll”

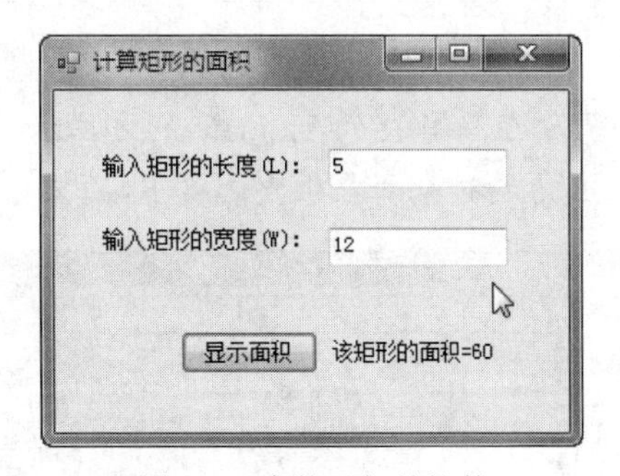

图 8-9　窗体及相关控件

（9）窗体、命令按钮和对象变量 R 相关事件代码如下：

```
Imports RectLibrary '引用命名空间
Public Class Form1
    WithEvents R As New Rect()
    Private Sub Form1_Load(…) Handles MyBase.Load
        Label3.Text = ""
    End Sub
    '“显示面积”按钮的事件代码
    Private Sub Button1_Click(…) Handles Button1.Click
```

```
            Dim x As Single, y As Single 'x 和 y 分别表示输入的矩形的长度和宽度
            x = TextBox1.Text
            y = TextBox2.Text
            R.Length = x
            R.altitude = y
            Label3.Text = "该矩形的面积=" & R.Area
        End Sub
        '对象 R 的 Validate 事件代码
        Private Sub R_Validate() Handles R.Validate
            MsgBox("输入的矩形的长度或宽度小于或等于 0，请重输！", 0 + 16, "出错")
            TextBox1.Focus()
            TextBox1.SelectAll()
        End Sub
    End Class
```

（10）在输入矩形的长度和宽度后，单击“显示面积”按钮。如果输入的矩形的长度或宽度小于或等于 0，则触发 Validate 事件，并弹出“出错”提示对话框，如图 8-10 所示。

（11）单击“确定”按钮后，文本框 TextBox1 获得焦点，并将框的所有文本全部选定，如图 8-11 所示。

图 8-10 “出错”对话框

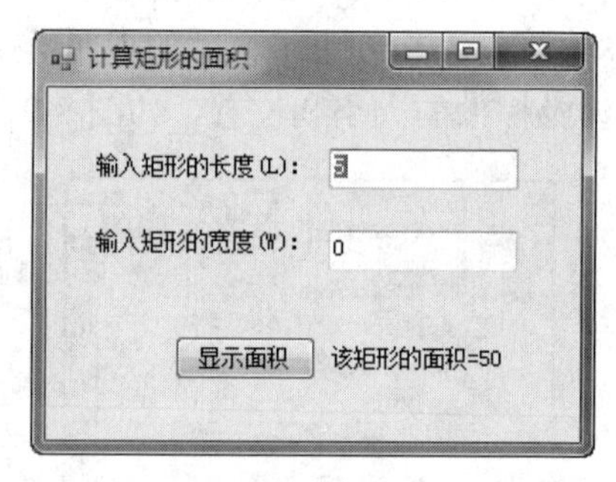

图 8-11 重新的输入矩形的长和宽度

注意：在编写 R 的 Validate 的方法和窗体或其他控件有关的事件代码一样，可在窗体代码窗口左上角的对象列表框中选择 R，在右上角事件列表框中选择事件 Validate，如图 8-12 所示。

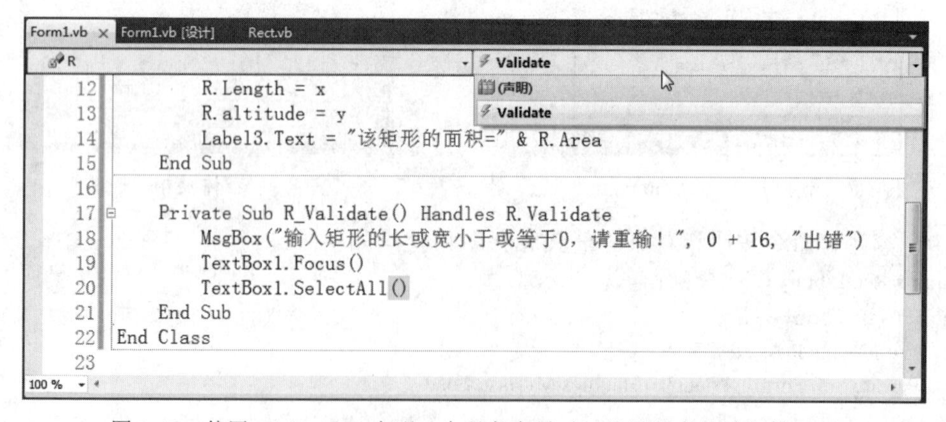

图 8-12 使用 WithEvents 声明一个对象变量时，编写其事件过程的界面

例 8-6 类的继承。先定义一个点类 cPoint，包含数据成员 x 和 y（坐标点），内含两个构造函数：一个计算面积的 Area()函数和一个计算周长的 Perimeter()函数。然后，以 cPoint 类为

基类，派生出矩形类 cRectangle 和圆类 cCircle。

操作步骤如下：

（1）在 VS2010 开发环境中，创建一个新的 Windows 窗体应用程序项目。

（2）点类 cPoint、矩形类 cRectangle 和圆类 cCircle 的定义代码如下：

- 点类 cPoint 的定义代码

```
Public Class cPoint '声明类 cPoint
    Private x As Integer        '表示点的 X 坐标
    Private y As Integer        '表示点的 Y 坐标
    Public Property xPos() As Integer   '声明 xPos 属性，用于设置点的 X 坐标
        Get
            Return x
        End Get
        Set(ByVal value As Integer)
            x = value
        End Set
    End Property

    Public Property yPos() As Integer   '声明 yPos 属性，用于设置点的 Y 坐标
        Get
            Return y
        End Get
        Set(ByVal value As Integer)
            y = value
        End Set
    End Property
    Public Sub New() '构造函数，设置点原始坐标为坐标原点(0,0)
        x = 0 : y = 0
    End Sub
    Public Sub New(ByVal x1 As Integer, ByVal y1 As Integer) '构造函数，设置点坐标为坐标原点(x1,y1)
        x = x1
        y = y1
    End Sub
    Public Overridable Function Area() As Single '计算面积，可重写
        Return 0
    End Function
    Public Overridable Function Perimeter() As Single '计算周长，可重写
        Return 0
    End Function

End Class
```

- 矩形类 cRectangle 的定义代码

```
Class cRectangle '声明一个矩形类 cRectangle
    Inherits cPoint
    Private length As Integer
    Private width As Integer
```

```
    Public Sub New()
        MyBase.New()
    End Sub
    Public Sub New(ByVal x1 As Integer, ByVal y1 As Integer, ByVal length1 As Integer, ByVal width1 As
Integer) '设置矩形起点坐标及长和宽的大小
        MyBase.New(x1, y1)
        length = length1
        width = width1
    End Sub
    Public Overrides Function Area() As Single '重写矩形的面积
        Return length * width
    End Function
    Public Overrides Function Perimeter() As Single '重写矩形的周长
        Dim Perim As Integer = 0
        Perim = 2 * (length + width)
        Return Perim
    End Function
End Class
```

- 圆类 cCircle 的定义代码

```
Class cCircle '声明一个圆类 cCircle
    Inherits cPoint
    Private r As Single
    '设置圆的圆心坐标与圆的半径
    Public Sub New(ByVal x1 As Integer, ByVal y1 As Integer, ByVal r1 As Single)
        MyBase.New(x1, y1)
        r = r1
    End Sub
    Public Overrides Function Area() As Single '重写圆的面积
        Return Format(Math.PI * r * r, "0.00")
    End Function
    Public Overrides Function Perimeter() As Single '重写圆的周长
        Dim Perim As Integer = 0
        Perim = Format(2 * Math.PI * r, "0.00")
        Return Perim
    End Function
End Class
```

（3）编写的窗体 Click 事件代码。

```
Public Class Form1

    Private Sub Form1_Click(ByVal sender As Object, ByVal e As System.EventArgs) Handles Me.Click
        Dim Rectangle As New cRectangle(0, 0, 10, 20)
        '利用构造函数初始化，可以任意给定其值，前两个数指 point(0,0)，后两个数为矩形的长和宽
        Dim Circle As New cCircle(0, 0, 10)
        '前两个数指 point(0,0)，第三个常量“10”为圆的半径
        MsgBox("Rectangle 的周长是：" & Rectangle.Perimeter(), 0 + 64, "矩形的周长")
        MsgBox("Rectangle 的面积是：" & Rectangle.Area(), 0 + 64, "矩形的面积")
        MsgBox("Circle 的周长是：" & Circle.Perimeter(), 0 + 64, "圆的周长")
```

```
        MsgBox("Circle 的面积是：" & Circle.Area(), 0 + 64, "圆的面积")
    End Sub
End Class
```

（4）单击“调试”菜单，执行“启动调试”命令（或按下功能键 F5）。启动程序，在窗体任意处单击窗体，显示的内容如图 8-13 所示。

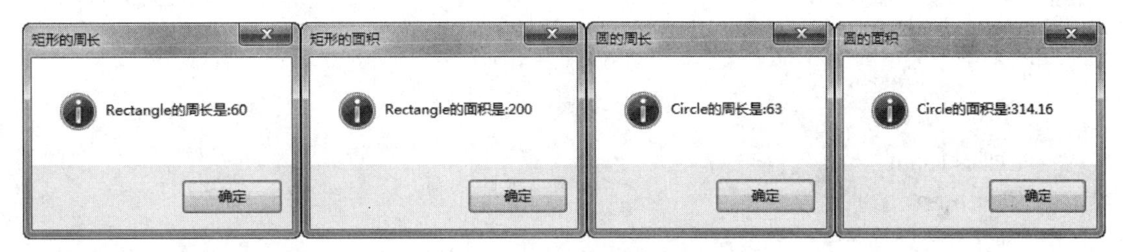

图 8-13　程序运行的结果

三、实验练习

1．建立如图 8-14 所示的界面，定义一个描述“人”的类，该类名为 Person，有 xm 和 nl 两个属性，有一个 sayHello 方法，该方法的功能是和大家打招呼。

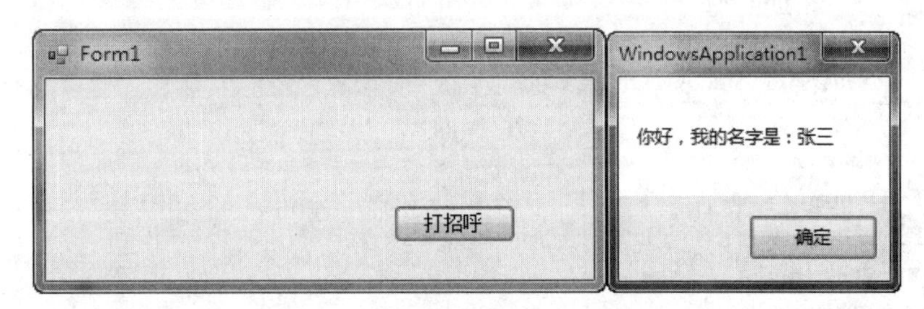

图 8-14　练习 1 图

```
Public Class Form1
    Class person
        Private xM As String = "张三"
        Private nL As Integer = 18
        Public Sub  ①  '声明问候方法
            MsgBox("你好，我的名字是：" & xM)
        End Sub
    End Class
    Private Sub Form1_Click(ByVal sender As Object, ByVal e As System.EventArgs) Handles Me.Click
        Dim p As  ②  person
        p.sayHello()
    End Sub
End Class
```

参考答案：①sayHello()　②New

2．接上题，定义 Name()和 Age()两个属性过程，然后创建属于该类的对象。执行时，输入的数若在 0～120 范围内，得到如图 8-15（b）所示的结果（如“我的年龄是 25 岁”），若不在 0～120 范围内，出现错误提示信息（如“年龄只能在 0～120 之间”）。

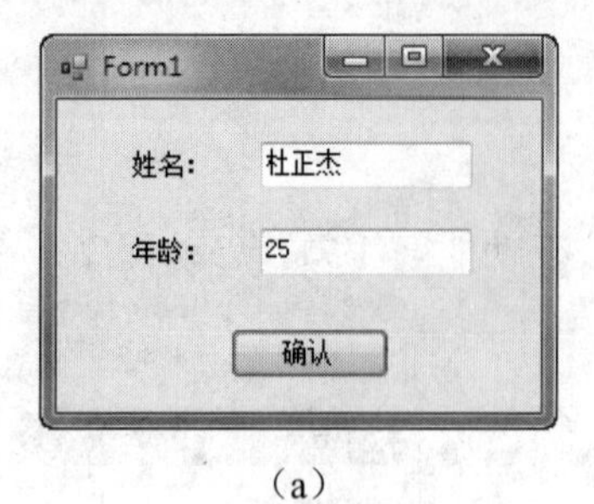

(a)

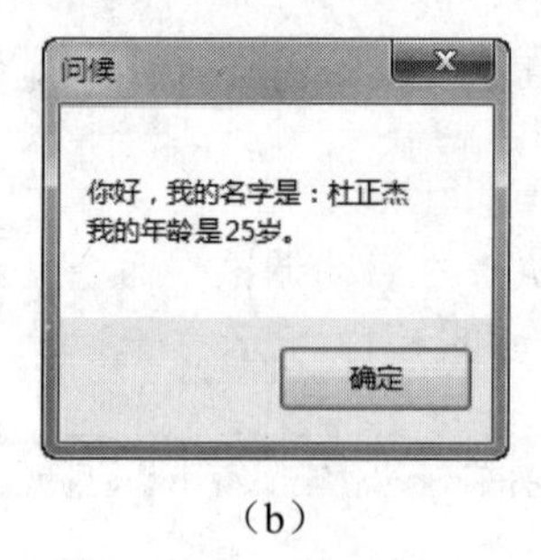

(b)

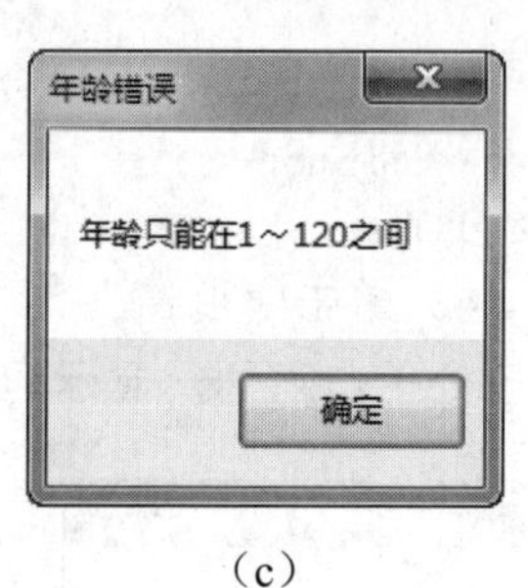

(c)

图 8-15　练习 2 图

```
Public Class Form1
    Class person
        Private xM As String
        Private nL As Integer
        Public Sub sayHello()       '声明问候方法
            MsgBox("你好，我的名字是：" & xM & vbCrLf & "我的年龄是" & nL & "岁。", , "问候")
        End Sub
        Public Property Name() As String '用于修改 xM
            Get
                Return xM
            End Get
            Set(ByVal value As String)
            ①
            End Set
        End Property
        Public Property Age() As Integer   '用于修改 nL
            Get
            ②
            End Get
            Set(ByVal value As Integer)
                If value > 0 And value <= 120 Then
                    nL = value
                Else
                    MessageBox.Show("年龄只能在 1～120 之间", "年龄错误")
                End If
            End Set
        End Property
    End Class

    Private Sub Button1_Click(…) Handles Button1.Click
        Dim p As person
        p = ③ person
        p.Name = TextBox1.Text
        p.Age = Val(TextBox2.Text)
        p.sayHello()
    End Sub
End Class
```

参考答案：①'xM = value　②Return nL　③New

3．接上题，定义一个“描述”学生的类，类名为 student，该类除具有上题所有的属性和方法外，还有 Major 字段用于描述学生的专业，有 sayMajor 方法用于显示学生的专业。

4．在上题的基础上，添加一个用于判别输入的年龄是否合法的事件 Fail。

5．建立一个表示长方体的类 Cuboid，其公共数据成员有 Length（长）、Width（宽）、Height（高），用属性过程 Volume 计算并返回该长方体的体积。

6．建立一个表示长方体的 Cuboid，其公共数据成员有 Length（长）、Width（宽）、Height（高），使用构造方法为数据成员赋值，用属性过程 Volume 计算并返回该长方体的体积。再由 Cuboid 类派生一个表示正方体的类 Cube，该类的构造方法用一个表示边长的参数初始化正方体。

7．设计一个矩形类 Rect，其具有长、宽数据成员，类还具有显示矩形的周长和面积的功能，以及求两个矩形面积和的功能（实现该功能时，要求用对象做参数和返回值）。

参考答案：本题使用了一个共享方法 add()，用于求两个矩形面积之和。

```
Public Class rect
    Private length As Integer
    Private width As Integer
    Public Sub New(ByVal L As Integer, ByVal W As Integer)
        length = L
        width = W
    End Sub

    Public Function Area() As Integer
        Return length * width
    End Function
    Public Function Perimeter() As Integer
        Return 2 * (length + width)
    End Function
    Public Shared Function add(ByVal rect1 As rect, ByVal rect2 As rect)
        Return rect1.Area() + rect2.Area()
    End Function

End Class

Public Class Form1
    Private Sub Button1_Click(…) Handles Button1.Click
        Dim rect1 As New rect(2, 4)
        Dim rect2 As New rect(4, 6)
        Debug.WriteLine("rect1 的面积=" & rect1.Area())
        Debug.WriteLine("rect1 的周长=" & rect1.Perimeter)
        Debug.WriteLine("rect2 的面积=" & rect2.Area())
        Debug.WriteLine("rect2 的周长=" & rect2.Perimeter())
        Debug.WriteLine("rect1 和 rect2 的面积之和=" & rect.add(rect1, rect2))
    End Sub
End Class
```

8．在例 8-5 的基础上，如果不使用 WithEvents R As New Rect()语句声明对象变量，而是在事件代码中使用 Dim R As New Rect()，则如何触发对象 R 的事件代码？

9．“鸡兔同笼”问题出自《孙子算经》。《孙子算经》共三卷，其中卷下（第三卷）第 31 题可谓是后世“鸡兔同笼”问题的始祖，后来传到日本，变成“鹤龟算”。书中是这样叙述的：今有雉兔同笼，上有三十五头，下有九十四足，问雉兔各几何？

编写一名称为 cRabbitcage 的类，该类有一计算方法 Calc，可根据程序运行界面输入的数据进行求解，如图 8-16 所示。如果输入的数据不能成为一只完整的鸡或兔，则给出错误提示。

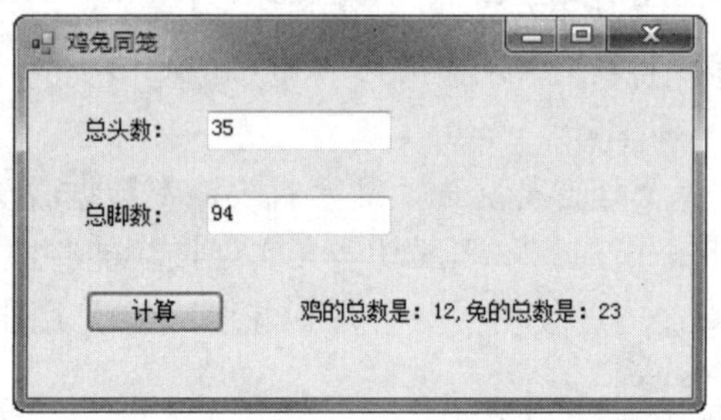

图 8-16　练习 9 图

参考答案：

```
Public Class Form1
    Private Sub Button1_Click(…) Handles Button1.Click
        Dim a, b As Integer
        Dim crb As New cRabbitcage()
        a = TextBox1.Text
        b = TextBox2.Text
        crb.Calc(a, b)
        Label3.Text = "鸡的总数是：" & crb.c & "，兔的总数是：" & crb.r
    End Sub
End Class
Class cRabbitcage
    Public c As Integer        'h 表示鸡的总数
    Public r As Integer        'f 表示兔的总数
    Public Sub Calc(ByRef m As Integer, ByVal n As Integer) 'm、n 表示总头数和总脚数
        If n Mod 2 <> 0 Then
            MsgBox("你输入的总脚数不能形成有效的鸡或兔，请重输！", 0 + 64, "错误")
        Else
            c = (n - 2 * m) / 2
            r = (4 * m - n) / 2
        End If
    End Sub
End Class
```

注意：可增加一个事件，用于判断不能形成有效的鸡或兔时时出现的提示信息。

10．编写 Square 类，该类应该具有三个带有明显含义的属性 Length、Perimeter 和 Area，当将一个值指定给其中的一个属性时，其他两个属性的值应自动重新计算。执行下面的窗体代码后，文本框中显示数字 5 和 20，如图 8-17 所示。

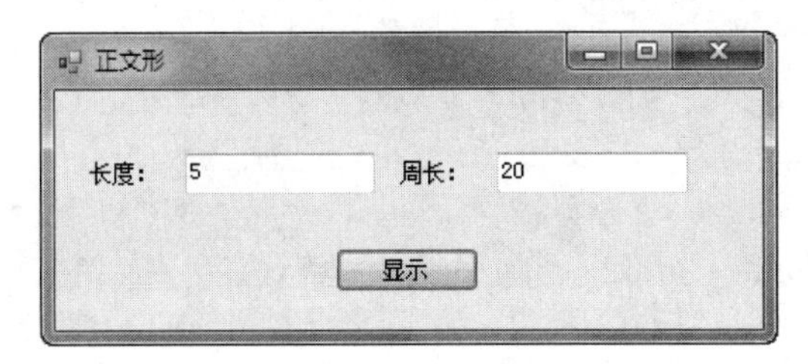

图 8-17　练习 10 图

参考答案：

```
Public Class Form1
    Dim poly As Square
    Private Sub Button1_Click(…) Handles Button1.Click
        poly = New square
        poly.Area = 36
        TextBox1.Text = CStr(poly.Length)
        TextBox2.Text = CStr(poly.Perimeter)
    End Sub
End Class

Class square
    Private Len As Single           '表示正方形的长度
    Private Girth As Single         '表示正方形的周长
    Private Prop As Single          '表示正方形的面积
    Public Property Length()
        Get
            Return Len
        End Get
        Set(ByVal value)
            If Len <> value Then
                Len = value
                Girth = 4 * Len
                Prop = Len ^ 2
            End If
        End Set
    End Property

    Public Property Perimeter()
        Get
            Return Girth
        End Get
        Set(ByVal value)
            If Girth <> value Then
                Girth = value
                Len = Girth / 4
                Prop = Len ^ 2
            End If
        End Set
    End Property
```

```
        Public Property Area()
            Get
                Return Prop
            End Get
            Set(ByVal value)
                If Prop <> value Then
                    Prop = value
                    Len = Math.Sqrt(Prop)
                    Girth = 4 * Len
                End If
            End Set
        End Property
    End Class
```

思考：若该类有一个事件 IillegalNumber，它是当任何一个属性值为负数时才会被引发的，当发生该事件时，可调用相应的处理程序显示出错误信息，那么如何编写并触发该事件？

11．分数相。编写一个程序将两个分数相加并将和以简化的形式显示，如图 8-18 所示。该程序应该使用一个 Fraction 类来存储一个分数的分子和分母，该类包含一个 Reduce 方法来将分子和分母同时除以最大公约数。输入两个分数的分子和分母，然后单击“=”按钮显示两个分数的和值。

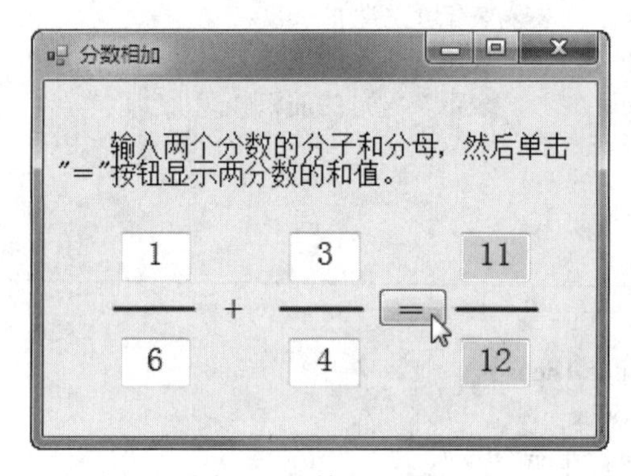

图 8-18　练习 11 图

提示：最大公约数和最小公倍数的算法如下所示。

（1）最大公约数的算法。

用辗转相除法求两个自然数 m、n 的最大公约数。

①首先，对于已知两个数 m、n，比较并使得 m>n;

②m 除以 n 得余数 r;

③若 r=0，则 n 为求得的最大公约数，算法结束，否则执行步骤④;

④m←n，n←r，再重复执行②。

如 10 与 5，分析步骤如下:

m=10 n=5

r=m mod n=0

所以 n（n=5）为最大公约数。

如 24 与 9，分析步骤如下:

m=24 n=9

r=m mod n=6
r≠0 m=9 n=6
r=m mod n=3
r≠0 m=6 n=3
r=m mod n=0
所以 n(n=3)为最大公约数。
因此，求两个数的最大公约数算法如下：

```
Sub 最大公约数()
m = InputBox("输入第一个自然数")
n = InputBox("输入第二个自然数")
If m < n Then t = m: m = n: n = t
r = m Mod n
Do While (r <> 0)
        m = n
        n = r
        r = m Mod n
Loop
MsgBox ("最大公约数为" & n)
End Sub
```

（2）最小公倍数的算法。

```
Sub 最小公倍数()
m = InputBox("输入第一个自然数")
n = InputBox("输入第二个自然数")
nm = n * m
If m < n Then t = m: m = n: n = t
r = m Mod n
Do While (r <> 0)
        m = n
        n = r
        r = m Mod n
Loop
MsgBox ("最小公倍数为" & nm / n)
End Sub
```

12．为上题的 Fraction 类添加事件 Zero，无论什么时候，只要分母为 0，该事件就被触发。编写一个程序来利用该事件。

13．添加捕捉事件和移除事件的实例，效果如图 8-19 所示。单击了“新增事件”后，当输入框的数值发生变化时，自动激发事件；单击了“删除事件”后，当输入框的数值发生变化时，不会激发事件。

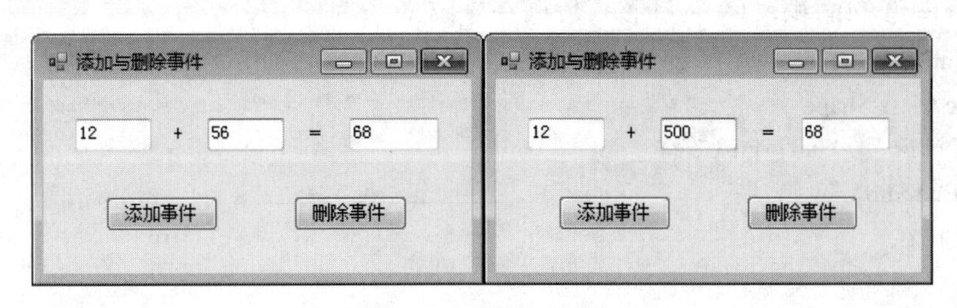

图 8-19　练习 13 图

参考答案：

```
Public Class Form1
    Private Sub Form1_Load(…) Handles MyBase.Load
    End Sub
    Public Sub MyButtonClick(ByVal sender As System.Object, ByVal e As System.EventArgs)
        TextBox3.Text = (Val(TextBox1.Text) + Val(TextBox2.Text)).ToString
    End Sub
    Private Sub Button1_Click(…) Handles Button1.Click
        AddHandler TextBox1.TextChanged, AddressOf MyButtonClick
        AddHandler TextBox2.TextChanged, AddressOf MyButtonClick
    End Sub
    Private Sub Button2_Click(…) Handles Button2.Click
        RemoveHandler TextBox1.TextChanged, AddressOf MyButtonClick
        RemoveHandler TextBox2.TextChanged, AddressOf MyButtonClick
    End Sub
End Class
```

14．捕捉按钮单击事件的实例，效果如图 8-20 所示。

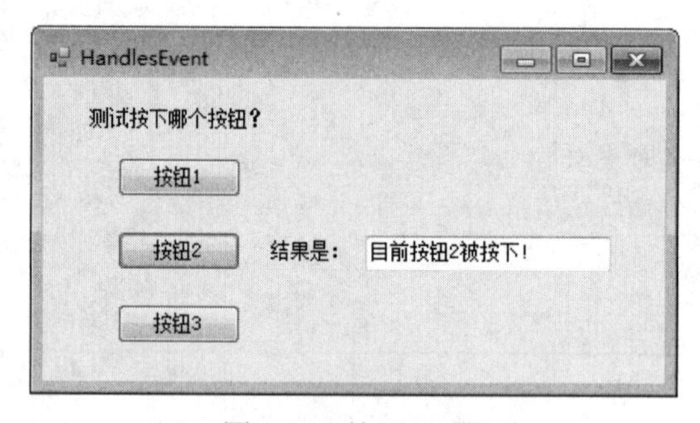

图 8-20　练习 14 图

参考答案：

```
Public Class Form1
    Private Sub Button1_Click(…) Handles Button1.Click, Button2.Click, Button3.Click
        Dim btnHit As Button '声明一个按钮类型的变量
        btnHit = CType(sender, Button)
        TextBox1.Text = "目前" & btnHit.Text & "被按下！"
    End Sub
End Class
```

15．定义一个基类 Shape，由它派生出两个派生类 Circle 和 Triangle。用一个函数 printArea 分别输出两个图形的面积，两个图形的数据在定义对象时给出。

```
Module Module1
    Public Class Shape
        Public ① Sub printArea()
        End Sub
    End Class

    Public Class Circle   '声明一个圆
```

```
        Inherits Shape
        Private  ②  As Single '半径
        Public Sub New(ByVal r As Single)
            radius = r
        End Sub
        Public Overrides Sub printArea()
            Console.WriteLine("半径 R=" & radius & "的圆面积为：" & Math.PI * radius ^ 2)
            Console.ReadLine()
        End Sub
    End Class

    Public Class Triangle '声明一个三角形
    ③  Shape
        Private sideA As Single '边长 A
        Private sideB As Single '边长 B
        Private sideC As Single '边长 C
        Public Sub New(ByVal a As Single, ByVal b As Single, ByVal c As Single)
            sideA = a
            sideB = b
            sideC = c
        End Sub
        Public  ④  Sub printArea()
            Dim p, s As Single
            If sideA + sideB > sideC And sideB + sideC > sideA And sideC + sideA > sideB Then
                p = (sideA + sideB + sideC) / 2
                s = Math.Sqrt(p * (p - sideA) * (p - sideB) * (p - sideC))
                Console.WriteLine("该三角形的面积为：" & s)
                Console.ReadLine()
            Else
                MsgBox("给定的三条边长不能形成有效的三角形！")
            End If

        End Sub
    End Class
    Sub Main()

        Dim Circular As New Circle(10)
        Dim Trigon As New  ⑤
        Circular.printArea()
        Trigon.printArea
    End Sub

End Module
```

参考答案：①Overridable　②radius　③Inherits　④Overrides　⑤Triangle(5, 3, 4)

16．建立一个名为 Person 的类，该类包含三个属性，分别为姓名、年龄和性别，然后建立它的派生类 Student，该类含有一个考试分数属性和用来显示学生情况的方法，即在消息框中输出学生的姓名、年龄、性别和考试分数。

17．如图 8-21 所示，定义名为 rabbit 的类，该类描述了兔子的信息：fName（兔子名）字段、gAge（年龄）字段和 fAmount（族群总数）方法。

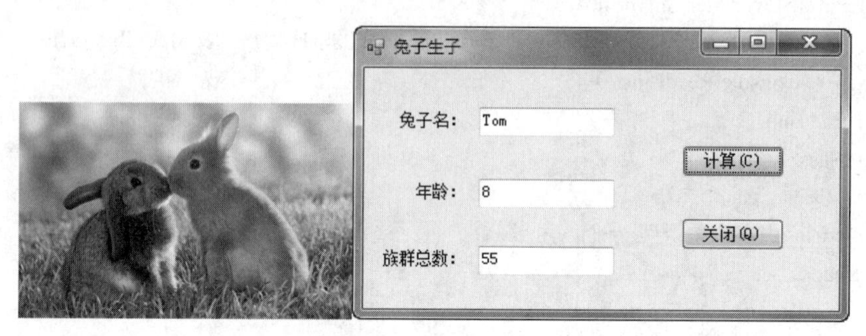

图 8-21　练习 17 图

fAmount（族群总数）方法的功能是计算某一时期兔子的数量，具体的计算规则为：一对成年兔子每一个月可以生下一对小兔子，假定小兔子在出生后的第二个月便有生育能力，每产一对一定是一雌兔和一雄兔，且每对兔子都能进行交配生育，所生下来的兔子都能保证成活率。问：一对刚出生的小兔一年内可以繁殖成多少对兔子？

分析：本题是著名的斐波那契数列问题。

法国数学家比内（Binet）证明了斐波那契数列的通项公式：

F(1)=F(2)=1；

F(n)=F(n-1)+F(n-2)（n≥3）。

参考答案：

```
Public Class Form1
    Class rabbit
        Public fName As String
        Public gAge As Single
        Public Function fAmount(ByVal age As Single) As Integer
            Dim i As Integer
            Dim f, f1, f2 As Integer
            f = 1
            f1 = 1
            f2 = 1
            For i = 1 To age
                f = f1 + f2
                f1 = f2
                f2 = f
            Next
            Return f
        End Function
    End Class
    Private Sub Button1_Click(…) Handles Button1.Click
```

```
            Dim rab As New rabbit
            rab.fName = TextBox1.Text
            rab.gAge = TextBox2.Text
            TextBox3.Text = rab.fAmount(TextBox2.Text)
        End Sub

        Private Sub Button2_Click(…) Handles Button2.Click
            Me.Close()
        End Sub
    End Class
```

18．构造函数的使用。创建并使用一个有关计算的类 Calc，在该类中定义 2 个只读属性（X1、X2，分别用于保存操作数）、2 个方法（GetResult1、GetResult2，分别用于计算加法和减法）和构造函数（产生 2 位随机整数）。

```
    Public Class Class1
        Private temp1 As Integer '声明私有字段（变量），用于保存操作数 1
        Private temp2 As Integer '声明私有字段（变量），用于保存操作数 2
        Public ReadOnly Property X1() As Integer '定义属性（操作数 1）
            ?
        End Property
        Public ReadOnly Property X2() As Integer '定义属性（操作数 2）
            ?
        End Property
        Public Function GetResult1(ByVal a As Integer, ByVal b As Integer) As Integer
            ?
        End Function
        Public Function GetResult2(ByVal a As Integer, ByVal b As Integer) As Integer
            ?
        End Function
        Public Sub New()
            Randomize()
            temp1 = Int(90 * Rnd() + 10)
            temp2 = Int(90 * Rnd() + 10)
        End Sub
    End Class
```

添加事件。先在 Calc 类中定义一个无参事件 nextRnd 和一个无参方法 Fresh，nextRnd 事件在调用 Fresh 方法时触发，在窗体上添加“+”按钮，单击该按钮可触发 nextRnd 事件，然后编写 nextRnd 事件的响应代码，重新产生一个 2 位随机整数，并清空计算结果，如图 8-22 所示。

19．定义一个矩形类 CRectangle，要求具有以下成员：属性 L 和 W，表示矩形的长和宽；方法 Move()，实现矩形的移动；方法 SetSize()，设置矩形的大小；方法 Location()，返回矩形左上角的坐标值；方法 Area()，计算矩形的面积。添加一个事件 Fail，当输入的矩形的长度或宽度小于或等于 0 时，不能形成有效的矩形而触发 Fail 事件。

图 8-22 练习 18 图

20. 定义一个点类 Point，成员变量包含 x，y 坐标（用声明属性的方法获得或者设置坐标），成员函数包含构造函数（无参构造函数和有两个参数的构造函数）、析构函数、输出坐标(x,y)的函数 Show，方法 move()将当前坐标移动若干位置。

要求：成员变量为受保护成员，成员函数为公有函数；函数 Show 在类外定义，其他函数在类内定义；在主程序中测试，调用函数 Show 至少输出一个坐标。

21. 建立一个点类 Point，包含数据成员(x,y)。以它为基类，派生出圆类 Circle，增加数据成员 radius（半径），再以 Circle 类为直接基类，派生出圆柱体类 Cylinder，再增加数据成员 height（高）。

要求：每个类都有构造函数，即用于从键盘获取数据的成员函数 set() 和用于显示数据的成员函数 display()。

22. 分析下面程序的运行结果，并说明关键字 Shadows 的作用，如果在派生类中是用 Private 来修饰 Shadows 成员的话，则它的子类就会继承基类的成员。

```
Module Module1
    Public Class baseClass
        Public Function CountY() As Integer
            CountY = 100
        End Function
    End Class
    Private Class derivedClass
        Inherits baseClass
        Public Shadows Function CountY(ByVal i As Integer) As Integer
            CountY = i * 2
        End Function
    End Class
    Sub main()
        Dim obj As New derivedClass
        Console.WriteLine("带参数的 CountY 函数的返回值为：{0:0.00}", obj.CountY(50))
        Console.ReadKey()
```

```
    End Sub
End Module
```

23．写一个程序来记录书店的存货清单。这个书店从出版商那订购普通书籍和教科书。程序定义一个基类 Book，具有普通属性 Quantity（数量）、Name（书名）和 Cost（价格）。类 TextBook（教科书）和 TradeBook（普通书）从类 Book 派生而来，并且因为降价而重载属性 Price（教科书 8 折，普通书 9 折），程序允许用户在订单上输入并显示下列数据：订购的普通书数量和原价、订购的教材数量和原价、所有订单的费用和全部存货清单的价值，如图 8-23 所示。

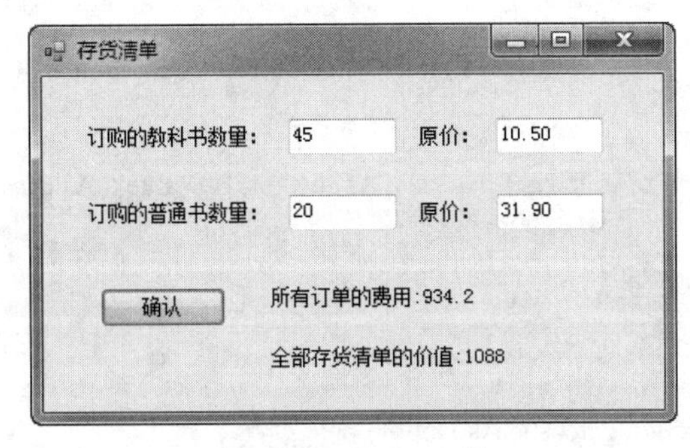

图 8-23　练习 23 图

参考答案：

```
'窗体代码
Public Class Form1
    Private Sub Button1_Click(…) Handles Button1.Click
        Dim f, j As Double
        Dim q As Integer          '订购的教科书数量
        Dim q1 As Integer         '订购的普通书数量
        Dim p As Double           '表示原价
        q = Me.TextBox1.Text
        q1 = Me.TextBox2.Text
        Dim text As String : text = "教科书"
        p = TextBox3.Text
        Dim tbook As New textbook(p, q, text)
        f = tbook.getcost
        j = f / 0.8
        Dim f1, j1 As Double
        Dim trade As String : trade = "普通书"
        p = TextBox4.Text
        Dim trbook As New tradebook(p, q1, trade)
        f1 = trbook.getcost
        j1 = f1 / 0.9
        Me.Label1.Text = "所有订单的费用：" & (f1 + f)
        Me.Label2.Text = "全部存货清单的价值：" & (j + j1)
    End Sub
End Class
```

```
'类代码
Public Class book
    Public Quantify As Integer      '数量
    Public Name As String           '书名
    Public Cost As Double           '价格
    Public Overridable Function getcost() As Double
        Return 0
    End Function
End Class
Class textbook
    Inherits book
    Public price As Double
    Public Sub New(ByVal p As Integer, ByVal q As Integer, ByVal text As String)
        Quantify = q        'q 表示购买的数量
        price = p * 0.8     'p 表示原价
        Name = text
    End Sub
    Public Overrides Function getcost() As Double
        Return (Quantify * price)
    End Function
End Class
Class tradebook
    Inherits book
    Public price As Double
    Public Sub New(ByVal p As Double, ByVal q1 As Double, ByVal trade As String)
        Quantify = q1
        price = p * 0.9
        Name = trade
    End Sub
    Public Overrides Function getcost() As Double
        Return (Quantify * price)
    End Function
End Class
```

24．下面程序的目的是考察数组作为类成员的运用，程序不完整，请填空。

```
Public Class Form1
    Private Sub Button1_Click(…) Handles Button1.Click
        Dim ① As calc   '声明类的实例
        Dim k,② sz(4) As Integer
        For k = 0 To 4      '为数组成员赋值
            sz(k) = k + 1
        Next
        Calculator = New calc(sz)   '生成类的实例
        Label1.Text = "数组元素的和值=" & Calculator.figure
    End Sub
End Class
```

```
Class calc   '声明类 calc
    Private arr(4) As Integer
    Public Sub New(ByVal  ③  As Integer)
        arr = sz
    End Sub
    Public Function figure() As Integer '用于计算数组成员值的总和的方法
        Dim k As Integer, sum As Integer
        For k = 0 To 4
        ④  += arr(k)
        Next
        figure = sum
    End Function
End Class
```

参考答案：①Calculator　②sz(4)　③sz()　④sum

25．编写一个通用的人员类（Person），该类具有姓名、年龄、性别（枚举类型 nSex）等属性，然后通过对 Person 类的继承得到一个学生类，该类最多能够存放学生 5 门课程的成绩，并能求出平均成绩，最后编程对学生类的功能进行验证。程序运行结果如图 8-24 所示。

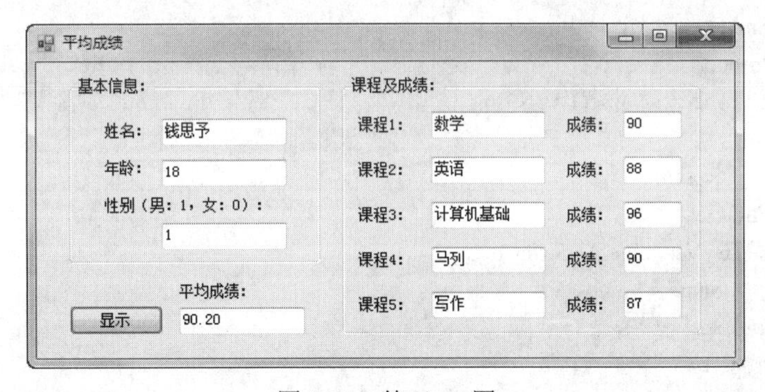

图 8-24　练习 25 图

参考答案：

```
'Person 类
Namespace Person
    Public Enum nSex
        男 '自动赋值=0
        女 '自动赋值=1
    End Enum
    Public Class Person
        Private name As String   '表示学生的姓名
        Private age As Integer   '表示学生的年龄
        Private sex As Byte      '性别
        Public Sub New()

        End Sub

        Public Sub New(ByVal xM As String, ByVal nL As Integer, ByVal xB As Byte)
            'xM、nL 和 xB 分别表示姓名、年龄和性别
            name = xM
```

```
            age = nL
            sex = xB
        End Sub

        Public Property sSex() As nSex
            Get
                Return sex
            End Get
            Set(ByVal value As nSex)
                sex = value
            End Set
        End Property
        Public Property sAge() As Integer
            Get
                Return age
            End Get
            Set(ByVal value As Integer)
                age = value
            End Set
        End Property
        Public Property sName() As String
            Get
                Return name
            End Get
            Set(ByVal value As String)
                name = value
            End Set
        End Property
    End Class

    '学生类，继承自 Person 类
    Public Class Student
        Inherits Person
        Private courseName(4) As String          '存放 5 门课程的课程名
        Public score(4) As Single                '存放 5 门课程成绩的整型数组
        Public xscj As Single
        Public Sub New(ByVal name As String, ByVal sex As Byte, ByVal age As Integer, ByVal kcM() As _
String, ByVal kccJ() As Single)
            MyBase.new(name, sex, age)
            'kcM、kccJ 分别表示课程名和该课程的成绩
            courseName = kcM
            score = kccJ
        End Sub

        '计算平均成绩的方法
        Public Function AverageScore() As Single
            Dim i As Integer, sum As Single
            For i = 0 To UBound(score)
```

```
                sum += score(i)
            Next
            AverageScore = sum / 5
        End Function
    End Class
End Namespace

'窗体及控件的事件代码
Imports cPerson.Person
Public Class Form1
    Private Sub Button1_Click(…) Handles Button1.Click
        Dim xm As String, nl As Integer, xb As Byte
        Dim cj(4) As Single
        Dim kcm(4) As String
        xm = TextBox1.Text
        nl = TextBox2.Text
        xb = TextBox3.Text
        kcm(0) = TextBox4.Text : cj(0) = TextBox5.Text
        kcm(1) = TextBox6.Text : cj(1) = TextBox7.Text
        kcm(2) = TextBox8.Text : cj(2) = TextBox9.Text
        kcm(3) = TextBox10.Text : cj(3) = TextBox11.Text
        kcm(4) = TextBox12.Text : cj(4) = TextBox13.Text
        Dim xs = New Student(xm, nl, xb, kcm, cj)
        TextBox14.Text = Format(xs.AverageScore(), "0.00")
    End Sub
End Class
```

26. 自定义控件的使用。如图 8-25 所示，在设计交通时，需要在屏幕上显示动态闪烁的信号灯来表示该位置是否正常通过。如果正常通过，则显示一个绿色的信号灯，如果未正常通过，则显示一个“×”的黄色信号灯并不断闪烁。

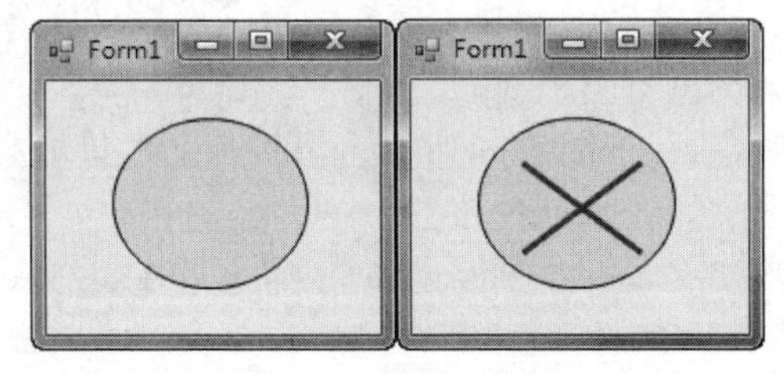

图 8-25　练习 26 图

操作步骤如下：

（1）新建项目。打开 Visual Studio.NET，执行文件菜单中的“新建项目”命令，在弹出的“新建项目”对话框中，在左侧导航栏中选择 Visual Basic 下的 Windows，然后单击右侧“Windows 窗体控件库”，再单击“确定”按钮。

（2）执行上述操作后，VB.NET 将自动把一个 UserControl 设计器添加到该项目中，在“属性”面板中，将该文件的名称 UserControl1.vb 修改为 Flash.vb，同时将项目名称 WindowsControlLibrary1 修改为 FlashCL。

（3）在控件设计器中添加一个椭圆控件 OvalShape1、两个直线控件 LineShape1～2，分别将这三个控件的 Name 修改为 Shape1、Line1 和 Line2，如图 8-26 所示。

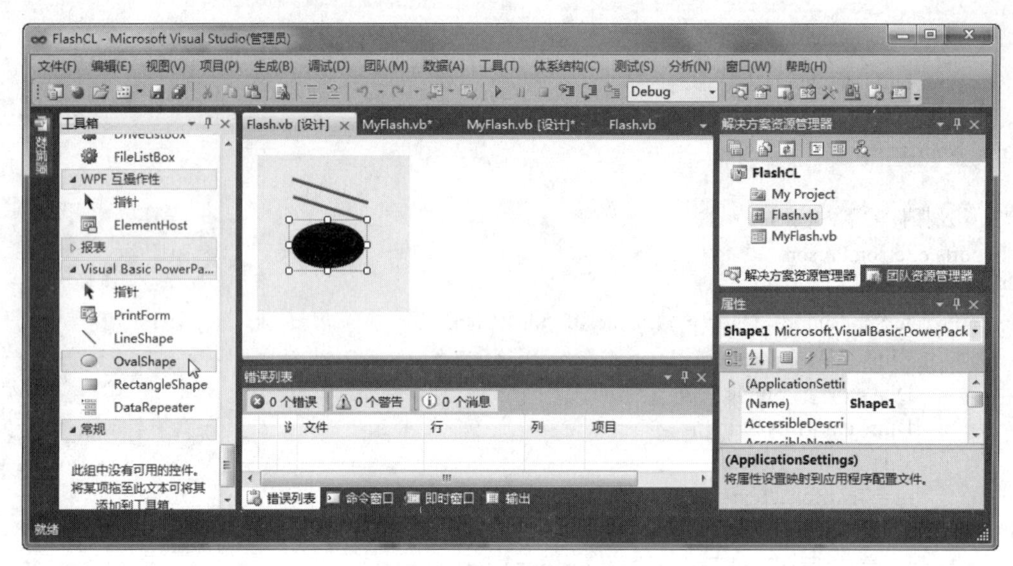

图 8-26　自定义控件设计器

（4）椭圆控件 Shape1 和直线控件 Line1～2 的属性如下：

名称：Shape1

BackStyle：Tansparent

BorderStyle：Solid

FillStyle：Solid

名称：Line1，Line2

BorderColor：RED

BorderWidth：3

Line1～2 控件的位置不重要，在 Flash_Resize 过程中要调整控件的位置。

（5）编写 Flash_Resize 事件过程，其主要目的是当自定义控件的大小发生变化时，组成控件的内部控件的位置、大小也相应改变。

同时添加一个方法 Change()，用以改变控件的外观，来实现满意的视觉效果。完整的代码如下：

```
Imports System.Drawing   '引用绘图命名空间，本例要使用其中的颜色类 Color
Public Class Flash
    Private Sub Flash_Resize(ByVal sender As Object, ByVal e As System.EventArgs) Handles Me.Resize
        Dim dia As Integer
        If Width >= Height Then
            dia = Me.Height / 4
        Else
            dia = Me.Width / 4
        End If
        'Shape1 的位置及大小
        With Shape1
            .Left = 0
            .Top = 0
```

```
            .Height = Me.Height
            .Width = Me.Width
        End With
        '调整 Line1 和 Line2 的位置及大小
        Line1.X1 = dia
        Line1.Y1 = dia
        Line1.X2 = Me.Width - dia
        Line1.Y2 = Me.Height - dia
        Line2.X1 = Line1.X1
        Line2.Y1 = Line1.Y2
        Line2.X2 = Line1.X2
        Line2.Y2 = Line1.Y1
    End Sub
    '添加方法 Change()，用以改变控件的外观，来实现满意的视觉效果
    Public Sub Change(ByVal c_sta As Integer)
        Select Case c_sta
            '参数正常时，信号灯为绿色，“×”不可见
            Case 0
                Shape1.FillColor = Drawing.Color.Green    '绿色
                Line1.Visible = False
                Line2.Visible = False
            Case -1
                '参数不正常时，信号灯为黄色，“×”闪烁
                Shape1.FillColor = Drawing.Color.Yellow    '黄色
                Line1.Visible = True
                Line2.Visible = True
            Case -2   '信号灯为黄色时，“×”不可见
                Shape1.FillColor = Drawing.Color.Yellow    '黄色
                Line1.Visible = False
                Line2.Visible = False
        End Select
    End Sub
End Class
```

（6）测试并建立自定义的动态链接库（.dll）。

1）按下 F5 功能键，将出现“Flash”，测试完毕后，单击“关闭”按钮关闭该窗口。

2）执行“生成”菜单中的“生成 FlashCL”命令，将生成动态链接库 FlashCL.dll，在这个文件中含有所定义的控件，该文件位于项目文件下的 bin 目录中。

（7）测试自定义控件。

1）单击“项目”菜单，执行“添加 Windows 窗体”命令，在项目中添加一个窗体 Form1。在属性窗口中，将名称（Name）Form1.vb 修改为 MyFlash.vb。

2）在工具箱中自动出现了一个 FlashCl 组件，如图 8-27 所示。

3）把自定义控件 Flash 拖到窗体中，并调整该控件的大小，如图 8-27 所示。

4）再添加一个计时器控件 Timer1，将该控件的 Interval 属性值设置为 100。编写计时器控件 Timer1 的 Timer1_Tick 事件过程如下：

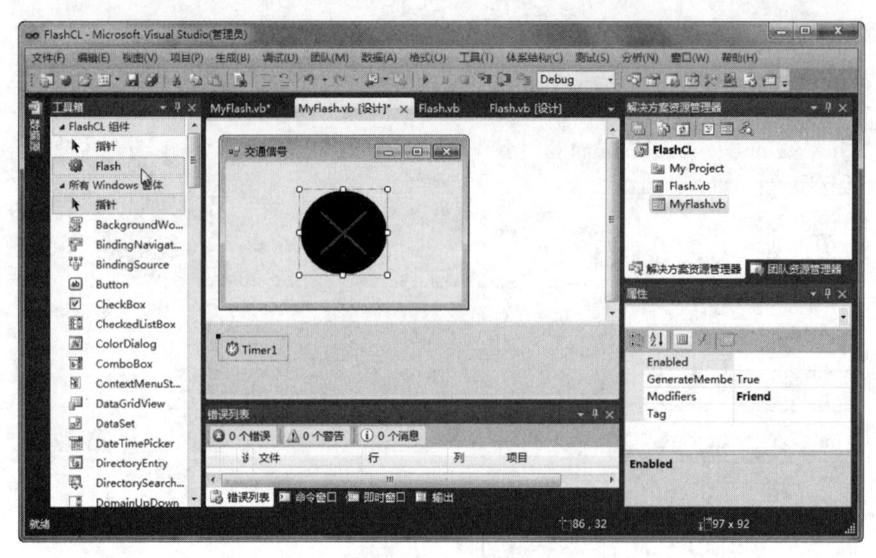

图 8-27　测试窗体

```
Public Class Form1

    Private Sub Timer1_Tick(ByVal sender As Object, ByVal e As System.EventArgs) Handles Timer1.Tick
        Static i As Integer
        Dim j As Integer
        i += 1
        j = i Mod 2
        If j = 0 Then
            Flash1.Change(-1)
        Else
            Flash1.Change(-2)
        End If
    End Sub

End Class
```

5）运行程序，可验证自定义控件的功能。

第 9 章　图形图像

一、实验目的

1．掌握 GDI+的画图三步曲；熟悉画布、画笔的定义，以及各种绘图方法。

2．了解 VB.NET 的坐标系，掌握自定义坐标系的方法，熟悉坐标变换和坐标系变换的计算公式。

3．熟悉画刷、字体的定义，以及书写方法和各种填充方法。

4．掌握常用几何图形的绘制。

二、实验指导

例 9-1　利用 PictureBox 控件生成画布，创建并调整一个画笔的属性，然后绘制一条点划线，程序运行结果如图 9-1 所示。

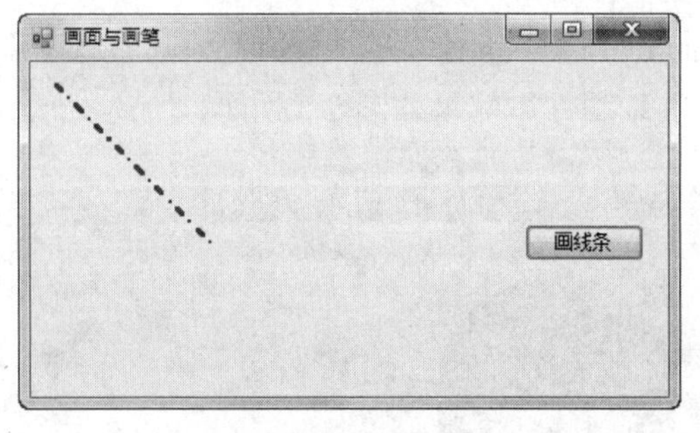

图 9-1　绘制直线

分析：要完成本题的操作，首先要创建一个画布 g、一支画笔 mPen，并规定画笔的颜色 myColor、粗细 Width 以及线型样式 DashStyle、线段结束时的样式 DashCap。

操作步骤如下：

（1）在窗体上放置一个 PictureBox 控件，添加一个按钮，其 Text 属性为“画线条”。

（2）把以下代码放到窗体的代码中。

```
Imports System.Drawing
Imports System.Drawing.Drawing2D
Public Class Form1

    Private Sub Button1_Click(…) Handles Button1.Click
        Dim g As Graphics = Me.PictureBox1.CreateGraphics     '定义一个画布
        Dim myColor As Color                  '定义一种颜色
        myColor = Color.FromArgb(128, Color.Tomato)
        Dim mPen As New Pen(myColor)          '生成一支画笔
        mPen.Color = Color.Red                '设置画笔的颜色
        mPen.Width = 3                        '画笔的粗细
        mPen.DashCap = DashCap.Triangle       '线段终点的帽类型
```

```
            '指定线型样式为点划线
            mPen.DashStyle = DashStyle.DashDot
            g.DrawLine(mPen, 0, 0, 100, 100)
        End Sub
    End Class
```

例 9-2 按要求完成操作。

（1）使用纯色画刷。纯色画刷 SolidBrush 是指使用单一的颜色作为画刷的颜色，本例说明如何在窗体上绘制一个纯红色的椭圆。运行效果如图 9-2 所示。

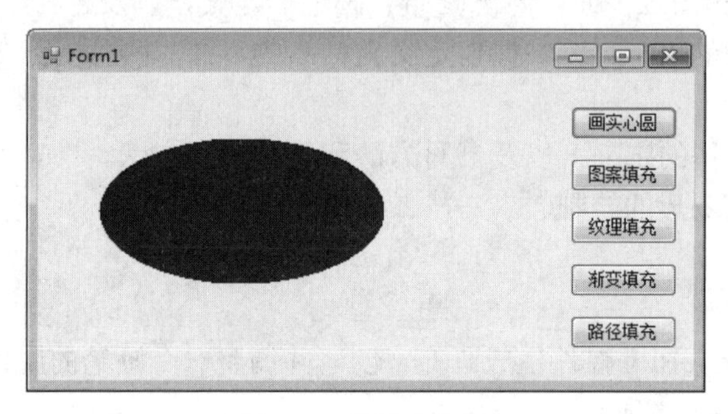

图 9-2 绘制实心圆

（2）使用画刷 HatchBrush 进行图案填充。本例使用鹅卵石图案进行绘制，并使用红色作为前景色，蓝色作为背景色。运行后效果如图 9-3 所示。

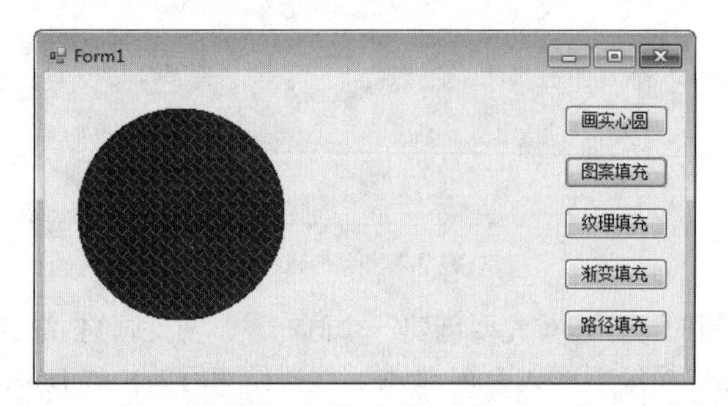

图 9-3 用画刷填充圆

（3）纹理画笔 TextureBrush 使用图像作为图案来填充形状或文本。运行后效果如图 9-4 所示。

图 9-4 用纹理画刷填充形状

（4）利用渐变 LinearGradientBrush 画刷实现由白色到红色线性渐变。运行后效果如图 9-5 所示。

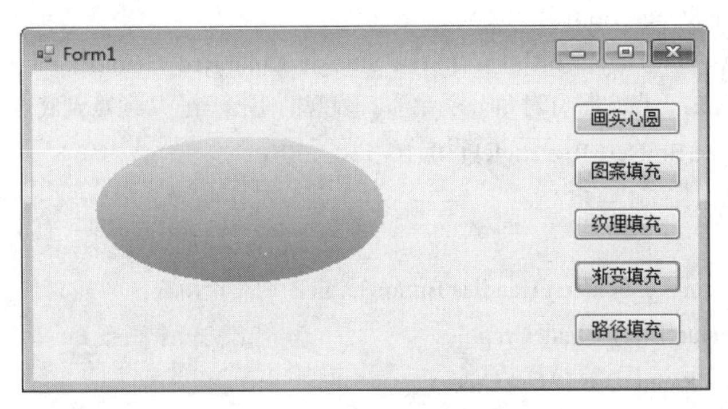

图 9-5　用渐变画刷填充圆

（5）利用 PathGradientBrush 画刷实现从边界到指定中心点颜色的路径填充。效果如图 9-6 所示。

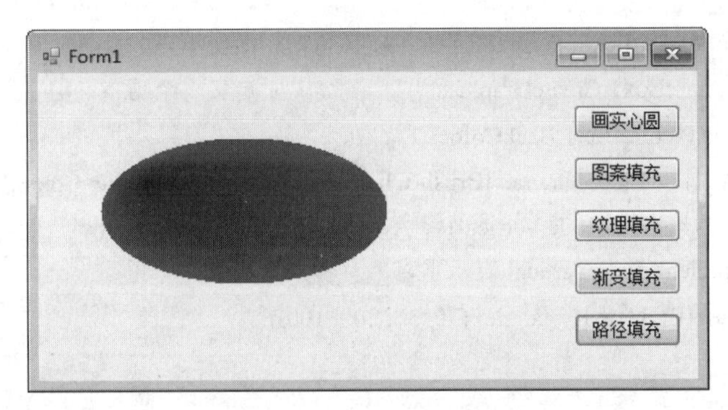

图 9-6　用路径画刷填充圆

操作步骤如下：

（1）在窗体上放置一个 PictureBox1 控件。

（2）添加五个命令按钮控件 Button1～5，其 Text 属性分别为画实心圆、图案填充、纹理填充、渐变填充和路径填充。

本例的完整代码如下：

```
Imports System.Drawing
Imports System.Drawing.Drawing2D
Public Class Form1
    Dim g As Graphics
    Private Sub Button1_Click(…) Handles Button1.Click    '画实心圆
        g = Me.PictureBox1.CreateGraphics                 '定义一个画布
        g.Clear(Me.PictureBox1.BackColor)
        Dim myBrush As New SolidBrush(Color.Blue)         '定义一个画刷
        g.FillEllipse(myBrush, New RectangleF(30, 30, 200, 100))
    End Sub
```

```
    Private Sub Button2_Click(…) Handles Button2.Click     '图案填充
        g = Me.PictureBox1.CreateGraphics                   '定义一个画布
        g.Clear(Me.PictureBox1.BackColor)
        Dim Br As New HatchBrush(HatchStyle.Shingle, Color.Red, Color.Blue)
        '定义画刷 Br，指定带有对角分层鹅卵石外观的阴影，它从顶点到底点向右倾斜
        g.FillEllipse(Br, New RectangleF(10, 10, 150, 150))
    End Sub

    Private Sub Button3_Click(…) Handles Button3.Click     '纹理填充
        g = Me.PictureBox1.CreateGraphics                   '定义一个画布
        g.Clear(Me.PictureBox1.BackColor)
        Dim myBrush As New TextureBrush(New Bitmap(Application.StartupPath & "\qq.bmp"))
        g.FillEllipse(myBrush, New RectangleF(30, 30, 200, 100))
    End Sub

    Private Sub Button4_Click(…) Handles Button4.Click     '渐变填充
        g = Me.PictureBox1.CreateGraphics                   '定义一个画布
        g.Clear(Me.PictureBox1.BackColor)
        Dim Br As New LinearGradientBrush(ClientRectangle, Color.White, Color.Red,
            LinearGradientMode.Vertical)
        'LinearGradientMode.Vertical 表示垂直
        g.FillEllipse(Br, New RectangleF(30, 30, 200, 100))
    End Sub

    Private Sub Button5_Click(…) Handles Button5.Click     '路径填充
        g = Me.PictureBox1.CreateGraphics                   '定义一个画布
        g.Clear(Me.PictureBox1.BackColor)
        Dim path As New GraphicsPath()
        path.AddEllipse(30, 30, 200, 100)                   '创建一个椭圆路径
        Dim pathBr As New PathGradientBrush(path)           '创建一个路径画刷
        pathBr.CenterPoint = New PointF(60, 60)
        '获取或设置路径渐变的中心点
        pathBr.CenterColor = Color.FromArgb(255, 0, 0, 255)            '定义路径中心点的颜色
        Dim colors As Color() = {Color.FromArgb(255, 255, 0, 0)}       '设置边界的颜色
        pathBr.SurroundColors = colors
        g.FillEllipse(pathBr, 30, 30, 200, 100)
    End Sub
End Class
```

例 9-3 使用了 Alpha 通道设置画刷的颜色并旋转画布，如图 9-7 所示。

分析：要完成本例的画布旋转，需要使用 Graphics 对象的平移坐标 TranslateTransform()、旋转坐标 RotateTransform()以及恢复坐标 ResetTransform()等方法。

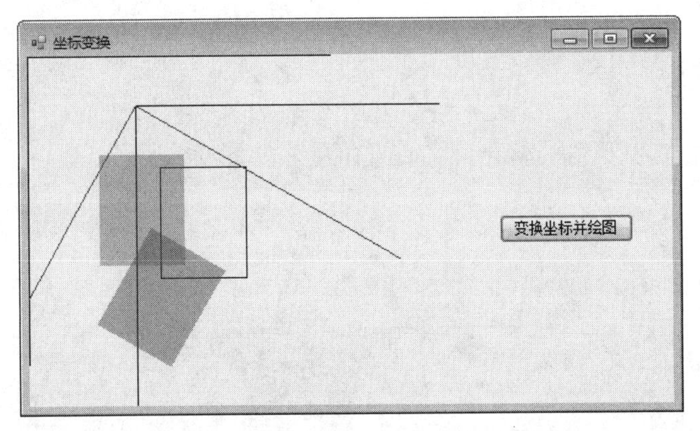

图 9-7　用 Alpha 通道设置画刷的颜色并旋转画布

完整的程序代码如下：

```
Imports System.Drawing
Imports System.Drawing.Drawing2D
Public Class Form1

    Private Sub Button1_Click(…) Handles Button1.Click
        Dim g As Graphics
        g = Me.CreateGraphics
        Dim p As New Pen(Color.Black)
        g.DrawLine(p, 0, 0, 250, 0) '画 X 轴
        g.DrawLine(p, 0, 0, 0, 250) '画 Y 轴

        g.TranslateTransform(90, 40) '平移坐标
        p.Color = Color.Blue
        g.DrawLine(p, 0, 0, 250, 0) '画 X 轴
        g.DrawLine(p, 0, 0, 0, 250) '画 Y 轴
        Dim rect As New Rectangle(20, 50, 70, 90)          '建立矩形区域
        g.DrawRectangle(p, rect)                           '绘制矩形
        rect.X = 60 : rect.Y = 80                          '改变矩形区域 rect 位置

        g.RotateTransform(30)                              '将画布逆时针旋转 30 度
        p.Color = Color.Red
        g.DrawLine(p, 0, 0, 250, 0) '画 X 轴
        g.DrawLine(p, 0, 0, 0, 250) '画 Y 轴
        Dim sb As New SolidBrush(Color.FromArgb(100, Color.Red))          '构造单色画刷
        g.FillRectangle(sb, rect)                          '使用画刷填充

        g.ResetTransform()                                 '将画布复位
        Dim sb1 As New SolidBrush(Color.FromArgb(100, Color.Magenta))     '构造单色画刷
        sb.Color = Color.Cyan
        g.FillRectangle(sb1, rect)
        sb.Dispose()
        sb1.Dispose()
        g.Dispose()                                        '释放绘图对象
```

```
    End Sub

End Class
```

例 9-4 画一个空心五角星和一个实心五角星，如图 9-8 所示。

图 9-8 绘制空心五角星与实心五角星

分析：要使用 VB.NET 中的 Graphics 对象来绘制一个五角星，最重要的是需要获取五角星的 10 个点的坐标（5 个顶点和 5 个凹点），这要通过数学公式来计算，请参照配套教材中的例 9-24，然后，使用 Graphics 对象的 DrawPolygon 方法绘制多边形，最后使用 FillPolygon 方法填充多边形区域。

以下代码可绘制一个五角星。

```
Public Class Form1

    Private Sub Button1_Click(…) Handles Button1.Click
        DrawStar(Me.CreateGraphics, New System.Drawing.Point(100, 100), 100, False)   '画空心五角星
        DrawStar(Me.CreateGraphics, New System.Drawing.Point(300, 100), 100, True)    '画实心五角星
    End Sub

    Sub DrawStar(ByVal g As Graphics, ByVal center As Point, ByVal radius As Integer, ByVal isSolid As _
            Boolean)
        Dim pts(9) As Point
        pts(0) = New Point(center.X, center.Y - radius)
        pts(1) = RotateTheta(pts(0), center, 36.0)
        Dim len As Double = radius * Math.Sin((18.0 * Math.PI / 180.0)) / Math.Sin((126.0 * Math.PI / _
            180.0))
        pts(1).X = CInt(center.X + len * (pts(1).X - center.X) / radius)
        pts(1).Y = CInt(center.Y + len * (pts(1).Y - center.Y) / radius)
        Dim i As Integer
        For i = 1 To 4
            pts((2 * i)) = RotateTheta(pts((2 * (i - 1))), center, 72.0)
            pts((2 * i + 1)) = RotateTheta(pts((2 * i - 1)), center, 72.0)
        Next i
        If isSolid = False Then
            Dim mPen As New Pen(New SolidBrush(Color.Blue))
            g.DrawPolygon(mpen, pts)   '画一个空心五角星
```

```
        Else
            Dim mBrush As New SolidBrush(Color.Blue)
            g.FillPolygon(mBrush, pts)   '画一个实心的五角星
        End If
    End Sub
    '旋转
    Function RotateTheta(ByVal pt As Point, ByVal center As Point, ByVal theta As Double) As Point
        Dim x As Integer = CInt(center.X + (pt.X - center.X) * Math.Cos((theta * Math.PI / 180)) - _
            (pt.Y - center.Y) * Math.Sin((theta * Math.PI / 180)))
        Dim y As Integer = CInt(center.Y + (pt.X - center.X) * Math.Sin((theta * Math.PI / 180)) + _
            (pt.Y - center.Y) * Math.Cos((theta * Math.PI / 180)))
        Return New Point(x, y)
    End Function
    'DrawStar(ByVal g As Graphics, ByVal center As Point, ByVal radius As Integer, ByVal isSolid As
    'Boolean)中 center 为五角星的中心点，radius 为中心点到顶点的距离，可以成为它的半径，isSolid 指
    '示画空心五角星还是实心五角星
End Class
```

例 9-5 分别画一条抛物线、输入成绩后的直方图和成绩的折线图，要求如下：

（1）单击“画抛物线”按钮，可绘制抛物线，如图 9-9 所示。

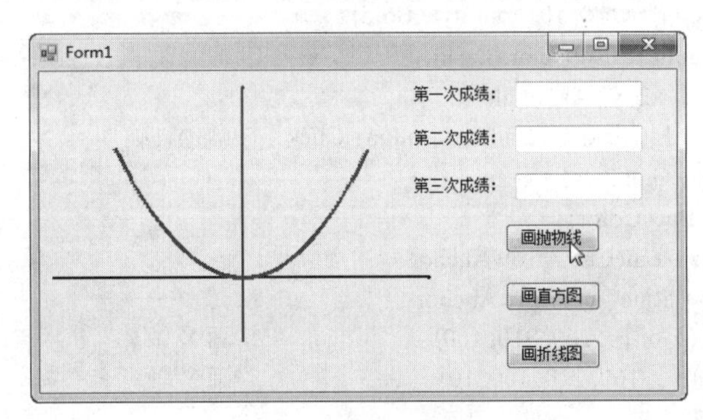

图 9-9　绘制抛物线

（2）输入三次成绩后，单击“画直方图”按钮，可绘制成绩的直方统计图，如图 9-10 所示。

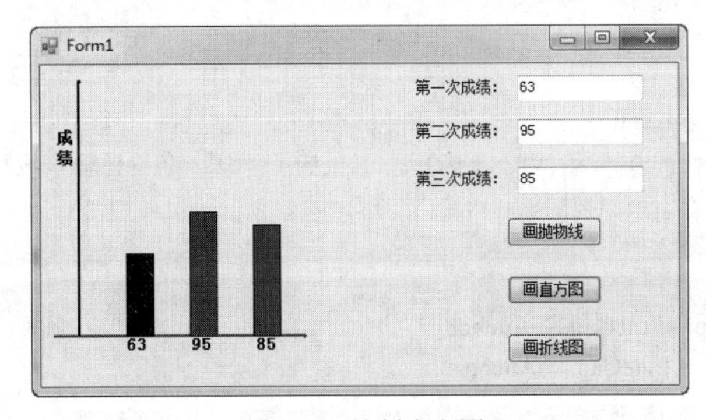

图 9-10　绘制直方图

（3）输入三次成绩后，单击“画折线图”按钮，可绘制成绩的折线统计图，如图 9-11 所示。

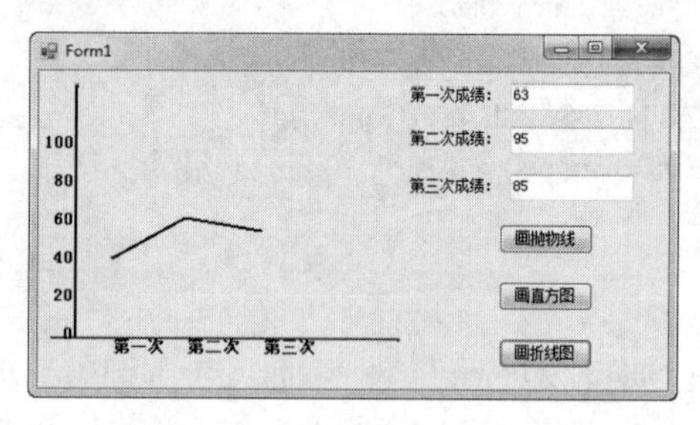

图 9-11 绘制折线图

程序代码如下：

```
Imports System.Drawing
Imports System.Math
Imports System.Drawing.Drawing2D
Imports System.Drawing.Color
Public Class Form1
    '一、画抛物线，其方程为 y=x^2（x 为整数且-100≤x≤100）
    Dim g As Graphics
    Dim p_b As New Pen(Color.Black, 2)
    Dim p_r As New Pen(Color.Red, 2)
    Dim f As New Font("宋体", 10, FontStyle.Bold)
    Dim br As New SolidBrush(Color.Black)
    Dim x0, y0, x1, y1, x2, y2 As Single
    Private Sub Button1_Click(…) Handles Button1.Click        '画抛物线
        g = Me.CreateGraphics
        g.Clear(Me.BackColor)
        p_b.EndCap = LineCap.ArrowAnchor
        p_r.EndCap = LineCap.ArrowAnchor
        g.DrawLine(p_b, 10, 160, 310, 160)                    '画 X 轴
        g.DrawLine(p_r, 160, 210, 160, 10)                    '画 Y 轴
        x0 = -100
        y0 = x0 * x0 / 100 '当 x=-100 时，y=x*x/100
        x1 = x0 + 160
        y1 = -y0 + 160
        For x0 = -99 To 100
            y0 = x0 * x0 / 100
            x2 = x0 + 160
            y2 = -y0 + 160
            g.DrawLine(p_r, x1, y1, x2, y2)                   '画一条红色短直线
            x1 = x2
            y1 = y2
        Next
        p_b.EndCap = LineCap.NoAnchor
        p_r.EndCap = LineCap.NoAnchor
    End Sub
    '二、画直方图
    Private Sub Button2_Click(…) Handles Button2.Click        '画直方图
        g = Me.CreateGraphics
        g.Clear(Me.BackColor)
```

```
        Dim n1, n2, n3 As Integer
        p_b.EndCap = LineCap.ArrowAnchor
        p_r.EndCap = LineCap.ArrowAnchor
        n1 = TextBox1.Text
        n2 = TextBox2.Text
        n3 = TextBox3.Text
        g.DrawLine(p_r, 10, 210, 210, 210)                '画 X 轴
        g.DrawLine(p_b, 30, 210, 30, 10)                  '画 Y 轴
        g.DrawString("成" & vbCrLf & "绩", f, br, 10, 50)
        g.DrawRectangle(p_b, 68, 210 - n1, 20, n1)
        g.FillRectangle(br, 68, 210 - n1, 20, n1)
        g.DrawRectangle(p_b, 68 + 50, 210 - n2, 20, n2)
        g.FillRectangle(Brushes.Green, 68 + 50, 210 - n2, 20, n2)
        g.DrawRectangle(p_b, 68 + 100, 210 - n3, 20, n3)
        g.FillRectangle(Brushes.Red, 68 + 100, 210 - n3, 20, n3)
        g.DrawString(Str(n1) & "        " & Str(n2) & "        " & Str(n3), f, br, 58, 210)
        p_b.EndCap = LineCap.NoAnchor
        p_r.EndCap = LineCap.NoAnchor
    End Sub
    '三、画折线图
    Private Sub Button3_Click(…) Handles Button3.Click        '画折线
        g = Me.CreateGraphics
        g.Clear(Me.BackColor)
        p_b.EndCap = LineCap.ArrowAnchor
        p_r.EndCap = LineCap.ArrowAnchor
        g.DrawLine(p_r, 10, 210, 290, 210)                '画 X 轴
        g.DrawLine(p_b, 30, 210, 30, 10)                  '画 Y 轴
        g.DrawString(100, f, br, 2, 50)
        g.DrawString(80, f, br, 10, 80)
        g.DrawString(60, f, br, 10, 110)
        g.DrawString(40, f, br, 10, 140)
        g.DrawString(20, f, br, 10, 170)
        g.DrawString(0, f, br, 18, 200)
        g.DrawString("第一次", f, br, 58, 210)
        g.DrawString("第二次", f, br, 118, 210)
        g.DrawString("第三次", f, br, 178, 210)
        Dim cj1, cj2, cj3 As Integer
        cj1 = TextBox1.Text : cj2 = TextBox2.Text : cj3 = TextBox3.Text
        p_b.EndCap = LineCap.NoAnchor
        p_r.EndCap = LineCap.NoAnchor
        g.DrawLine(p_b, 58, 210 - cj1, 118, 210 - cj2)
        g.DrawLine(p_b, 118, 210 - cj2, 178, 210 - cj3)
    End Sub
End Class
```

例 9-6　绘制文字，如图 9-12 所示。

操作步骤如下：

（1）新建项目，选择“Windows 应用程序”，项目名为“简易小画板”。

（2）打开窗体设计视图，选择窗体，在属性框中修改窗体的 Text 属性为“简易小画板”。

（a）设计界面

（b）运行结果

图 9-12　绘制文字

（3）为窗体添加一个 PictureBox1 控件

（4）在窗体中，添加一个 Button1 控件，Text 属性改为“绘制文字”。设计好的界面如图 9-12（a）所示。

（5）双击窗体，在代码编辑器中添加 Load 事件响应代码，以把 PictureBox1 背景设置为白色：

```
Private Sub Form1_Load(…) Handles MyBase.Load
        PictureBox1.BackColor = Color.White
End Sub
```

（6）双击“绘制文字”按钮，在代码编辑器中添加 Click 事件响应代码：

```
Private Sub Button1_Click(…) Handles Button1.Click
    '声明 g 为 Graphics 对象
    Dim g As Graphics
    '通过调用 CreateGraphics 方法，设置 g 为 PictureBox1 控件的 Graphics 对象引用
    g = PictureBox1.CreateGraphics
    g.Clear(Color.White)
    g.DrawString("欢迎进入 GDI+的绘图世界！ ", New Font("宋体", 18), Brushes.Red, 30, 20)
End Sub
```

例 9-7　以鼠标当画笔，在画布上进行涂鸦作画，如图 9-13 所示。

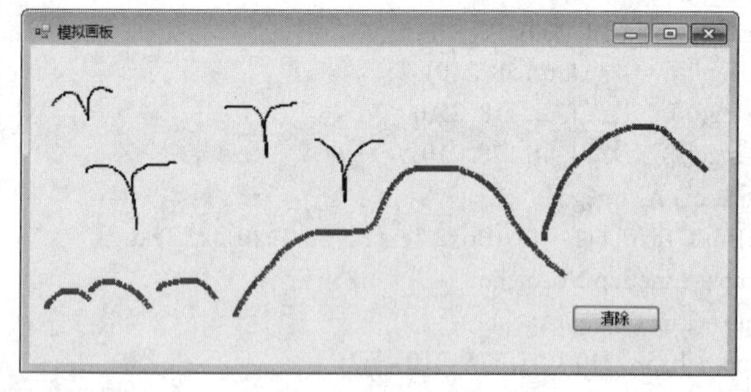

图 9-13　涂鸦作画

要求如下：

（1）移动鼠标时，若没按任何鼠标键，则离开本程序。若单击左键，则设置画笔颜色为蓝色、粗细为 2，然后随着鼠标指针移动不断用短直线作画；若单击鼠标右键，作画的画笔为红色、粗细为 5。

（2）单击“清除”按钮，可清除窗体内容。

分析：若要满足上述要求（1），可使用的语句如下所示。

```
If e.Button = MouseButtons.None Then Exit Sub
If e.Button = MouseButtons.Left Then p = New Pen(Color.Blue, 2)
If e.Button = MouseButtons.Right Then p = New Pen(Color.Red, 5)
```

操作步骤如下：

（1）新建项目，选择“Windows 应用程序”，项目名称为“手动画板”，窗体的 Text 属性为“模拟画板”。为窗体添加 Button1 控件，修改其 Text 属性为“清除”。

（2）窗体及控件的有关事件代码如下：

```
Public Class Form1
    Dim g As Graphics
    Dim p As Pen
    Dim x, y As Single   '声明 x、y 作为描述直线的起点坐标
    Private Sub Form1_Load(…) Handles MyBase.Load
        g = Me.CreateGraphics '创建一个画布
    End Sub

    Private Sub Form1_MouseDown(ByVal sender As Object, ByVal e As System.Windows.Forms. _
            MouseEventArgs) Handles Me.MouseDown
        x = e.X   '鼠标指针所在的位置不断由(e.X,e.Y)坐标记录。当单击鼠标键时，(e.X,e.Y)指定
        '给(x,y)，(x,y)即为指定的描绘直线的起点坐标
        y = e.Y
    End Sub

    Private Sub Form1_MouseMove(ByVal sender As Object, ByVal e As System.Windows.Forms. _
            MouseEventArgs) Handles Me.MouseMove
        '移动鼠标时，若没按任何鼠标键，则离开本程序。若单击左键，则设置画笔颜色为蓝色，粗细
        '为 2，然后随着鼠标指针移动不断用短直线作画；若单击鼠标右键，作画的画笔为红色，粗细
        '为 5
        If e.Button = MouseButtons.None Then Exit Sub
        If e.Button = MouseButtons.Left Then p = New Pen(Color.Blue, 2)
        If e.Button = MouseButtons.Right Then p = New Pen(Color.Red, 5)
        g.DrawLine(p, x, y, e.X, e.Y)
        x = e.X
        y = e.Y
    End Sub

    Private Sub Button1_Click(…) Handles Button1.Click
        Me.Refresh()   '清除窗体内容
    End Sub
End Class
```

例 9-8　可擦写图形轮廓。创建一个让用户画椭圆的程序，当用户按下鼠标键并拖动鼠标时，将出现一个椭圆轮廓，该椭圆轮廓表示椭圆的大小，如图 9-14（a）所示。当用户松开鼠标键时，将在窗体上绘制出用蓝色填充的椭圆，如图 9-14（b）所示。

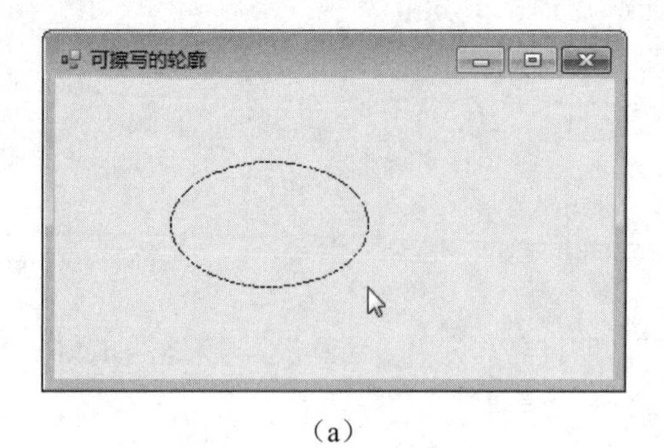

（a）

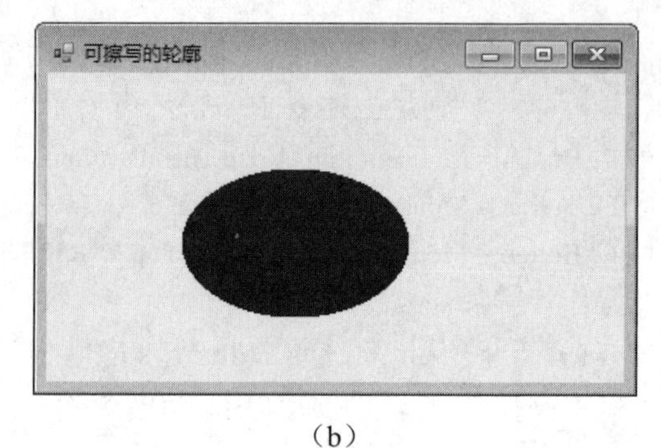

（b）

图 9-14 可擦写图形轮廓

分析：为显示绘图轮廓，可使用两个 Point 结构的变量 StartPt 和 EndPt，分别用来存放按下鼠标键时的坐标和当前坐标。可通过下述方法来实现“可擦写”的轮廓并画图：当用户按下鼠标键时，在 StartPt 变量中记录鼠标的 X、Y 坐标值，同时用鼠标的 X、Y 坐标初始化 EndPt 变量，然后设置画笔的颜色，以画出所需图形的轮廓。

每当鼠标移动时，可画两次图：一次是把画笔的颜色设置为背景色，然后在老地方绘图以擦去已画过的“可擦写”的图形轮廓；另一次是把画笔再设置成需要的颜色，再在新位置上画出当前所需的图形轮廓，然后在变量 EndPt 中记录鼠标新位置的 X、Y 坐标。最后当用户释放鼠标键时，可擦写图形轮廓，并以最终的色彩画出图形。

任务实现：

（1）启动 VB.NET，新建一个项目，项目类型为“Windows 应用程序”，项目名为默认名称。

（2）把 Form1 窗体的 Text 属性值设置为“可擦写的轮廓”。

```
Imports System.Drawing
Imports System.Drawing.Drawing2D
Public Class Form1
    Dim StartPt, EndPt As Point                    '存放起始点的坐标和当前坐标
    Dim g As Graphics                              '存放 Graphics 对象
    Dim myPen As Pen                               '声明画笔对象
    Dim myBr As SolidBrush                         '声明画刷对象
    Dim drawShoud As Boolean = False               '是否画轮廓
    '编写窗体的 Load 事件过程代码，如下：
    Private Sub Form1_Load(…) Handles Me.Load
        g = Me.CreateGraphics()                    '建立画笔对象
        myPen = New Pen(Color.Black, 1)            '建立画笔对象
        myBr = New SolidBrush(Color.Blue)          '建立画刷
    End Sub
    '编写窗体的 MouseDown 事件代码，如下：
    Private Sub Form1_MouseDown(ByVal sender As Object, ByVal e As System.Windows. _
            Forms.MouseEventArgs) Handles Me.MouseDown
        Me.Capture = True                          '捕获鼠标
        drawShoud = True                           '启动绘图
        startpt.x = e.X
```

```
        startpt.y = e.Y
        EndPt = startpt                          '终止点
    End Sub
    '说明：MouseDown 事件在按下鼠标键时发生。在该事件中开始对鼠标进行捕获并启动画图，
    '设置绘制椭圆的起始点坐标和结束坐标
    Private Sub Form1_MouseMove(ByVal sender As Object, ByVal e As System.Windows.Forms. _
            MouseEventArgs) Handles Me.MouseMove
        If drawShoud = True Then                 '如果启动了绘图
            myPen.Color = Me.BackColor           '设置画笔的颜色为背景色
            '清除前面绘制的图形
            g.DrawEllipse(myPen, StartPt.X, StartPt.Y, EndPt.X - StartPt.X, EndPt.Y - StartPt.Y)
            myPen.Color = Color.Black            '设置画笔颜色为黑色
            myPen.DashStyle = DashStyle.Dash     '设虚线样式
            '绘制轮廓
            g.DrawEllipse(myPen, StartPt.X, StartPt.Y, e.X - StartPt.X, e.Y - StartPt.Y)
            EndPt.X = e.X '把当前点设置为终点
            EndPt.Y = e.Y
        End If
        '说明：MouseMove 事件在鼠标移动时发生。当在窗体上移动鼠标时，先以背景色重画上一次
        '绘制的椭圆，就清除了前面的椭圆，然后在新位置绘制一个椭圆，就形成了可擦写的轮廓
    End Sub
    '编写窗体的 MouseUp 事件过程代码，如下：
    Private Sub Form1_MouseUp(ByVal sender As Object, ByVal e As System.Windows.Forms. _
            MouseEventArgs) Handles Me.MouseUp
        drawShoud = False                        '停止画图
        myPen.Color = Me.BackColor               '设置画笔的颜色为背景色
        '清除前面绘制的轮廓
        g.DrawEllipse(myPen, StartPt.X, StartPt.Y, EndPt.X - StartPt.X, EndPt.Y - StartPt.Y)
        '绘制以蓝色填充的椭圆
        g.FillEllipse(myBr, StartPt.X, StartPt.Y, e.X - StartPt.X, e.Y - StartPt.Y)
        Me.Capture = False                       '结束鼠标捕获
    End Sub
    '说明：MouseUp 事件是在放开鼠标键时发生。当在窗体上松开鼠标时，先以背景色重画上一次
    '绘制的椭圆，就清除了前面的椭圆，然后绘制当前椭圆
End Class
```

（4）运行程序，在窗体上单击鼠标左键并拖动，会出现可擦写的轮廓，放开鼠标键，显示出绘制的图形。

例 9-9 图形对象可用于打印文本，如图 9-15 所示。

注意：例 9-9 的方法同样可应用到打印输出图形。

下面通过 5 个步骤可以把输出文本发送给打印机。

（1）双击工具箱的“所有 Windows 窗体”或“打印”组中的 PrintDocument 控件（该控件件将以默认名 PrintDocument1 出现在窗体设计器底部的组件托盘中）。

（2）双击 PrintDocument1，以激活其 PrintPage 事件过程（打印文本的代码将放置在该事件过程中）。

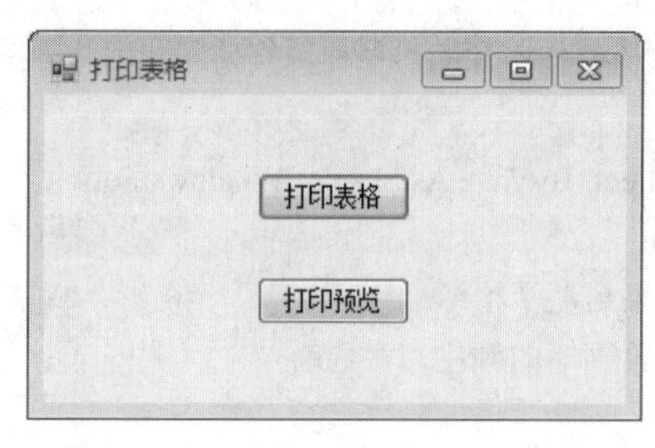

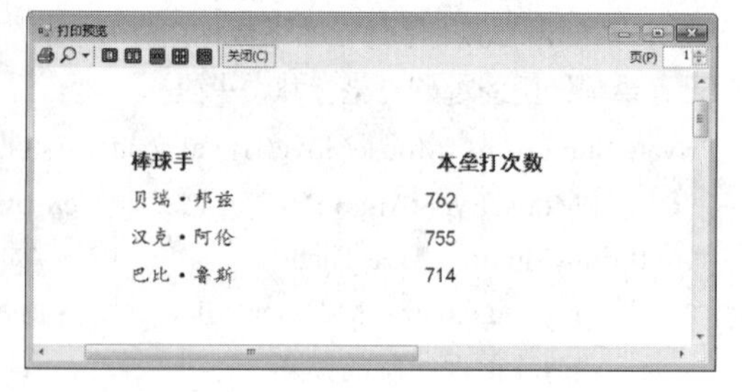

图 9-15　打印输出

（3）把下面代码放置到 PrintPage 事件过程中：

```
Dim g as graphics=e.Graphics
```

该语句把 g 声明为一个 Graphics 对象，既可以打印文本，也可以打印图形。

（4）针对要打印的文本，输入如下形式的语句：

```
g.DrawString(str,font,brushes.color,x,y)
```

其中：x、y 为整数，以磅为单位（而不是像素），每 100 磅大约为 1 英寸）。VB.NET 把所有文本从页面的左边缩进到 25 磅。字符串将从距离页面左边 x+25 磅，距离顶部 y 磅的地方开始打印。

（5）把如下语句放置到另一个事件过程（如按钮的单击事件过程）中：

```
PrintDocument1.Print()
```

上面语句将打印（4）中指定的所有文本。

下面是 DrawString 语句的一些例子。

```
g.DrawString("你好，中国",Me.Font,Brushes.DarkBlue,100,150)
```

从距离页面左边 1.25 英寸，距离页面顶部 1.5 英寸处，使用窗体的字体，以深蓝色打印“你好，中国”。

VB.NET 提供了一个名为 PrintPreviewDialog 的控件，该控件可以在把输出文本发送给打印机之前查看输出文本的样子。

（1）双击工具箱的“所有 Windows 窗体”或“打印”组中的 PrintPreviewDialog 控件（该空间将以默认名 PrintPreviewDialog1 出现在窗体设计器底部的组件托盘中）。

（2）把下面的语句放置到另一个事件过程（如按钮的单击事件过程）中。

```
PrintPreviewDialog1.Document= PrintDocument1
PrintPreviewDialog1.ShowDialog()
```

这些语句将把在 PrintPreviewDialog1_PrintPage 事件过程中指定的文本显示在“打印预览”窗口中。“打印预览”窗口的工具栏含有一个放大镜按钮，允许缩放文本。

下面程序生成了一个两列的表格。注意，在打印了表格的表头后，字体发生了变化。

```
Public Class Form1
    Const One_Inch As Integer = 100   '1 英寸中点的数量
    Const line_Height As Integer = 25  '行高 1/4 英寸

    Private Sub Button1_Click(…) Handles Button1.Click
        PrintDocument1.Print()
```

```
    End Sub

    Private Sub Button2_Click(…) Handles Button2.Click
        PrintPreviewDialog1.Document = PrintDocument1
        PrintPreviewDialog1.ShowDialog()
    End Sub

    Private Sub PrintDocument1_PrintPage(ByVal sender As Object, ByVal e As System.Drawing.Printing. _
PrintPageEventArgs) Handles PrintDocument1.PrintPage
        Dim g As Graphics = e.Graphics
        Dim x1 As Integer = One_Inch            '表示左边距
        Dim x2 As Integer = 3 * One_Inch        '表示第二列的位置
        Dim y As Integer = One_Inch             '表示上边距
        Dim font As New Font("黑体", 10, FontStyle.Bold)
        g.DrawString("棒球手", font, Brushes.Blue, x1, y)
        g.DrawString("本垒打次数", font, Brushes.Blue, x2, y)
        font = New Font("楷体", 10, FontStyle.Regular)
        y += line_Height
        g.DrawString("贝瑞·邦兹", font, Brushes.Black, x1, y)
        g.DrawString("762", font, Brushes.Blue, x2, y)
        y += line_Height
        g.DrawString("汉克·阿伦", font, Brushes.Black, x1, y)
        g.DrawString("755", font, Brushes.Blue, x2, y)
        y += line_Height
        g.DrawString("巴比·鲁斯", font, Brushes.Black, x1, y)
        g.DrawString("714", font, Brushes.Blue, x2, y)

    End Sub
End Class
```

三、实验练习

1．使用画布对象的 DrawLine、DrawRectangle 和 DrawPolygon 方法，在窗体上画三个矩形方框（长和宽为 100 个单位），并用 FillPolygon 方法填充第三个矩形，图形效果如图 9-16 所示。下面给出了窗体的相关事件代码，程序不完整，要求把程序中的“？”改为正确的内容。

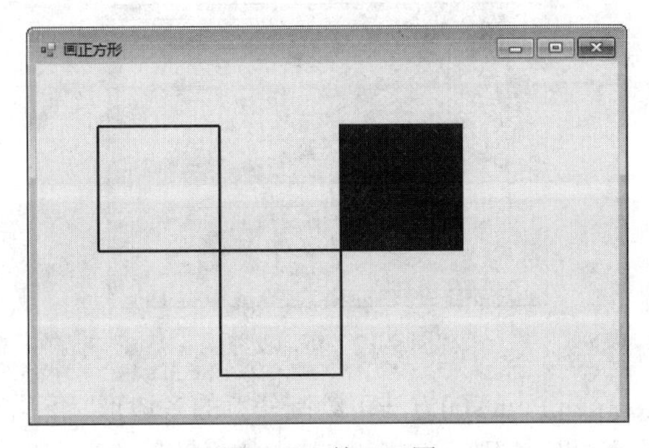

图 9-16　练习 1 图

```
Public Class Form1
    Private Sub Form1_Click(…) Handles Me.Click
        Dim g As Graphics = Me.CreateGraphics
        '以画线条的方式形成第一个矩形
        Dim mypen As New Pen(Color.Blue, ?)                '定义一个蓝色的画笔，粗细为 2
        g.DrawLine(mypen, 50, 50, 100 + 50, 50)            '画第一个矩形的上边线
        g.DrawLine(mypen, 150, 50, 150, 150)               '画第一个矩形的右边线
        g.DrawLine(mypen, 150, 150, 50, 150)               '画第一个矩形的下边线
        g.DrawLine(mypen, 50, 150, 50, 50)                 '画第一个矩形的左边线
        '画第二个矩形
        g.DrawRectangle(mypen, 150, 150, 100, 100)
        ''以多边形的方式画第三个矩形
        Dim p1 As New Point(250, 150)
        Dim p2 As New Point(250, 50)
        Dim p3 As New Point(350, 50)
        Dim p4 As New ?
        Dim ps() As Point = {p1, p2, p3, p4}
        g.DrawPolygon(mypen, ?)
        g.FillPolygon(Brushes.Blue, ps)                    '填充第三个矩形
    End Sub
End Class
```

2．如图 9-17 所示，窗体中有一个 PictureBox1 控件，其 Size 属性为(160,160)，要求从 PictureBox1 控件两边中心朝右上角和左上角分别画出 16 条红色直线。下面给出了窗体的程序，但程序不完善，请将其中的“？”改为正确的内容。

```
Private Sub Button1_Click(…) Handles Button1.Click
    Dim g As Graphics = Me.PictureBox1.CreateGraphics
    Dim mpen As New Pen(?)
    Dim i As Integer
    For i = 0 To 160 Step 10
        g.DrawLine(mpen, 0, 80, i, 0)
        g.DrawLine(mpen, 160, 80, ?, 0)
    Next
End Sub
```

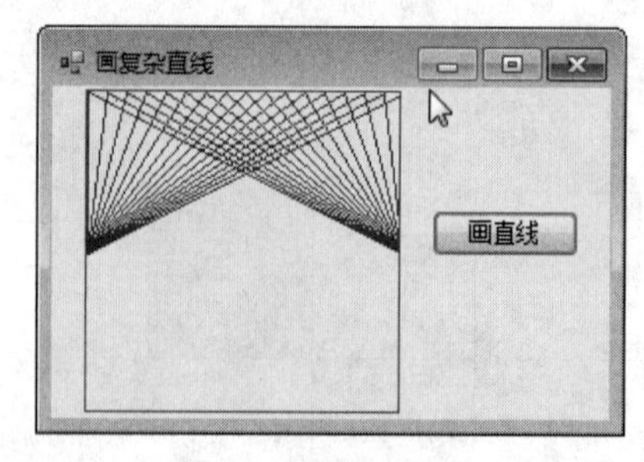

图 9-17　练习 2 图

3．使用 DrawPolygon(pen,Points())方法可绘制任意的多边形，下面程序绘制了一个不规则的四边形，如图 9-18 所示。程序不完善，请将其中的“？”改为正确的内容。

```
Private Sub Button1_Click(…) Handles Button1.Click        '画多边形
    Dim g As Graphics = ?
    Dim p(3) As ?              '定义四边形的四个顶点的坐标
    p(0).X = 100               '定义四边形的第一个顶点的坐标
    p(0).Y = 15
    p(1).X = 80                '定义四边形的第二个顶点的坐标
    p(1).Y = 90
    p(2).X = 90                '定义四边形的第三个顶点的坐标
    p(2).Y = 120
    p(3).X = 130               '定义四边形的第四个顶点的坐标
    p(3).Y = 150
    g.DrawPolygon(Pens.Red, ? )
End Sub
```

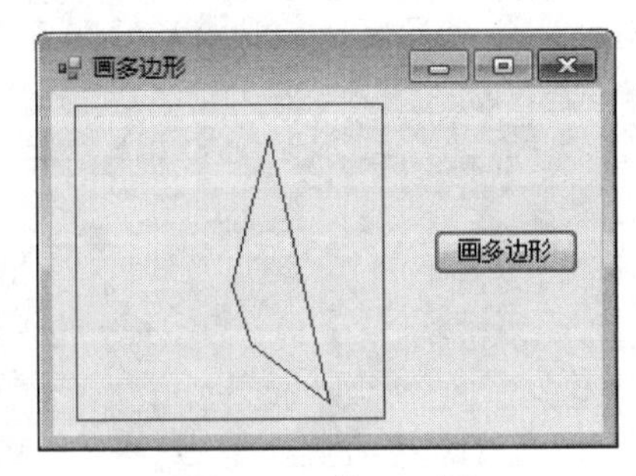

图 9-18　练习 3 图

4．下面程序可以生成如图 9-19 所示的条形图，其中图片框的宽度为 210 像素，高度为 150 像素，将 BorderStyle 属性设置成 FixedSingle。程序不完善，请将其中的“？”改为正确的内容。

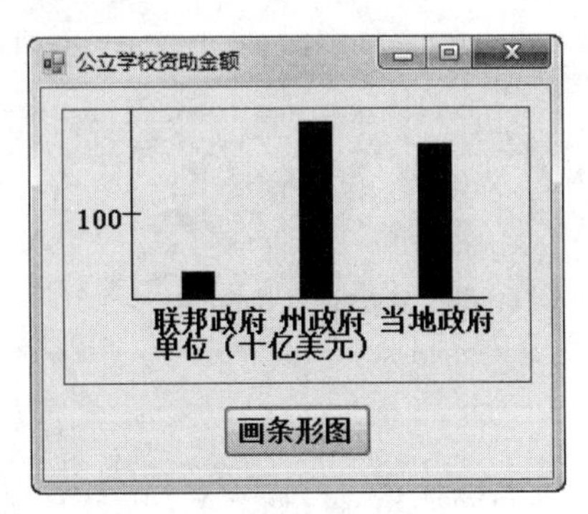

图 9-19　练习 4 图

说明：图 9-19 中的三个条形图对应数值为 33、206 和 180。如果我们用一个像素对应一个数值单位，则最大的矩形为 206 像素高，这有点太高了。如果用一个像素表示两个数值单位，最大的矩形将为 206/2（即 103）像素，这个高度比较合理。将 X 轴设置成 110 像素（从图片框的顶部算起），可以充裕地容纳下最大的矩形。最大矩形的顶部距离图片框顶部为(110-103)像素。一般来说，数值 q 对应的矩形距离图片框顶部为(110-(q/2))像素，高度为 q/2 像素。

```
Private Sub Button1_Click(…) Handles Button1.Click
    Dim quantity() As Single = {33, 206, 180}            '设置矩形高度的三个数值
    Dim g As Graphics = PictureBox1.CreateGraphics       '图片框的大小为 210*150
```

```
        g.DrawLine(Pens.Black, 40, 110, 210, 110)              '画 X 轴
        g.DrawLine(Pens.Black, 40, 110, 40, 0)                 '画 Y 轴
        g.DrawLine(Pens.Black, 35, 60, 45, 60)                 '刻度线：60=110-(110/2)
        g.DrawString("100", Me.Font, Brushes.Black, 5, 55)
        Me.Text = "公立学校资助金额"
        For i As Integer = 0 To ? - 1                          '画三个条形图
            g.FillRectangle(Brushes.Blue, 60 + i * 40, (110 - quantity(i) / 2), 20,?/ 2)
        Next
        g.DrawString("联邦政府  州政府  当地政府", Me.Font, Brushes.Black, 50, 115)
        g.DrawString("单位（十亿美元）", Me.Font, Brushes.Black, 50, 130)
    End Sub
End Class
```

5．如图 9-20 所示，窗体中有一个图片框控件 PictureBox1。运行程序时，单击鼠标左键，并在窗体图片框控件 PictureBox1 上拖动鼠标，沿鼠标移动可在图片框中画出一系列圆。

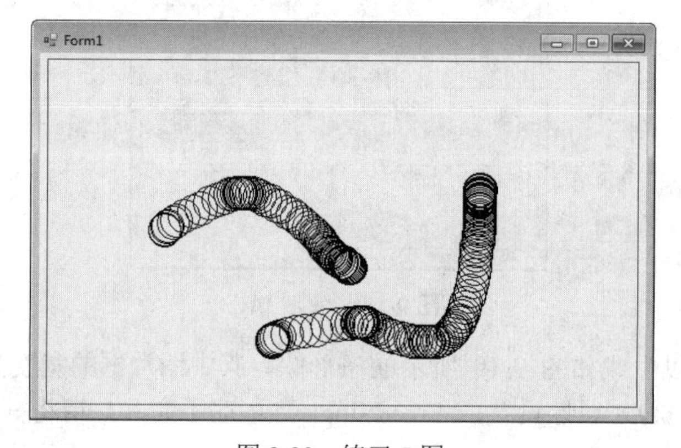

图 9-20　练习 5 图

下面给出了窗体的相关事件代码，程序不完整，要求把程序中的“？”改为正确的内容。

```
Public Class Form1
    Dim Flag As ?
    Dim g As Graphics

    Private Sub Form1_Load(…) Handles MyBase.Load
        g = Me.PictureBox1.CreateGraphics
    End Sub

    Private Sub PictureBox1_MouseDown(ByVal sender As Object, ByVal e As System.Windows.Forms. _
MouseEventArgs) Handles PictureBox1.MouseDown
        If  ?  = Windows.Forms.MouseButtons.Left Then
            Flag = True
        End If
    End Sub

    Private Sub PictureBox1_MouseMove(ByVal sender As Object, ByVal e As System.Windows.Forms. _
MouseEventArgs) Handles PictureBox1.MouseMove
        If Flag Then
            ?(Pens.Black, e.X, e.Y, 30, 30)
```

```
        End If
    End Sub

    Private Sub PictureBox1_MouseUp(ByVal sender As Object, ByVal e As System.Windows.Forms. _
MouseEventArgs) Handles PictureBox1.MouseUp
        If e.Button = Windows.Forms.MouseButtons.Left Then
            Flag = ?
        End If
    End Sub
End Class
```

6. 如图 9-21 所示，窗体上有一个圆，相当于一个时钟，当程序运行时通过窗体的 Activate 事件过程在圆上产生 12 个刻度点，并完成其他初始化工作，另有长（蓝色）、短（红色）两条直线，名称分别为 Line1 和 Line2，表示两个指针。当程序运行时，单击“开始”按钮，则每隔 0.5 秒 Line1（长指针）顺时针转动一个刻度，Line2（短指针）顺时针转动 1/12 个刻度（即长指针转动一圈时，短指针转动一个刻度），单击“停止”按钮，两个指针停止转动。

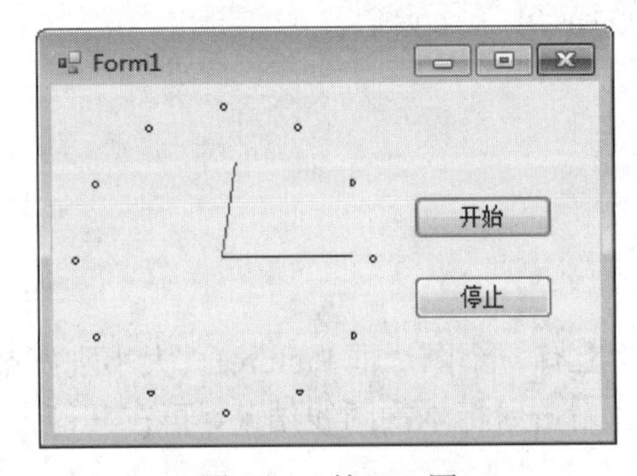

图 9-21　练习 6 图

下面给出了窗体及控件的事件代码，但程序不完整，要求把程序中的“？”改为正确的内容。

```
Imports System.Math
Public Class Form1
    Const x0 = 90, y0 = 90, radius = 80
    Dim a, b, len1, len2
    Dim x, y, xm, ym, xs, ys As Single
    Dim g As Graphics = Me.CreateGraphics
    Private Sub Button1_Click(…) Handles Button1.Click
        Timer1.Enabled = True
    End Sub

    Private Sub Button2_Click(…) Handles Button2.Click
        Timer1.Enabled =?                    '停止转动
    End Sub

    Private Sub Timer1_Tick(…) Handles Timer1.Tick
        Dim c As New Pen(Brushes.Black)
        c.Color = Me.BackColor
        g.DrawLine(c, x0, y0, xm, ym)            '抹去分针、秒针线条
```

```
            g.DrawLine(c, x0, y0, xs, ys)
            a = a - 30
            xs = 70 * Cos(a * 3.14159 / 180) + x0
            ?= y0 - 70 * Sin(a * 3.14159 / 180)
            b = ? - 30 / 12                              '分针的角度
            xm = 50 * Cos(b * 3.14159 / 180) + x0
            ym = y0 - 50 * Sin(b * 3.14159 / 180)
            g.DrawLine(Pens.Blue, x0, y0, xs, ys)        '画分针、秒针线条
            g.DrawLine(Pens.Red, x0, y0, xm, ym)
        End Sub

        Private Sub Form1_Paint(ByVal sender As Object, ByVal e As System.Windows.Forms.PaintEventArgs) _
    Handles Me.Paint
            For k = 0 To 359 Step ?                      '画十二个黑色小圆，表示时间的刻度
                x = radius * Cos(k * 3.14159 / 180) + ?
                y = y0 - radius * Sin(k * 3.14159 / 180)
                g.DrawEllipse(Pens.Black, x, y, 3, 3)
            Next k
            a = 90
            b = 90
        End Sub

    End Class
```

7．如图 9-22 所示，窗体上有一个图片框 Picture1，大小刚好铺满整个窗体。程序运行时，单击鼠标左键，开始画折线，右击鼠标本次画线结束，再在其他位置单击鼠标左键，开始第二次画折线。

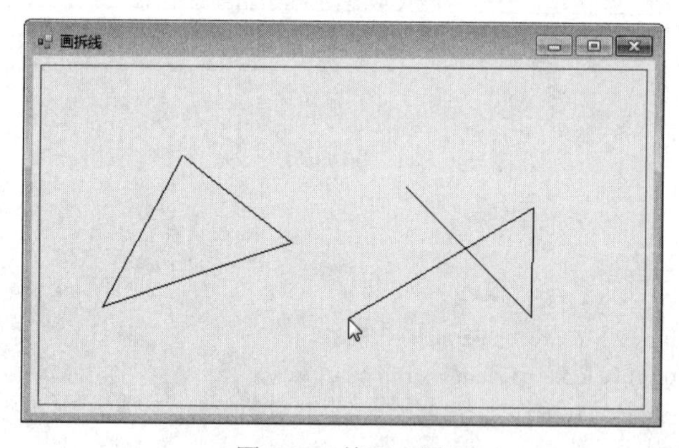

图 9-22　练习 7 图

编写如下的事件过程，可在图片框中画折线，但程序不完整，请把程序中的“？”改为正确的内容。

```
Public Class Form1
    Dim g As Graphics
    Dim x1, y1, x2, y2 As Integer    'x1、y1、x2、y2 表示折线的起止坐标
    Dim p As Integer     'p 表示画线是否结束
    '***以下是窗体 Form1 的 Load 事件代码***
```

```
    Private Sub Form1_Load(…) Handles MyBase.Load
        g = Me.PictureBox1.CreateGraphics
        p = 0
    End Sub
    '***以下是图片框 PictureBox1 的 MouseDown 事件代码***
    Private Sub PictureBox1_MouseDown(ByVal sender As Object, ByVal e As System.Windows.Forms. _
MouseEventArgs) Handles PictureBox1.MouseDown
        If e.Button = Windows.Forms.MouseButtons.Right Then
            p = 0
        Else
            If p = 0 Then
                x1 = e.X
                y1 = ?
                p = 1
            Else
                x2 = e.X
                y2 = e.Y
                g.?(Pens.Black, x1, y1, x2, y2)
                x1 =?
                y1 =?
            End If
        End If
    End Sub
End Class
```

8．等分圆周，如图 9-23 所示。把一个半径为 r 的圆周等分为 n 份，然后用直线 Line 将这些点和圆心相连。

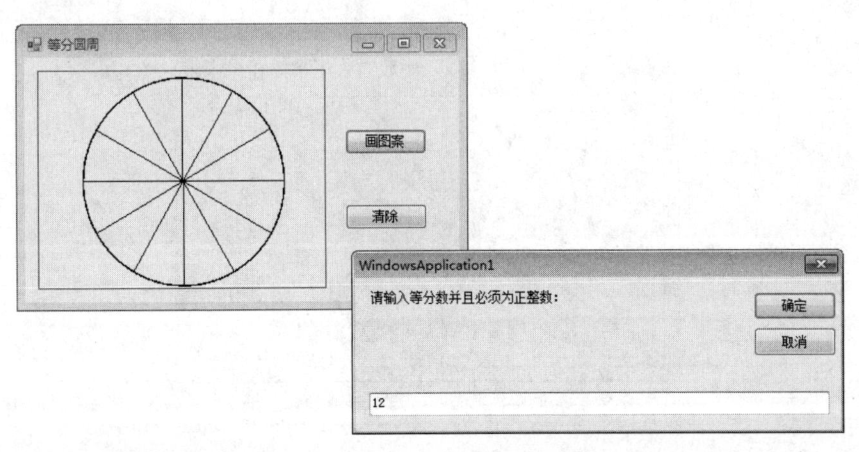

图 9-23　练习 8 图

提示：在一个半径为 r 的圆周上，第 i 个等分点的坐标为：xi=r*cos(i*t)+x0，yi= r*sin(i*t)+y0。其中，t 为等分角，(x0,y0)为圆心坐标，r 为圆半径。

编写如下的事件过程，可在图片框中画出图案，但程序不完整，请把程序中的“？”改为正确的内容。

```
Public Class Form1
    Dim g As Graphics
    Private Sub Button1_Click(…) Handles Button1.Click
        Const Pi = 2 * 3.14
        Dim x As Single, y As Single, a, r As Single
        Dim n, i As Integer
        g = Me.PictureBox1.CreateGraphics
        g.?(Me.PictureBox1.Width / 2, Me.PictureBox1.Height / 2)   '设置坐标原点为 PictureBox1 的中心
        r = Me.PictureBox1.Height / 2 - 5   '圆的半径比图片框的高度略小
        For a = 0 To Pi Step 0.01   '画圆
            y = r * Math.Sin(a)
            ?
            g.DrawEllipse(Pens.Black, x, y, 1, 1)
        Next
        n = InputBox("请输入等分数并且必须为正整数：")
        For i = 0 To n - 1
            y = r * Math.Sin(i * Pi / n)
            x = r * Math.Cos(i * Pi / n)
            ? '用直线将等分点和圆心相连
        Next
    End Sub
    Private Sub Button2_Click(…) Handles Button2.Click
        ?      '清除图案
    End Sub
End Class
```

9．如图 9-24 所示，用 DrawLine 方法在屏幕上随机产生 20 条长度（长度不超过所在容器的尺寸）、颜色、宽度各异的随机曲线。

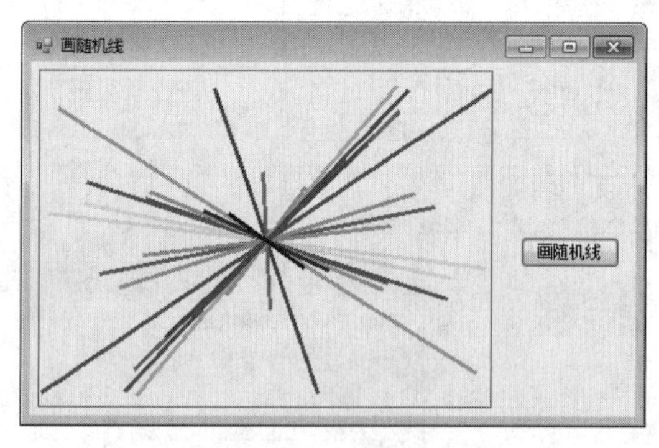

图 9-24　练习 9 图

编写如下的事件过程，可在图片框中画出图案，但程序不完整，请把程序中的“？”改为正确的内容。

```
Private Sub Button1_Click(…) Handles Button1.Click
    Dim gc As Graphics = Me.PictureBox1.CreateGraphics                    '创建画布
    Dim r%, g%, b%, x%, y%
    gc.TranslateTransform(PictureBox1.Width / 2, PictureBox1.Height / 2)   '设坐标中心
```

```
        PictureBox1.Refresh()                 '重绘线条
        Randomize()
        Dim pen As New Pen(Me.BackColor, 3)
        For i As Integer = 0 To 19
            r = Int(Rnd() * 256)
            ?
            b = Int(Rnd() * 256)
            pen.Color = Color.FromArgb(255, b, g, r)
            x = Int(PictureBox1.Width / 2 * Rnd())
            ?
            gc.ScaleTransform(1, ?)           '设 y 轴的方向朝上为正方向
            gc.DrawLine(pen, x, y, -x, -y)
        Next
    End Sub
```

10．下面程序代码的功能是在 400×250 的窗体上，选用 Label1 控件作为画布。单击画布，绘制坐标轴和 cos(x)函数在-2π～2π 间的图形，如图 9-25 所示。下面程序不完整，请把其中的“？”改为正确的内容。

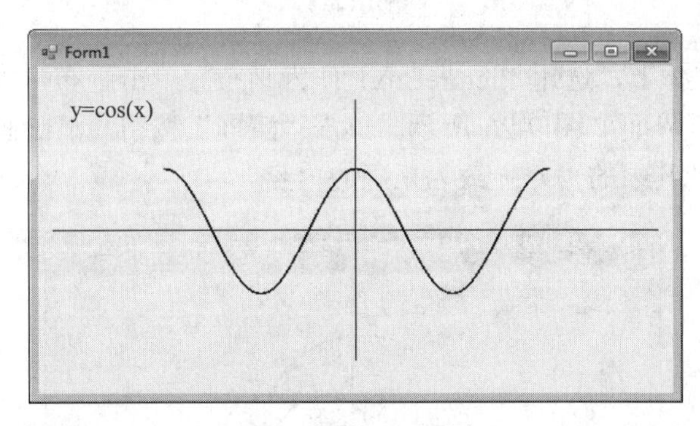

图 9-25　练习 10 图

```
Public Class Form1
    Const pi As Double = 3.1415926
    Private Sub Label1_Click(…) Handles Label1.Click
        Dim g As Graphics = Label1.CreateGraphics
        Dim p As New Pen(Color.Black)
        Dim f As New Font("黑体", 12, FontStyle.Italic)
        Dim x0, y0, x2, y2, delt As Single
        Dim ampx, ampy As Integer
        ampx = 25
        ampy = 50
        x0 = Label1.Width / 2
        y0 = Label1.Height / 2
        g.DrawString("?", f, Brushes.Black, 0, 0)        '输出文字：y=cos(x)
        g.TranslateTransform(x0, y0)
        p.EndCap = Drawing2D.LineCap.ArrowAnchor
        g.?                                              '设 Y 轴坐标向上为正方向
```

```
        g.DrawLine(p, 0, -y0, 0, y0)                    '画 Y 轴
        g.DrawLine(?)                                   '画 X 轴
        p.EndCap = Drawing2D.LineCap.NoAnchor
        delt = 0.01
        For x = -2 * pi To 2 * pi Step delt
            x2 = x * ampx
            y2 = Math.Cos(x) * ampy
            g.DrawEllipse(p, x2, y2, 1, 1)              '画半径为 1 像素的圆
        Next x
        ?                                               '释放画布
        p.Dispose():f.Dispose()
    End Sub
End Class
```

11．参数方程的数学公式如下：

$$\begin{cases} x = \sin\left(\dfrac{nt}{2}\right)\times\cos(2t) \\ y = \sin\left(\dfrac{nt}{2}\right)\times\sin(2t) \end{cases} \quad (0 \leqslant t \leqslant 2\pi)$$

在 300×300 的窗体上，选用 PictureBox1 作为画布。单击画布，先绘制坐标轴，再绘制参数方程的曲线，运行界面如图 9-26 所示。单击“清屏”按钮，清除画布上的图形和文字。下面程序不完整，请把其中的“？”改为正确的内容。

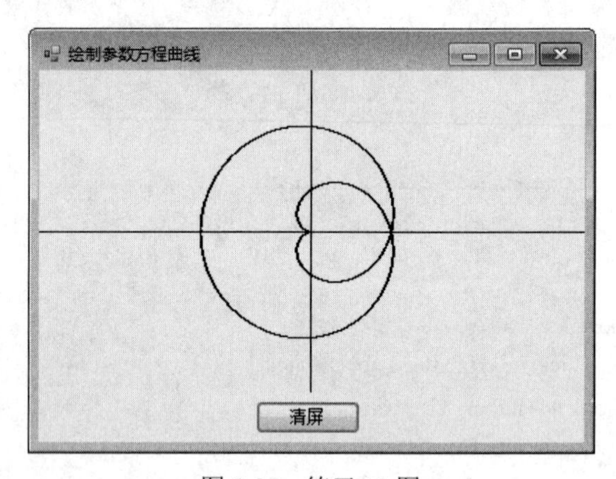

图 9-26　练习 11 图

程序代码如下：

```
Imports System.Math
Public Class Form1
    Private Sub PictureBox1_Click(…) Handles PictureBox1.Click
        Me.Text = "绘制参数方程曲线"
        Dim g As Graphics = ?
        Dim p As Pen = New Pen(Color.Black)
        Dim x0, y0, t, x, y As Single
        Dim amp As Integer, n As Integer, delt As Single
        n = 1
```

```
        amp = 80                          '放大比例
        x0 = PictureBox1.Width / 2
        y0 = PictureBox1.Height / 2
        g.TranslateTransform(x0, y0)      '设坐标系的原点为 PictureBox1 的中心
        g.DrawLine(p, -x0, 0, x0, 0)
        g.DrawLine(p, 0, -y0, 0, y0)
        delt = 0.001
        For t = 0 To 2 * PI Step delt
            x = -Sin(n * t / 2) * Cos(2 * t) * amp
            y = -Sin(n * t / 2) * Sin(2 * t) *?
            g.DrawLine(p, x, y, x + 1, y+1)
        Next t
        g.Dispose()
        p.Dispose()
    End Sub
    Private Sub Button1_Click(…) Handles Button1.Click
        ?  '清画布
    End Sub
End Class
```

12．下面程序可在一个大小为 200×200 的 PictureBox1 控件上用红色填充五角星，如图 9-27 所示。程序不完整，请将其中的“？”改为正确的内容。

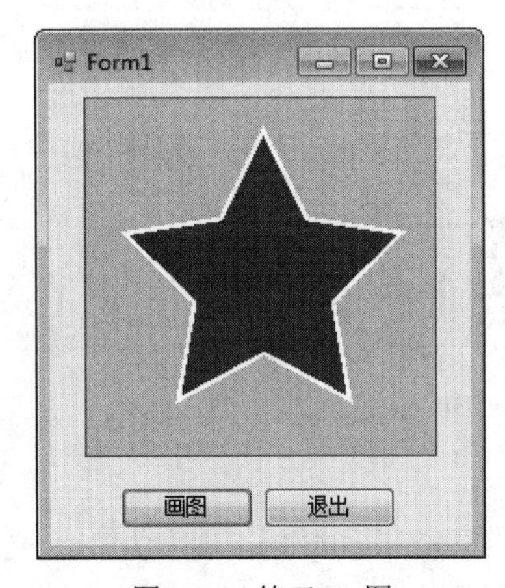

图 9-27　练习 12 图

程序代码如下：

```
Public Class Form1
    Dim myGraph As Graphics     '声明一个画布对象
    Dim myBrush As New SolidBrush(Color.Red)     '红色画刷
    Dim myPen As New Pen(mybrush, 5)
    Const PI = 3.1415926

    Private Sub Button2_Click(…) Handles Button2.Click
        End     '退出应用程序
    End Sub

    Private Sub Button1_Click(…) Handles Button1.Click
```

```
            myGraph = Me.PictureBox1.?    '在 PictureBox1 控件上创建一个画布
            '五角星中心为画布的中心
            Dim x0 As Single = Me.PictureBox1.Width / 2
            Dim y0 As Single = ?
            Dim x, y As Single
            Dim StartPoints() As PointF    '五角星顶点坐标
            Dim iCount As Integer
            myGraph.Clear(Color.Gold)    '用金色清除绘图区域
            '通过循环计算五角星各个顶点的坐标
            For iCount = 0 To 9 Step 2
                '凸顶点坐标，其中 80 表示五角星所在圆的半径
                x = x0 + 80 * Math.Sin(PI - iCount * PI / 5)
                y = ?
                '加入新的顶点
                ReDim Preserve StartPoints(iCount)
                '新顶点对象实例化
                StartPoints(iCount) = New PointF(x, y)
                '以下是相邻的凹顶点坐标
                x = x0 + 40 * Math.Sin(PI - iCount * PI / 5 - PI / 5)
                y = y0 + 40 * Math.Cos(PI - iCount * PI / 5 - PI / 5)
                ReDim Preserve StartPoints(iCount + 1)
                StartPoints(iCount + 1) = ?        '凹顶点对象实例化
            Next
            '设置绘图笔颜色为白色
            myPen.Color = Color.White
            '绘制多边形边界
            myGraph.DrawPolygon(myPen, StartPoints)
            '设置绘图笔颜色为红色
            myPen.Color = Color.Red
            '填充多边形
            myGraph.FillPolygon(myBrush, ?)
        End Sub
    End Class
```

*13．本题主要学习绘图路径类 GraphicsPath 的使用。定义在 System.Drawing.Drawing2D 命名空间下的 GraphicsPath 类用于表示一系列相互连接的直线和曲线。

GraphicsPath 类的主要属性与方法包括：FillMode，路径图形内部填充方式（交替或环绕）；PathPoints，路径上的各点；PointCount，路径上点的数目；AddArc，向当前图形中加一条弧线；AddBezier，向当前图形中加一条贝塞尔曲线；AddCloseCurve，向当前图形中加一条闭合曲线；AddEllipse，向当前图形中加一个椭圆；AddLine，向当前图形中加一条直线；AddPath，将另外一个 Path 对象的图形加入到当前图形中；AddPolygon，向当前图形中加一个多边形；AddRectangle，向当前图形中加一个矩形；AddString，向当前图形中加一个字符串；CloseAllFigures，闭合所有图形；Flatter，将各曲线转换成相连的折线序列；Reset，清空路径；PathPoints，数组中的点；Warp，定义扭曲变形。

Graphics 类定义了有关路径的绘制与填充方法。绘制路径使用 DrawPath 方法，该方法的定义如下：

DrawPath(ByVal pen As Pen, ByVal path As GraphicsPath)

该方法用于绘制出路径中已经存在的图形。

FillPath 方法用于填充 GraphicsPath 对象的内部。FillPath 方法的定义格式如下：

FillPath(ByVal brush As Brush, ByVal path As GraphicsPath)

如图 9-28 所示，本题向 GraphicsPath 路径中加入了两个椭圆，画笔所填充的范围是两个椭圆之间的部分。下面程序不完整，请将其中的“？”改为正确的内容。

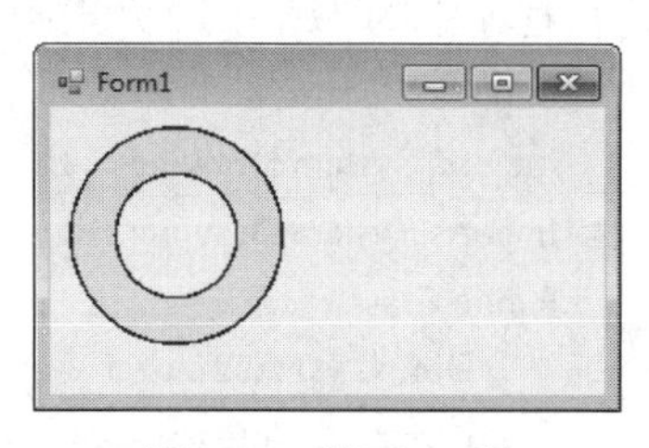

图 9-28　练习 13 图

```
Imports System.Drawing.Drawing2D
Public Class Form1
    Dim myGraph As Graphics
    Dim gPath As New GraphicsPath

    Private Sub Form1_Paint(ByVal sender As Object, ByVal e As System.Windows.Forms.PaintEventArgs) _
Handles Me.Paint
        myGraph = e.Graphics
        gPath.?        '清除路径对象中已存在的点
        '向路径中加入一个椭圆
        gPath.AddEllipse(New Rectangle(10, 10, 100, 100))
        '绘制路径
        myGraph.DrawPath(New Pen(Color.Red, 3), gPath)
        '向路径中加入一个椭圆
        ?.AddEllipse(New Rectangle(30, 30, 60, 60))
        '绘制路径并填充路径
        myGraph.DrawPath(New Pen(Color.Blue, 3), gPath)
        myGraph.?(New SolidBrush(Color.Yellow), gPath)
    End Sub

End Class
```

*14．如图 9-29 所示，本题将利用在边界上指定的点来填充五角星。

图 9-29　练习 14 图

由星形轨迹构造路径渐变画笔，将星形中心的颜色设置为红色，然后在 Points 数组中的各个点处指定不同的颜色（存储在 Colors 数组中）。窗体的 Paint 事件代码已编写，但不完整，请将程序中的“？”改为正确的内容。

```
Imports System.Math
Imports System.Drawing
Imports System.Drawing.Drawing2D
Public Class Form1
    Dim x, y, r As Integer                          '表示坐标原点和五角星所在大圆的半径
    Dim r0 As Integer                               '小圆半径 r0
    Dim x1(5), y1(5), x2(5), y2(5) As Integer       '表示五角星顶点坐标
    Dim th As Single = PI / 180                     '定义全局变量  th

    Private Sub Form1_Paint(ByVal sender As Object, ByVal e As System.Windows.Forms.PaintEventArgs) _
Handles Me.Paint
        Dim i As Integer
        r = 100
        r0 = r * Sin(18 * th) / Cos(36 * th)        '计算小圆半径 r0
        x = Me.ClientSize.Width / 2
        y = Me.ClientSize.Height / 2
        For i = 0 To 5
            x1(i) = x + r * Cos((90 + i * 72) * th)
            '计算出大圆上五个平均分布点的坐标，从上顶点开始逆时针方向依次计算其他顶点的坐标
            y1(i) = y - r * ?
            x2(i) = x + r0 * Cos((54 + i * 72) * th)     '计算出小圆上的五个平均分布点的坐标
            y2(i) = y - r0 * Sin((54 + i * 72) * th)
        Next
        '在一个数组中设置五角星的点，顺时针方向构造路径
        Dim points As Point() = { _
                New Point(x1(0), y1(0)), New Point(x2(0), y2(0)), _
                New Point(x1(4), y1(4)), New Point(x2(4), y2(4)), _
                New Point(x1(3), y1(3)), New Point(x2(3), y2(3)), _
                New Point(x1(2), y1(2)), New Point(x2(2), y2(2)), _
                New Point(x1(1), y1(1)), ?)}
        Dim path As New GraphicsPath()           '用点阵构造一个路径
        path.AddLines(points)                    '向此 GraphicsPath 末尾追加一系列相互连接的线段
        Dim pthGrBrush As New PathGradientBrush(path)     '用路径构造一个路径渐变画笔
        '路径的中部设置为红色
        pthGrBrush.CenterColor = Color.Red '=color.fromargb(255,255,0,0)
        '设置数组中点的颜色
        Dim colors As Color() = { _
            Color.FromArgb(255, 0, 0, 0), Color.FromArgb(255, 0, 255, 0), _
            Color.FromArgb(255, 0, 0, 255), Color.FromArgb(255, 255, 255, 255), _
            Color.FromArgb(255, 0, 0, 0), Color.FromArgb(255, 0, 255, 0), _
            Color.FromArgb(255, 0, 0, 255), Color.FromArgb(255, 255, 255, 255), _
            Color.FromArgb(255, 0, 0, 0), Color.FromArgb(255, 0, 255, 0)}
```

```
        '获取与填充的路径中的点相对应的颜色的数组
        pthGrBrush.SurroundColors =?
        e.Graphics.FillPath(pthGrBrush, path)      '填充路径
    End Sub
End Class
```

*15．绘制正叶线图形。正叶线是一种类似植物叶子形状的曲线，如图 9-30 所示。

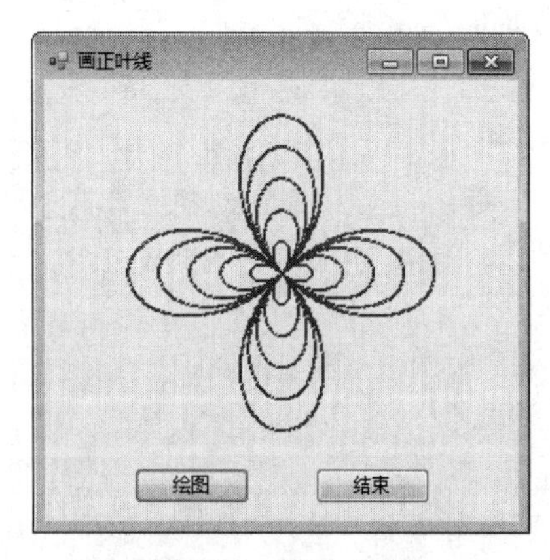

图 9-30　练习 15 图

正叶线的数学表达式如下：

r=a*sin(n*th)

x= r*cos(th)

y= r*sin(th)

（a>0，n = 2，3，…）

可以绘出由二重、三重的正叶线所组成的美丽图形。

参考代码如下：

```
Dim pen1 As New Pen(Color.Green, 2)
Dim gobject1 As Graphics
Const pi = 3.1416
Private Sub Button1_Click(…) Handles Button1.Click
    Dim cx, cy, gra, k, a, n As Short
    Dim th, r, x, y, p, gx, gy As Single
    Dim p1, p2 As Point
    a = 100 : n = 2
    gobject1 = PictureBox1.CreateGraphics
    PictureBox1.Refresh()
    cx = PictureBox1.Size.Width / 2
    cy = PictureBox1.Size.Height / 2
    gra = 0 : k = 200
    For p = 1 To 0.2 Step -0.2
        For th = 0 To 2 * pi + 0.1 Step pi / k
            r = Abs(a * cos(n * th)) * p
            x = r * cos(th)
            y = r * sin(th)
```

```
                '画图
                gx = cx + x : gy = cy + y
                If gra = 0 Then
                    p1.X = gx : p1.Y = gy : gra = 1
                Else
                    p2.X = gx : p2.Y = gy
                    gobject1.DrawLine(pen1, p1, p2)
                    p1 = p2
                End If
            Next th
            gra = 0
        Next p
    End Sub
```

第 10 章　文件操作

一、实验目的

1．掌握驱动器列表框、目录列表框和文件列表框的使用方法。
2．掌握如何将驱动器列表框、目录列表框和文件列表框关联起来。
3．掌握顺序文件和随机文件的读写操作。
4．掌握常用文件函数和文件命令的使用方法。

二、实验指导

例 10-1　在窗体上建立一个磁盘驱动器列表框 DriveListBox1、目录列表框 DirListBox1、文件列表框 FileListBox1、图片框 PictureBox1，运行时选择 FileListBox1 中所列的图片文件，则相应图片显示在图片框 PictureBox1 中，程序运行效果如图 10-1 所示。

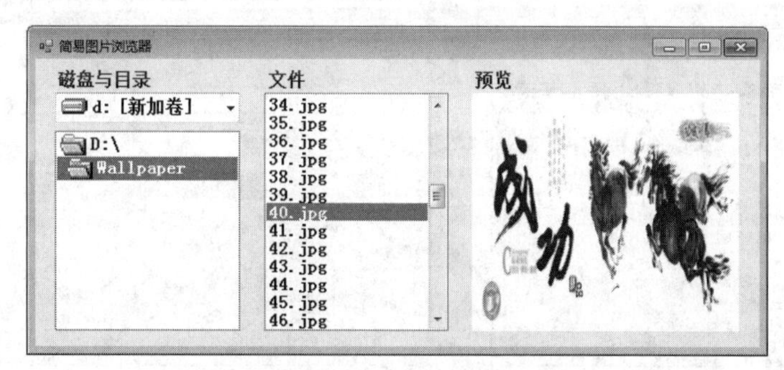

图 10-1　驱动器列表框、目录列表框和文件列表框的使用

操作步骤如下：

（1）选择“文件”菜单中的“新建项目”命令，建立一个 Windows 窗体应用程序。

（2）在窗体中添加一个驱动器列表框 DriveListBox1、一个目录列表框 DirListBox1、一个文件列表框 FileListBox1、一个图片框 PictureBox1 和三个标签 Label1～3。设置好各控件的属性，调整各控件的位置与布局。

（3）添加有关窗体和控件的事件代码。

- 窗体 Form1 的 Load 事件代码

```
Private Sub Form1_Load(…) Handles MyBase.Load
    DriveListBox1.Drive = "c:\"      '设置 DriveListBox1 的初始盘符
    FileListBox1.Pattern = "*.bmp;*.gif;*.jpg"     '设置 FileListBox1 的文件显示模式
    PictureBox1.SizeMode = PictureBoxSizeMode.StretchImage '图片适合于图片框的大小
End Sub
```

- 磁盘驱动器列表框 DriveListBox1 的 SelectedIndexChanged 事件代码

```
Private Sub DriveListBox1_SelectedIndexChanged(…) Handles DriveListBox1.SelectedIndexChanged
    DirListBox1.Path = DriveListBox1.Drive     '使 DirListBox1 与 DriveListBox1 同步改变
End Sub
```

- 目录列表框 DirListBox1 的 DoubleClick 事件代码

```
Private Sub DirListBox1_DoubleClick(…) Handles DirListBox1.DoubleClick
    FileListBox1.Path = DirListBox1.Path   'FileListBox1 与 DirListBox1 同步改变
End Sub
```

- 文件列表框 FileListBox1 的 SelectedIndexChanged 事件代码

```
Private Sub FileListBox1_SelectedIndexChanged(…) Handles FileListBox1.SelectedIndexChanged
    Dim filenamestr As String
    ' MsgBox(FileListBox1.Path)
    If Strings.Right(FileListBox1.Path, 1) = "\" Then
        filenamestr = FileListBox1.Path + FileListBox1.FileName
    Else
        filenamestr = FileListBox1.Path + "\" + FileListBox1.FileName
    End If
    PictureBox1.Load(filenamestr)
End Sub
```

例 10-2 编制一个简易文本浏览器，程序运行时，选择指定的文本文件后，可显示该文件中的内容。程序运行结果如图 10-2 所示。

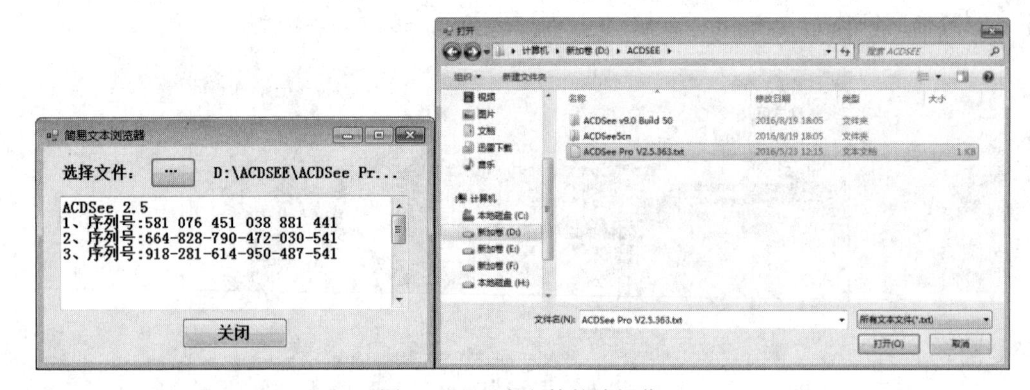

图 10-2　顺序文件的读操作

分析：通过“打开”对话框（OpenFileDialog1）选择需要显示的文本文件，并将文本文件内容显示在文本框中。

操作步骤如下：

（1）选择“文件”菜单中的“新建项目”命令，建立一个 Windows 窗体应用程序。

（2）在窗体中添加两个标签 Label1～2、两个命令按钮 Button1～2 和一个文本框 TextBox1。窗体及各控件的有关属性设计如表 10-1 所示，其他各属性均采用默认值或根据需要加以调整。

表 10-1　例 10-2 中窗体及控件的主要属性设置值

控件名	属性名	属性值
Form1	Text	简易文本浏览器
Label1	Text	选择文件：
Label2	Text	空
Button1	Text	…

续表

控件名	属性名	属性值
Botton2	Text	关闭
TextBox1	Multiline	True
	Scrollbars	Vertical
OpenFileDialog1	Filter	所有文本文件(*.txt)|*.txt

（3）编写命令按钮 Button1～2 的有关事件代码。

- ⋯命令按钮的 Click 事件代码

```
Private Sub Button1_Click(⋯) Handles Button1.Click
    Dim s As String
    OpenFileDialog1.ShowDialog()
    If OpenFileDialog1.FileName <> "" Then
        Label2.Text = OpenFileDialog1.FileName
        FileOpen(1, Label2.Text, OpenMode.Input)
        Do While Not EOF(1)
            s = LineInput(1)
            TextBox1.Text = TextBox1.Text & s & vbCrLf
        Loop
    End If
    FileClose(1)
End Sub
```

- 关闭命令按钮的 Click 事件代码

```
Private Sub Button2_Click(⋯) Handles Button2.Click
    Me.Close() '关闭窗体
End Sub
```

例 10-3　在应用程序窗体上建立三个名称分别为 Read、Calc 和 Save，标题分别为“读入数据”“计算并输出”和“存盘”的菜单，然后添加一个文本框 TextBox1，设置 MultiLine 和 ScrollBars 属性分别为 True 和 Vertical，如图 10-3 所示。

程序运行后，如果执行“读入数据”命令，则读入 datain1.txt 文件中的 100 个整数，并放入一个数组中；单击“计算并输出”按钮，则把该数组中下标为奇数的元素在文本框中显示出来，求出它们的和，并把所求得的和在窗体上显示出来；如果单击“存盘”按钮，则把所求得的和值存入 dataout.txt 文件中。

datain1.txt 文件中的数据如图 10-4 所示。

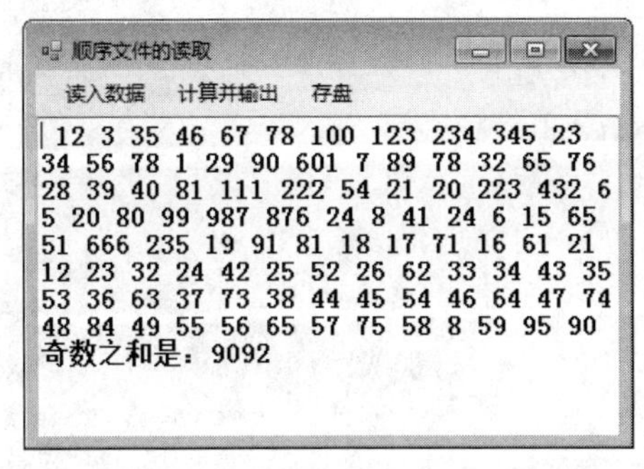

图 10-3　顺序文件的读和写操作

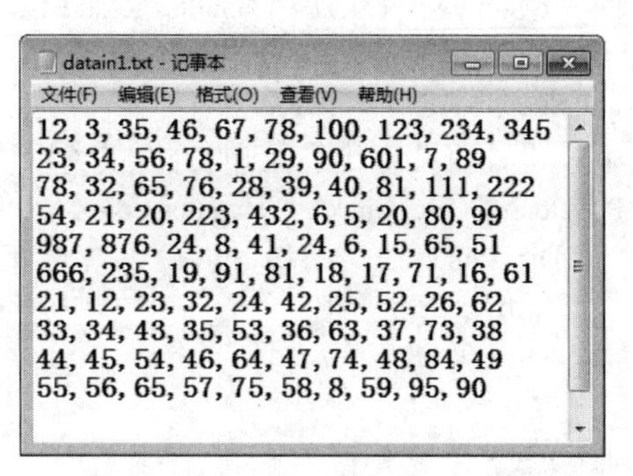

图 10-4　datain1.txt 文件中的数据

datain1.txt 和 dataout.txt 均存放在..\bin\Debug 文件夹中。

分析：本题涉及 VB.NET 菜单控件的应用、数组的使用、子过程及函数过程的编写和调用、控件属性的设置、文件的读操作、文件的写操作、菜单项事件过程的编写等。

操作步骤如下：

（1）选择“文件”菜单中的“新建项目”命令，建立一个 Windows 窗体应用程序。

（2）在窗体中添加菜单控件 MenuStrip1 和一个文本框控件 TextBox1。菜单控件与文本框控件的属性依照题目要求进行设置，窗体的 Text 属性值设置为“顺序文件的读取”。

（3）为窗体和菜单控件添加有关的事件代码。

- “通用”代码段

```
Dim arr(99) As Integer
Dim sum As Integer
```

- 窗体的 Load 事件过程代码

```
Private Sub Form1_Load(…) Handles MyBase.Load
    TextBox1.Left = 0
    TextBox1.Top = MenuStrip1.Height '设置文本框距离窗体顶部的位置
    TextBox1.Width = Me.ClientSize.Width
    TextBox1.Height = Me.ClientSize.Height
End Sub
```

- 过程 ReadData 的程序代码

```
Sub ReadData()
    Dim i As Integer
    FileOpen(1, Application.StartupPath & "\" & "datain1.txt", OpenMode.Input)
    For i = 0 To 99
        Input(1, arr(i))
    Next i
    FileClose()
End Sub
```

- 过程 WriteData 的程序代码

```
Sub WriteData(ByVal Filename As String, ByVal Num As Integer)
    FileOpen(1, Application.StartupPath & "\" & Filename, OpenMode.Output)
    Print(1, Num)
    FileClose()
End Sub
```

- “读入数据”菜单 Read 的 Click 事件代码

```
Private Sub Read_Click(…) Handles Read.Click
    Call ReadData()
End Sub
```

- “计算并输出”菜单 Calc 的 Click 事件代码

```
Private Sub Calc_Click(…) Handles Calc.Click
    Dim i As Long
    TextBox1.Text = ""
    sum = 0
    i = 0
    While i <= 99
        sum = sum + arr(i)
```

```
            TextBox1.Text = TextBox1.Text & " " & arr(i)
            i = i + 1
        End While
        TextBox1.Text = TextBox1.Text & vbCrLf & "奇数之和是：" & sum
End Sub
```

- “存盘”菜单 Save 的 Click 事件代码

```
Private Sub Save_Click(…) Handles Save.Click
        Call WriteData("dataout.txt", sum)
End Sub
```

例 10-4　如图 10-5 所示，建立一个用于记录的添加和读取的应用程序。当单击“添加”按钮时，能够连续地添加学生记录；单击“读取”按钮时，弹出“记录的读取”窗口，该窗口能够读取到文件中的任意一条记录，并且当记录号超出范围时报错。

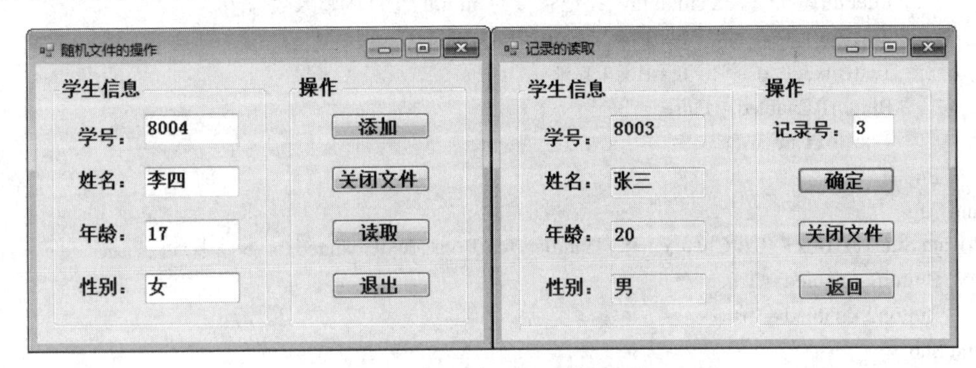

图 10-5　随机文件的读和写操作

分析：要添加随机文件中的记录，需要先找到最后一条记录的记录号，然后在其后添加一条新记录。当要读取指定记录号的记录时，应先判断记录号的合法性，然后再读出记录的内容。

操作步骤如下：

（1）选择“文件”菜单中的“新建项目”命令，建立一个 Windows 窗体应用程序。

（2）单击“项目”菜单中的“添加 Windows 窗体”和“添加模块”命令，分别在当前项目中添加窗体 Form2 和模块 Module1，然后在窗体 Form1～2 中添加所需要的控件。

设置窗体 Form1 中 Button1～3 的 Enabled 属性值为 False，窗体 Form2 中 TextBox1～4 的 ReadOnly 属性值为 True，窗体与其他控件的属性一般采用默认值即可。

（3）添加相关的事件代码。

- 标准模块 Module1

```
Module Module1
    Public Structure student
        Dim stu_id As Integer
        <VBFixedString(8)> Dim stu_name As String        '名称为 8 个字符
        Dim stu_age As Integer
        <VBFixedString(2)> Dim stu_sex As String
    End Structure                                        '用户自定义数据类型
    Public stu As student                                '定义记录型变量
    Public num As Long, filenumber As Integer            '定义变量
End Module
```

- 窗体 Form1 及其控件事件代码

```
Private Sub Button1_Click(…) Handles Button1.Click          '添加按钮
    num = LOF(filenumber) / Len(stu) + 1                    '最后一条记录的下一条
    If TextBox1.Text = "" Or TextBox2.Text = "" Or TextBox3.Text = "" Or TextBox4.Text = "" Then
        MsgBox("输入不能为空，请重新输入", , "输入数据")
    Else
        With stu
            .stu_id = Val(TextBox1.Text)
            .stu_name = TextBox2.Text
            .stu_age = Val(TextBox3.Text)
            .stu_sex = TextBox4.Text
        End With
        FilePut(filenumber, stu, num) '在记录号为 num 的记录中写入数据
        TextBox1.Text = "" : TextBox2.Text = ""
        TextBox3.Text = "" : TextBox4.Text = ""
        Button1.Enabled = False
        TextBox1.Focus()
    End If
End Sub
Private Sub TextBox1_TextChanged(…) Handles TextBox1.TextChanged '文本框中有内容时
    Button1.Enabled = True
    Button2.Enabled = True
End Sub
Private Sub Form1_Load(…) Handles MyBase.Load
    filenumber = FreeFile '获得文件号
    FileOpen(filenumber, Application.StartupPath & "\" & "test.txt", OpenMode.Random, , , Len(stu))
    '打开指定的随机文件
End Sub
Private Sub Button2_Click(…) Handles Button2.Click          '关闭文件
    FileClose(filenumber)
    Button1.Enabled = False
    Button2.Enabled = False
    Button3.Enabled = True
End Sub
Private Sub Button3_Click(…) Handles Button3.Click '读取
    FileClose()  '打开窗体 Form2 前，关闭有关的文件
    Form2.Show()
End Sub
Private Sub Button4_Click(…) Handles Button4.Click '退出
    End
End Sub
```

- 窗体 Form2 及其控件事件代码

```
Private Sub Form2_Activated(…) Handles Me.Activated
    TextBox5.Focus()
End Sub
Private Sub Form2_Load(…) Handles MyBase.Load
    OpenFileDialog1.InitialDirectory = Application.StartupPath
```

```
        filenumber = FreeFile()
        OpenFileDialog1.ShowDialog()
        FileOpen(filenumber, OpenFileDialog1.FileName, OpenMode.Random, , , Len(stu))
        '打开选定的随机文件
        TextBox5.Focus()
    End Sub
    Private Sub Button3_Click(…) Handles Button3.Click '返回
        Form1.Show()
        Me.Close()
        Form1.Button1.Enabled = True : Form1.Button2.Enabled = True
    End Sub
    Private Sub Button2_Click(…) Handles Button2.Click '关闭文件
        FileClose(filenumber)
        Button1.Enabled = False : Button2.Enabled = False
        TextBox5.ReadOnly = True
    End Sub
    Private Sub Button1_Click(…) Handles Button1.Click '确定
        If TextBox5.Text = "" Then
            MsgBox("请输入要读取记录的记录号", , "读取出错")
            Exit Sub
        Else
            num = Val(TextBox5.Text)
            If num > LOF(filenumber) / Len(stu) Or num <= 0 Then '判断记录号的合法性
                MsgBox("记录号超出范围，请重新输入")
                TextBox5.Text = ""
                TextBox5.Focus()
                Exit Sub
            End If
            FileGet(filenumber, stu, num) '读取指定记录号的记录
            TextBox1.Text = stu.stu_id : TextBox2.Text = stu.stu_name
            TextBox3.Text = stu.stu_age : TextBox4.Text = stu.stu_sex '显示记录
        End If
    End Sub
```

三、实验练习

1. 窗体上有两个命令按钮，标题分别是“读数据”和“统计”，请添加一个名称为 Label1、标题为“回文的个数为是：”的标签和一个名称为 TextBox1、初始内容为空的文本框，如图 10-6 所示。

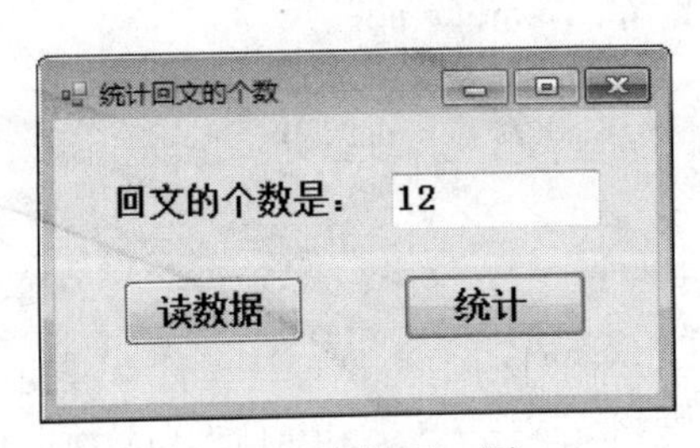

图 10-6　练习 1 图

程序功能如下：

（1）单击“读数据”按钮，则将 in.dat 文件的内容读到变量 s 中。

（2）单击“统计”按钮，则统计 in.dat 文件（该文件中仅含由空格间隔开的字母串）中回文（所谓回文是指顺读与倒读都一样的字符串，如 recycer）的个数，并将统计的回文个数显示在 Text1 文本框内。

“读数据”和“统计”按钮的 Click 事件过程已经给出，请完善 foundhuiwen 过程的功能，实现上述程序功能。

要求：把程序中的“？”改为正确的内容，使其实现上述功能，但不能修改程序中的其他部分。

```
Dim s As String   '声明一个模块级变量
Private Sub Button1_Click(…) Handles Button1.Click '读数据
FileOpen(1, Application.StartupPath & "\in.dat", ? )
    s = InputString(1, LOF(1)) '将文件内容全部读出
FileClose(1)
End Sub
'以下 Function 过程用于判断字符串是否为回文
Function foundhuiwen(ByVal p As String)
    '判断是否为回文，提示：可使用 StrReverse 函数
    ?
End Function
Private Sub Button2_Click(…) Handles Button2.Click '统计
    Dim n As Integer, t As String, word_num As Integer
    Dim c As String
    n = Len(s) : t = ""
    For i = 1 To n
        c = Mid(s, i, 1)
        If c <> " " Then
            t = t + c   '增加字符数
        Else
            If foundhuiwen(t) Then '判断正确，则回文增加 1
                word_num = ?
            End If
            t = ""
        End If
    Next i
    TextBox1.Text = word_num
End Sub
Private Sub Form1_?(…) Handles Me.FormClosing
    '关闭窗体前保存数据
    FileOpen(1, Application.StartupPath & "\out.dat", ?)
    Print(1, TextBox1.Text)
    FileClose(1)
End Sub
```

2．如图 10-7 所示，当程序运行时，单击“打开文件”按钮，则弹出“打开”对话框，默认目录为项目所在目录，默认文件类型为“文本文件”。选中 in.txt 文件，单击“打开”按钮，

则把文件中的内容读入并显示在文本框 TextBox1 中。单击“修改内容”按钮，则将 TextBox1 中的大写字母 E、N、T 改为小写，把小写字母 e、n、t 改为大写。单击“保存文件”按钮，则弹出“另存为”对话框，默认文件类型为“文本文件”，默认文件夹为项目所在目录，默认文件为 out.txt，单击“保存”按钮，则将 TextBox1 中修改后的内容存到 out.txt 文件中。

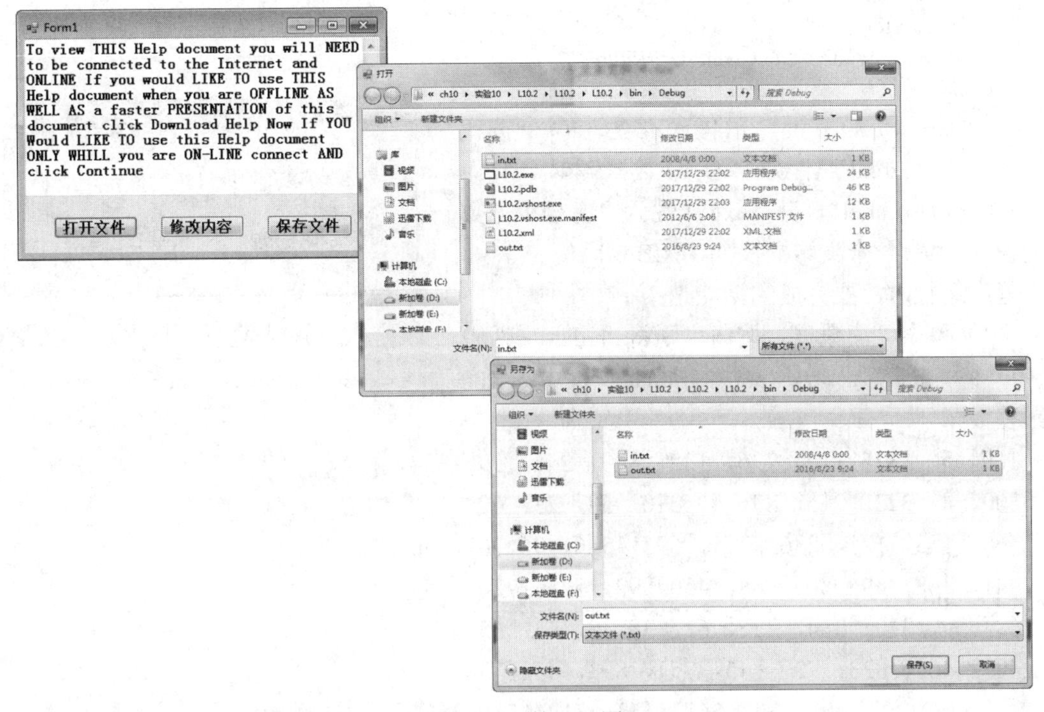

图 10-7　练习 2 图

窗体中已经给出了所有控件和程序，但程序不完整，把程序中的“？”改为正确的内容，并编写“修改内容”按钮的 Click 事件过程。窗体及控件的有关事件代码如下：

```
Private Sub Button1_Click(…) Handles Button1.Click '打开文件
    Dim s As String
    OpenFileDialog1.Filter = "所有文件|*.*|文本文件|*.txt"
    OpenFileDialog1.FilterIndex = ?
    OpenFileDialog1.InitialDirectory = Application.StartupPath
    OpenFileDialog1.ShowDialog()
    FileOpen(1, OpenFileDialog1.?, OpenMode.Input)
    Input(1, s)
    FileClose(1)
    TextBox1.Text = ?
End Sub
Private Sub Button2_Click(…) Handles Button2.Click '修改内容
    '编写“修改内容”按钮的功能代码
End Sub
Private Sub Button3_Click(…) Handles Button3.Click '保存文件
    SaveFileDialog1.Filter = "文本文件|*.txt|所有文件|*.*"
    SaveFileDialog1.FilterIndex = 1
    SaveFileDialog1.FileName = "out.txt"
    SaveFileDialog1.InitialDirectory = Application.StartupPath
    SaveFileDialog1.?
```

```
        FileOpen(1, SaveFileDialog1.FileName, OpenMode.Output)
        Print(1, TextBox1.Text)
        FileClose(1)
    End Sub
    Private Sub Form1_Load(…) Handles MyBase.Load    '设置文本框的位置和大小
        TextBox1.Left = 0
        TextBox1.Top = 0
        TextBox1.Width = Me.ClientSize.Width
    End Sub
```

3．如图 10-8 所示，窗体上有两个命令按钮 Button1～2，其 Text 属性分别为“读数据”和“计算”；一个标签控件 Label1，其 Text 属性为“完全平方数的均值”；另有一个文本框控件 TextBox1。

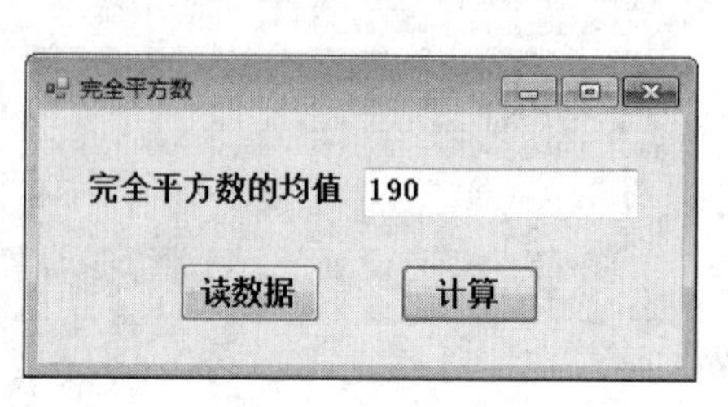

图 10-8　练习 3 图

程序运行时，要完成的功能是：

（1）单击“读数据”按钮，则将 in.dat 文件中的 100 个正整数读入数组 a 中。in.dat 文件中的 100 个正整数如下：

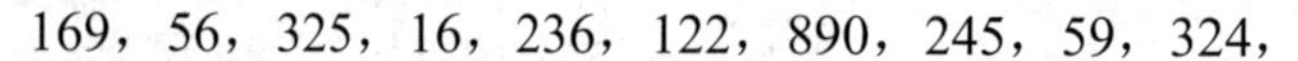

169，56，325，16，236，122，890，245，59，324，
300，4，322，215，89，1，370，58，23，69，
560，153，121，236，371，693，586，96，61，50，
441，368，59，806，68，450，92，525，72，395，
634，9，370，384，225，62，38，9，43，65，
407，465，823，729，45，751，893，452，38，723，
78，600，85，687，24，567，153，312，53，256，
89，235，751，425，68，100，72，375，203，256，
872，64，738，526，35，625，81，371，95，493，
50，345，754，895，57，4，407，587，304，687

（2）单击“计算”按钮，则找出这 100 个正整数中的所有完全平方数（一个整数若是另一个整数的平方，那么它就是完全平方数。如：$36=6^2$，所以 36 就是一个完全平方数），并计算这些完全平方数的平均值，最后将计算所得的平均值截尾取整后在文本框 TextBox1 中显示。

下面给出了窗体及控件的相关事件代码，但程序不完整。要求完善程序使其实现上述功能。

```
Public Class Form1
    Dim a(99) As Integer '存放数据的数组
    Private Sub Button1_Click(…) Handles Button1.Click '读数据
        Dim k As Integer
        FileOpen(1, Application.StartupPath & "\in.dat", OpenMode.Input)
        For k = 0 To 99
            Input(1, a(k))
        Next k
        FileClose(1)
    End Sub
    Private Sub Button2_Click(…) Handles Button2.Click '计算
        '编写“计算”按钮的程序代码
```

```
    End Sub
    Private Sub Form1_FormClosing(…) Handles Me.FormClosing '关闭窗体前
        FileOpen(1, Application.StartupPath & "\out.dat", OpenMode.Output)
        Print(1, TextBox1.Text)
        FileClose(1)
    End Sub
End Class
```

4．如图 10-9 所示，窗体上有两个命令按钮，标题分别是“读数据”和“统计”。请添加三个标签，名称分别为 Label1、Label2、Label3，标题分别为“原文:”“出现次数最多的字母是:”和“它出现的次数是:”，再添加三个名称分别为 TextBox1、TextBox2、TextBox3 的文本框，其中文本框 TextBox1 用于显示文件中的原文。程序功能如下：

（1）单击“读数据”按钮，则将 in.dat 文件的内容读到变量 s 中。

（2）单击“统计”按钮，则自动统计 in.dat 文件中所含各字母（不区分大小写）出现的次数，并将出现次数最多的字母显示在 TextBox1 文本框内，它所出现的次数显示在 TextBox2 文本框内。

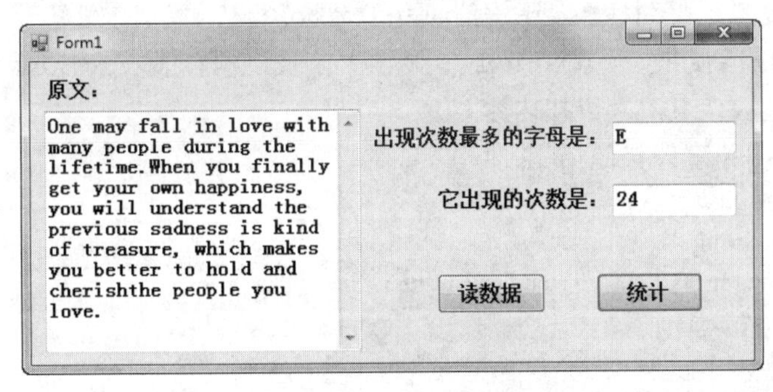

图 10-9　练习 4 图

“读数据”按钮的 Click 事件过程已经给出，请为“统计”按钮编写适当的事件过程实现上述功能。

窗体与控件的相关事件代码如下：

```
Dim s As String '声明一个模块级变量
Private Sub Button1_Click(…) Handles Button1.Click '读数据
FileOpen(1, Application.StartupPath & "\in.dat", OpenMode.Input)
    s = InputString(1, LOF(1)) '将文件内容全部读出
    TextBox1.Text = s
FileClose(1)
End Sub
Private Sub Button2_Click(…) Handles Button2.Click
    '统计功能自行完成


End Sub
Private Sub Form1_FormClosing(…) Handles Me.FormClosing
    FileOpen(1, Application.StartupPath & "\out.dat", OpenMode.Output)
    Print(1, TextBox2.Text, TextBox3.Text)
    FileClose(1)
End Sub
```

5. 如图 10-10 所示，下面给出了窗体和控件的相关事件代码，但程序不完整，请把程序中的“？”改为正确的内容。

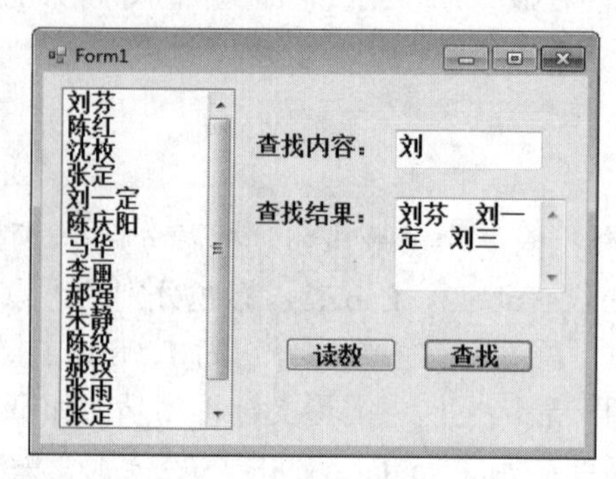

图 10-10　练习 5 图

本程序的功能是：如果单击“读数”按钮，则把 in5.txt 文件中的 15 个姓名读到数组 a 中，并在窗体列表框中显示这些姓名。当在 TextBox1 中输入一个姓氏或一个姓名后，单击“查找”按钮，则进行查找。若找到，就把所有具有 TextBox1 中姓氏的姓名或相同的姓名显示在 TextBox2 中；若未找到，则在 TextBox2 中显示“未找到！”；若 TextBox1 中没有查找内容，则在 TextBox2 中显示“未输入查找内容！”。

窗体与控件的相关事件代码如下：

```
Public Class Form1
    Dim a(14) As String
    Private Sub Button1_Click(…) Handles Button1.Click '读数
        Dim k As Integer
        FileOpen(1, Application.StartupPath & "\in5.txt", OpenMode.Input)
        For k = 0 To 14
            Input(1, a(k))
            ListBox1.Items.Add(?)
        Next k
        FileClose()
    End Sub

    Private Sub Button2_Click(…) Handles Button2.Click
        Dim k As Integer, n As Integer, c As String
        n = Len( ? )
        c = ""
        If n > 0 Then
            For k = 0 To 14
                If Left(a(k), ? ) = TextBox1.Text Then
                    c = c   + ?+ "    "
                End If
            Next k
            If c = "" Then
                TextBox2.Text = "未找到！ "
            Else
                TextBox2.Text = ?
```

```
            End If
        Else
            TextBox2.Text = "未输入查找内容！"
        End If
    End Sub
End Class
```

6．如图 10-11 所示，窗体上有 2 个标题分别是“读数据”和“查找素数”的命令按钮。请画 2 个文本框 TextBox1～2，文本框允许显示多行内容，且有垂直滚动条。

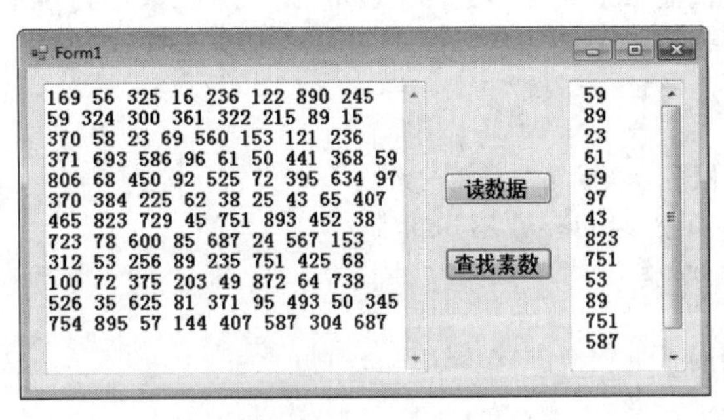

图 10-11　练习 6 图

程序运行时完成的功能如下：

（1）in6.dat 文件中存放着 100 个大于 10 的正整数。单击“读数据”按钮，则将 in6.dat 文件中的数据读入数组 a 中。

（2）单击“查找素数”按钮，则查找 in6.dat 文件中的所有素数，并将这些素数依次显示在 TextBox2 文本框内。

现给出了所有控件和不完整的程序，请去掉程序中的注释符，把程序中的“？”改为正确的内容。

窗体与控件的相关事件代码如下：

```
Public Class Form1
    Dim a(100) As Integer
    Private Sub Button1_Click(…) Handles Button1.Click '读数据
        Dim k As Integer
        FileOpen(1, Application.StartupPath & "\in6.dat", OpenMode.Input)
        For k = 1 To 100
            Input(1, ?)
            TextBox1.Text &= a(k) & Space(1)
        Next k
        FileClose(1)
    End Sub
    Private Sub Button2_Click(…) Handles Button2.Click '查找素数
        Dim i As Integer, j As Integer
        Dim b(100) As Integer
        j = 0
        For i = 1 To 100
            If prime(?) Then   '判断是否为素数
                j = j + 1
                b(j) = a(i)
```

```
            End If
        Next
        For i = 1 To ?        '素数显示在文本框 TextBox2 中
            TextBox2.Text = TextBox2.Text + Str(b(i)) & vbCrLf
        Next
    End Sub

    Private Sub Form1_FormClosing(…) Handles Me.FormClosing '保存数据
        FileOpen(1, Application.StartupPath & "\out6.dat", OpenMode.Output)
        Print(1, ?) '将素数保存
        FileClose()
    End Sub
    '以下 Function  过程用于判断某数是否为素数
    Function prime(ByVal p As Integer) As Boolean
        Dim i As Integer
        For i = 2 To p \ 2
            If ? = 0 Then
                prime = False
                Exit For
            End If
        Next i
        If i > p \ 2 Then
            prime = ?
        End If
    End Function
End Class
```

7．如图 10-12 所示，单击“装入数据”按钮，则从项目目录下的 in7.txt 文件中读入所有城市名称和距离，城市名称按顺序添加到列表框 ListBox1 中，距离放到数组 a 中。当选中列表框中的一个城市时，它的距离就显示在 TextBox1 中。此时，单击“计算运费”按钮，则计算到该城市的每吨运费（结果取整，不四舍五入），并显示在 TextBox2 中。

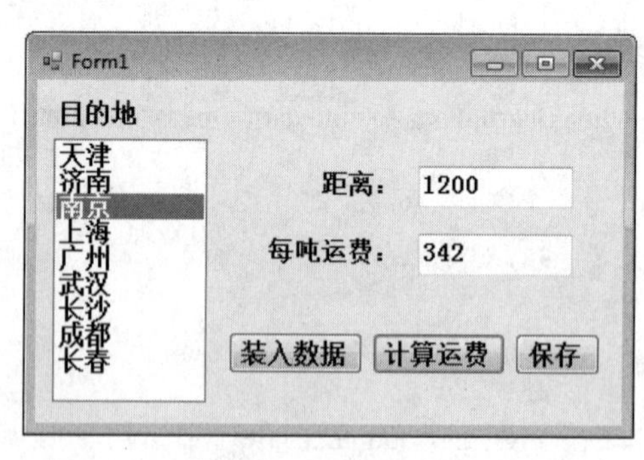

图 10-12　练习 7 图

每吨运费的计算方法是：距离×折扣×单价。其中单价为 0.3。距离<500，折扣为 1；500≤距离<1000，折扣为 0.98；1000≤距离<1500，折扣为 0.95；1500≤距离<2000，折扣为 0.92；距离≥2000，折扣为 0.9。

单击“保存”按钮，则把距离和每吨运费存放到文件 out7.txt 中。

已经给出所有控件和部分程序，要求：①把程序中的“？”改为正确内容；②编写列表框的 Click 事件过程；③编写“计算运费”按钮的 Click 事件过程。

注意：不得修改已经存在的程序；在退出之前，必须至少计算一次运费，且必须用“保存”按钮存储计算结果，最后程序按原文件名存盘。

已有程序代码如下：

```
Public Class Form1
    Dim a(10) As Integer, n As Integer
    Private Sub Button1_Click(…) Handles Button1.Click '装入数据
        Dim ch As String
        FileOpen(1, Application.StartupPath & "\" & "in7.txt", OpenMode.Input)
        While Not EOF(1)
            n = n + ?
            Input(1, ch)
            Input(1, a(n))
            ListBox1.Items.Add(?)
        End While
        FileClose(1)
    End Sub
    Private Sub Button3_Click(…) Handles Button3.Click '保存
        FileOpen(1, Application.StartupPath & "\" & "out7.txt", OpenMode.Output)
        Print(1, ListBox1.Text, TextBox1.Text, TextBox2.Text)
        FileClose(1)
    End Sub
    Private Sub Button2_Click(…) Handles Button2.Click '计算运费
        '***在此编写计算运费所需要的内容
        Dim b, m As Integer            'b 表示距离，m 表示运费
    End Sub
    Private Sub ListBox1_Click(…) Handles ListBox1.Click
        '选定目的地后，距离显示在文本框 TextBox1 中
        '***在此编写有关代码
    End Sub
End Class
```

8．如图 10-13 所示，窗体上有两个标题分别为“读数据”和“统计”的命令按钮。请画两个标签，其名称分别是 Label1 和 Label2，标题分别为“单词的平均长度为：”和“最长单词的长度为：”，再画两个名称分别为 TextBox1 和 TextBox2 的文本框。

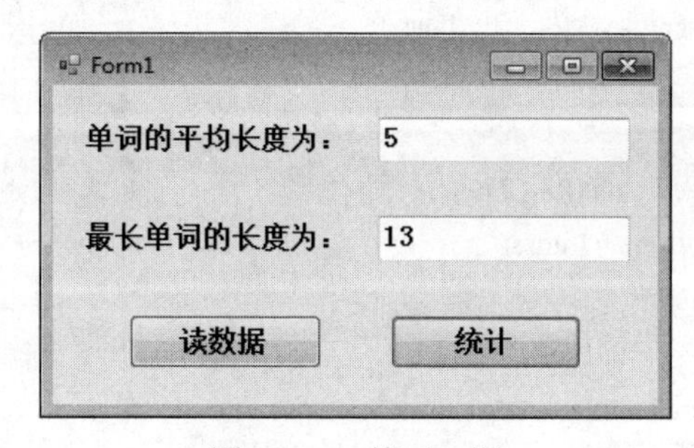

图 10-13　练习 8 图

程序功能如下：

（1）如果单击“读数据”命令按钮，则将 in8.dat 文件的内容读到变量 s 中（此过程已给出）。

（2）如果单击“统计”按钮，则自动统计变量 s（s 中仅含有字母和空格，而空格是用来分隔不同单词的）中每个单词的长度，并将所有单词的平均长度（四舍五入取整）显示在 TextBox1 文本框内，将最长单词的长度显示在 TextBox2 文本框内。

“读数据”和“统计”命令按钮的 Click 事件过程已经给出，请将其中的“？”改为正确的内容，实现上述功能。

注意：不得修改窗体文件中已经存在的控件和程序，在结束程序之前，必须进行统计，且必须通过单击窗体右上角的“关闭”按钮结束程序，否则无成绩。

```
Public Class Form1
    Dim s As String
    Private Sub Button1_Click(…) Handles Button1.Click '读数据
        FileOpen(1, Application.StartupPath & "\in8.dat", OpenMode.Input)
        s = ?(1, LOF(1)) '取全部数据并保存到 s 变量中
        FileClose(1)
    End Sub

    Private Sub Form1_?(…) Handles Me.FormClosed '关闭窗体时保存结果
        FileOpen(1, Application.StartupPath & "\out8.dat", OpenMode.Output)
        Print(1, TextBox1.Text, TextBox2.Text)
        FileClose(1)
    End Sub

    Private Sub Button2_Click(…) Handles Button2.Click '统计
        Dim t, c As String
        Dim maxLen, totalLen As Integer '分别表示单词的最大长度和总长度
        Dim num, i As Integer
        t = ""     '分隔一个单词
        maxLen = 0
        totalLen = 0
        num = 0
        For i = 1 To Len(s)
            c = Mid(s, i, 1)
            If ? Then   '判断是否为一个单词
                t = t + c
            Else
                If Len(t) >= maxLen Then
                    maxLen = Len(t)
                End If
                totalLen = totalLen +?
                num = num + 1
                t = ""
```

```
            End If
        Next i
        TextBox1.Text = CInt(totalLen / ?)
        TextBox2.Text = maxLen
    End Sub
End Class
```

9．如图 10-14 所示，程序运行时，会把 in9.txt 中的所有记录读入数组 a 中（一个数组元素是一条记录），并在窗体上显示第一条记录。单击“首记录”“下一记录”“上一记录”“尾记录”等按钮，可显示相应记录。当显示第一条记录时，“首记录”“上一记录”按钮不可用；当显示最后一条记录时，“尾记录”“下一记录”按钮不可用；其他情况，所有按钮均可用。

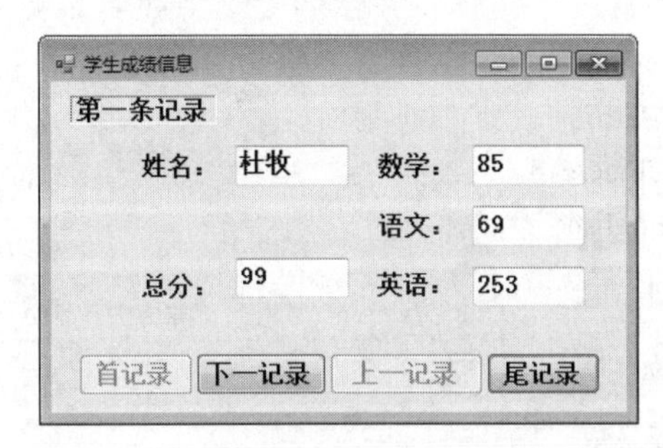

图 10-14　练习 9 图

in9.txt 中有多条记录，每条记录占一行，含 4 个数据项，数据项的含义依次是：姓名、数学成绩、语文成绩、英语成绩

请将事件过程中的“？”改为正确的内容，以实现上述程序功能。

```
Public Class Form1
    Private Structure rec
        Dim name As String ?      '姓名，长度为 3
        Dim Math As Integer       '数学
        Dim Chinese As Integer    '语文
        Dim English As Integer    '英语
    End Structure
    Dim a(20) As rec, num As Integer, n As Integer
    Private Sub Button1_Click(…) Handles Button1.Click '首记录
        n = 1
        putdata(n)   '调用 putdata 过程
    End Sub
    Private Sub Button2_Click(…) Handles Button2.Click '下一记录
        n = n + 1
        putdata(n)
    End Sub
    Private Sub Button3_Click(…) Handles Button3.Click '上一记录
        n = ?
        putdata(n)
    End Sub
    Private Sub Form1_Load(…) Handles Me.Load
```

```
            readdata()
            Button3.Enabled = False : Button4.Enabled = False
        End Sub
        Private Sub Button4_Click(…) Handles Button4.Click '尾记录
            n = num : putdata(n)
        End Sub
        Private Sub readdata() '读数据
            Dim k As Integer
            FileOpen(1, Application.StartupPath & "\in9.txt", OpenMode.Input)
            k = 1
            Do While Not EOF(1)
                Input(1, a(k).name)
                Input(1, a(k).Math)
                Input(1, a(k).Chinese)
                Input(1, a(k).English)
                k = k + 1
            Loop
            FileClose()
            num = ?    '记录的总数
        End Sub
        Private Sub putdata( ? As Integer)      '显示数据
            Label1.Text = "第" & k & "条记录"
            TextBox1.Text = a(k).name : TextBox2.Text = a(k).Math
            TextBox3.Text = a(k).Chinese : TextBox4.Text = a(k).English
            TextBox5.Text = a(k).Math + a(k).Chinese + a(k).English
            SetEnabled ?
        End Sub
        Private Sub SetEnabled(ByVal m As Integer)   '判断按钮是否可用
            Button1.Enabled = IIf(m = 1, False, True)
            Button2.Enabled = IIf(m = num, False, True)
            Button3.Enabled = IIf(m = 1, False, True)
            Button4.Enabled = IIf( ?, False, True)
        End Sub
    End Class
```

10. 如图 10-15 所示，窗体有一个名称为 TextBox1 的文本框、一个下拉式菜单。其中“操作”菜单中有“读文件”“删除”和“计算与保存”三个菜单项。程序运行后，单击“读文件”菜单项，将文件 in10.txt 中的内容显示在文本框 TextBox1 中，如图 10-15（a）所示；单击“删除”菜单项，可删除 TextBox1 中的字母 A、D、R 和 S（小写字母也删除），并将删除后的文本显示在 TextBox1 中，如图 10-15（b）所示；单击“计算与保存”菜单项，则计算当前 TextBox1 显示的所有字符（删除后）的 ASCII 码之和，并把结果保存到 out10.txt 文件中。单击“关闭”菜单命令，可结束程序的运行。

要求：

（1）要删除的字母不区分大小写。

（2）不要改变窗体中各控件属性设置及事件过程。

（3）下面事件过程不完整，请将程序中的“？”改为正确的内容，使程序能正常运行。

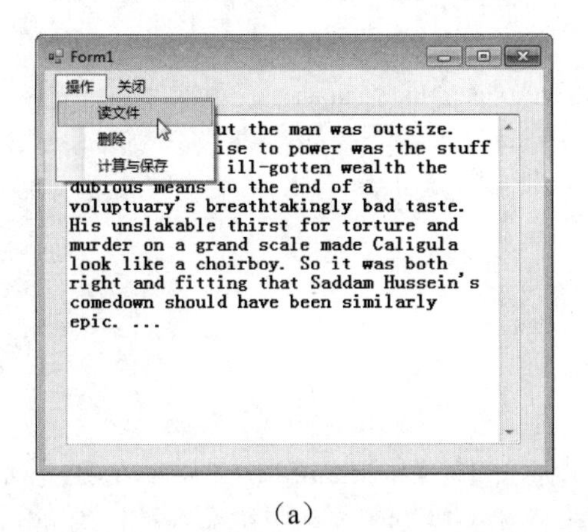

（a）

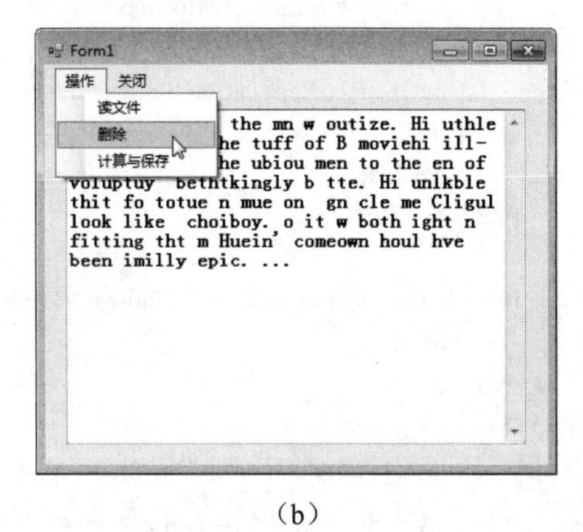

（b）

图 10-15　练习 10 图

程序代码如下：

```
Public Class Form1
    Private tmpStr As String
    Private Sub 读文件_Click(…) Handles 读文件.Click
        Dim a, s As String
        a = ""
        s = ""
        FileOpen(1, Application.StartupPath & "\in10.txt", OpenMode.Input)
        Do While Not EOF(1)
            Input(1, a)
            s = ?
        Loop
        FileClose(1)
        TextBox1.Text = s
    End Sub

    Private Sub 删除_Click(…) Handles 删除.Click
        Dim strlen As Integer, ch As String
        strlen = Len(TextBox1.Text)
        tmpStr = ""
        For i = 1 To strlen
            ch=?
            If UCase(ch) <> "A" And UCase(ch) <> "D" And UCase(ch) <> "R" And UCase(ch) <> "S" Then
                tmpStr
            End If
        Next i
        TextBox1.Text = tmpStr
    End Sub

    Private Sub 计算与保存_Click(…) Handles 计算与保存.Click
        Dim Sum As Integer    '表示所有文本 ASCII 码值之和
```

```
        Sum = 0
        For i = 1 To Len(tmpStr)
            Sum = Sum + ?(Mid(tmpStr, i, 1))
        Next i
        FileOpen(1, Application.StartupPath & "\out10.txt", OpenMode.Output)
        Print(1, ?)
        FileClose(1)
    End Sub

    Private Sub 关闭_Click(…) Handles 关闭.Click
        Me.Close()
    End Sub
End Class
```

*11．如图 10-16 所示，窗体上有两个线条控件 LineShape1～2、5 个矩形形状 RectangleShape1～5、5 个标签 Label1～5、5 个文本框 TextBox1～5 和三个命令按钮 Button1～3。程序运行时，单击“读入数据”按钮，可从文件 in11.txt 中读入数据放到数组 a 中。单击“计算”按钮，则计算 5 门课程的平均分（平均分取整），并依次放入文本框数组中。单击“显示图形”按钮，则显示平均分的直方图。在文件 in11.txt 中有 5 组数据，每组 10 个，依次代表语文、英语、数学、物理、化学这 5 门课程 10 个人的成绩，如图 10-16（b）所示。

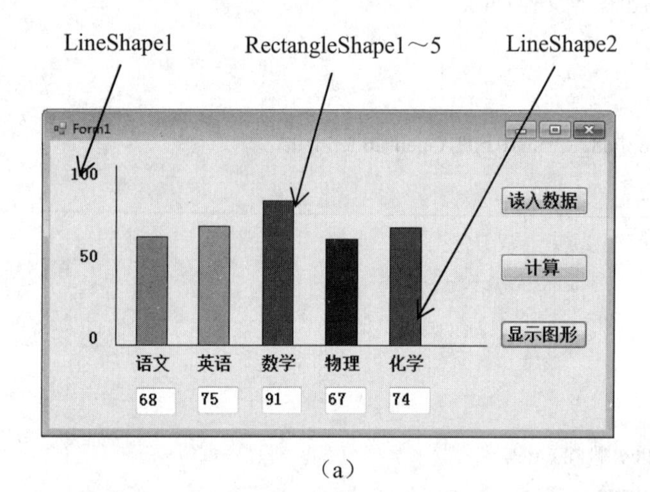

（a）

（b）

图 10-16　练习 11 图

下面给出了三个命令按钮的 Click 事件代码，但程序不完整，请把程序中的“？”改为正确的内容，并编写“计算”按钮的 Click 事件过程。注意，不得修改已经存在的内容和控件属性，在结束程序运行之前，必须使用三个命令按钮各运行一次。

```
Public Class Form1
    Dim tbArray As New ArrayList    '定义一个文本框数组列表
    Dim rsArray As New ArrayList    '定义一个矩形形状数组列表
    Dim a(9, 4) As Integer
    Dim s(4)
    Private Sub Form1_Load(…) Handles MyBase.Load    '将文本框 TextBox1～5 变成一个数组列表 tbArray，
    '以下 5 条语句将 RectangleShape1～5 形成一个数组列表 rsArray
        rsArray.Add(RectangleShape1)
```

```
        rsArray.Add(RectangleShape2)
        rsArray.Add(RectangleShape3)
        rsArray.Add(RectangleShape4)
        rsArray.Add(RectangleShape5)
        '以下 5 条语句将 TextBox1～5 形成一个数组列表 tbArray
        tbArray.Add(TextBox1)
        tbArray.Add(TextBox2)
        tbArray.Add(TextBox3)
        tbArray.Add(TextBox4)
        tbArray.Add(TextBox5)
    End Sub
    Private Sub Button1_Click(…) Handles Button1.Click    '读入数据
        FileOpen(1, Application.StartupPath & "\in11.txt", ?)
        For i = 0 To 9
            For j = 0 To 4
                Input(1, a(i, j))
            Next j
        Next i
        FileClose(1)
    End Sub
    Private Sub Button2_Click(…) Handles Button2.Click '计算
        For j = 0 To 4
            s(j) = 0
            For i = 0 To 9
                s(j) =    ?
            Next i
            ? = CInt(s(j) / 10)
            tbArray.Item(j).text = s(j)
        Next j
    End Sub
    Private Sub Button3_Click(…) Handles Button3.Click '显示图形
        Dim m As Integer
        For k = 0 To 4
            '设置形状的高度，其中“(LineShape1.Y2 - LineShape1.Y1) / 100”为比例因子
            rsArray.Item(k).height = s(k) * (LineShape1.Y2 - LineShape1.Y1) / 100
            m = LineShape2.Y1
            rsArray.Item(k).Top =? - rsArray.Item(k).height
            rsArray.Item(k).? = True
        Next k
    End Sub
End Class
```

第 11 章　数据库应用

一、实验目的

1．理解数据库的基本概念。

2．熟练掌握 ADO.NET 中各种对象的编程方法，并在此基础上能够对 Access 数据库进行各种访问操作。

3．了解一个应用程序系统的总体设计，初步掌握开发一个应用程序的完整步骤。

4．掌握应用程序的打包与发布方法。

二、实验指导

例 11-1　现有数据库 Goods.accdb，该数据库有“商品”和“部门”两张数据表，其关系如图 11-1 所示。

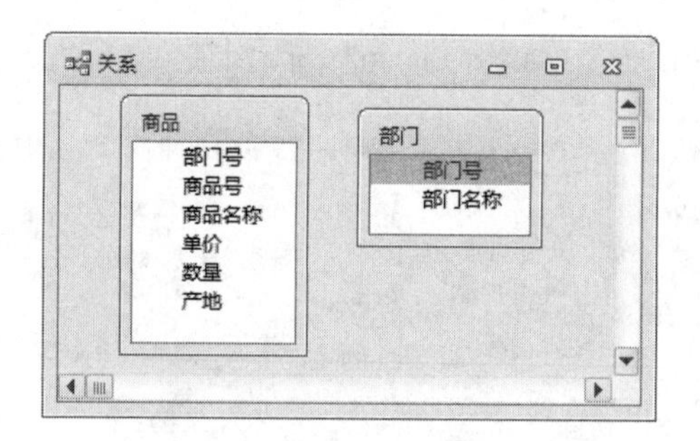

图 11-1　Goods.accdb 数据库

“商品”和“部门”数据表中的部分数据如图 11-2 和图 11-3 所示。

部门号	商品号	商品名称	单价	数量	产地
10	101	长虹电视机	2100.00	100	绵阳
10	102	索尼电视机	2300.00	60	日本
20	201	松下传真机	1980.00	45	日本
20	202	TCL电话机	350.00	120	东莞
20	203	华为mate9	4568.00	110	深圳
30	301	海尔计算机	5980.00	10	青岛
30	302	联想计算机	6000.00	20	北京
40	401	海尔电风扇	200.00	10	青岛
40	404	格兰仕微波炉	400.00	20	青岛
*			0.00		

记录：第 1 项(共 9 项)　无筛选器　搜索

图 11-2　“商品”表及部分数据

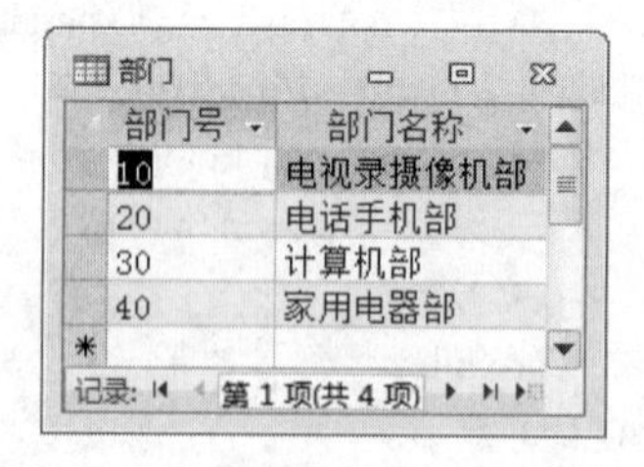

部门号	部门名称
10	电视录摄像机部
20	电话手机部
30	计算机部
40	家用电器部
*	

记录：第 1 项(共 4 项)

图 11-3　“部门”表及部分数据

试利用 Access 2010 数据库软件创建 Goods.accdb。

操作步骤如下：

（1）在 D:\vbExamples\ch11 文件夹中，创建一个名为 DATA 的子文件夹。

（2）依次单击执行“开始”→“程序”→Microsoft Office→Microsoft Access 2010 命令即

可启动 Access 2010。

（3）创建 Goods.accdb 数据库，并在该数据库下添加“商品”和“部门”两张数据表。

（4）“商品”和“部门”两张表的数据结构如表 11-1 和表 11-2 所示。

表 11-1　“商品”表的数据结构

字段名称	类型	大小	格式	允许空字符串	索引
部门号	文本	2		否	有（有重复）
商品号	文本	4		是	
商品名称	文本	12		是	
单价	数字	单精度型	固定，小数位数：2		
数量	数字	整数	小数位数：自动		
产地	文本	6		是	

表 11-2　“部门”表的数据结构

字段名称	类型	大小	格式	允许空字符串	索引
部门号	文本	2		否	有（无重复）
部门名称	文本	18		是	

（5）为“商品”和“部门”两张数据表录入数据，两张表中的记录如图 11-2 和图 11-3 所示。

至此，Goods.accdb 数据库创建完毕。

例 11-2　在例 11-1 的基础上，在 Goods.accdb 数据库中添加一个“用户”表，其结构如表 11-3 所示。

表 11-3　“用户”表的结构

字段名称	类型	大小	新值	格式	允许空字符串
编号	自动编号	自动编号	递增		有（无重复）
用户名	文本	6			N
密码	文本	6			N

在“用户”表中增加两条记录，具体数据如图 11-4 所示。

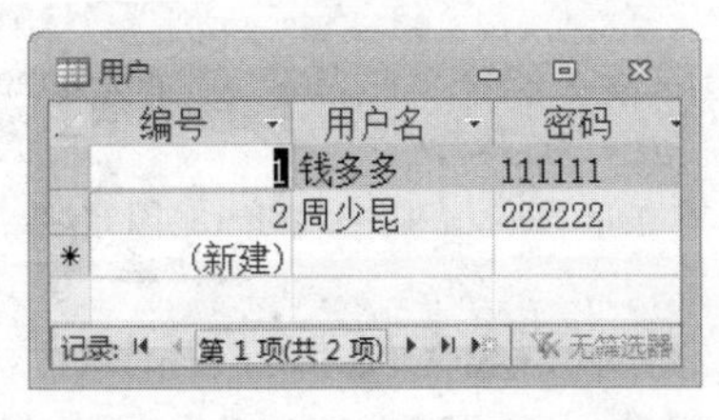

图 11-4　“用户”表的部分数据

操作步骤如下：

（1）依次单击执行“开始”→“程序”→Microsoft Office→Microsoft Access 2010 命令即可启动 Access 2010。

（2）仿照例 11-1，打开 Goods.accdb 数据库，在该数据库下添加“用户”表并录入数据。

例 11-3 创建一个系统的登录窗口，当用户输入正确的用户名、密码及数据库路径时，弹出“登录成功”对话框，否则提示“登录失败”。程序运行时效果如图 11-5 所示。

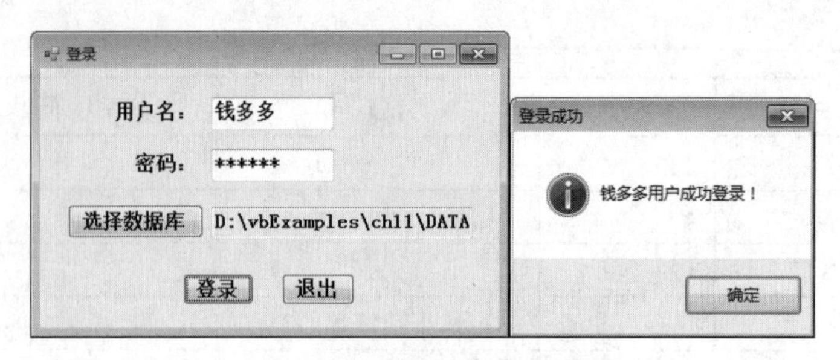

图 11-5 程序运行效果图

分析：从图 11-5 上可以看到，本程序主要是用来读取用户信息的，若用户输入的数据能够在数据表中找到相对应的记录，表示登录成功，否则登录不成功。由于对数据表的操作只需要返回一个简单的只读记录集，因此可以使用 DataReader 对象来处理。

操作步骤如下：

（1）根据图 11-5 可以建立应用程序的界面，在窗体上添加 1 个 OpenFileDialog 控件、2 个标签控件 Label1～2、3 个文本框控件 TextBox1～3 和 3 个命令按钮 Button1～3。

（2）将 TextBox2 的 PasswordChar 属性设置为“*”，Maxlength 属性设置为 6；TextBox3 的 ReadOnly 属性设置为 True。

（3）窗体及相关控件的事件过程代码如下：

```
Imports System.Data
Imports System.Data.OleDb   '引入命名空间

Public Class Form1
    Private Sub Button1_Click(…) Handles Button1.Click '选择数据库
        OpenFileDialog1.Title = "选择数据库"
        OpenFileDialog1.ShowDialog()
        TextBox3.Text = OpenFileDialog1.FileName
    End Sub
    Private Sub Button2_Click(…) Handles Button2.Click '登录
        Dim str As String = "Provider=Microsoft.ACE.OLEDB.12.0;Data Source=" & TextBox3.Text
        '定义连接字符串
        Dim Conn As New OleDbConnection(str)   '创建 OleDbConnection 对象
        Conn.Open()        '打开数据库连接
        Dim selSql As String = "Select * From 用户 Where 用户名='" & TextBox1.Text & "' And 密码= _
'" & TextBox2.Text & "'"
        Dim command As New OleDbCommand(selSql, Conn) '建立 Command 对象
        Dim dr As OleDbDataReader           '创建 OleDbDataReader 对象
        dr = command.ExecuteReader          '执行命令
        If dr.Read() Then   'dr 对象记录指针移动到下一条记录，是否有查询出的记录
            MsgBox(TextBox1.Text & "用户成功登录！", CType(MsgBoxStyle.Information + 
MsgBoxStyle.OkOnly, MsgBoxStyle), "登录成功")
```

```
            Else
                MsgBox("用户名或密码输入有误，请重新输入！", CType(MsgBoxStyle.Critical + _
    MsgBoxStyle.OkOnly, MsgBoxStyle), "登录失败")
                TextBox1.Text = ""
                TextBox2.Text = ""
                TextBox1.Focus()
            End If
            dr.Close()          '关闭 OleDbDataReader 对象
            Conn.Close()        '关闭数据库连接

        End Sub
        Private Sub Button3_Click(…) Handles Button3.Click    '退出
            Me.Close()
        End Sub
    End Class
```

思考：如何使用 OleDbConnection 控件进行连接，如何使用 OleDbCommand 控件执行登录操作？

例 11-4　在 Goods.accdb 数据库“商品”表中增加一个 OLE 对象型字段“图片”，然后为该表中每条记录添加一个二进制数据图像。程序运行界面如图 11-6 所示。

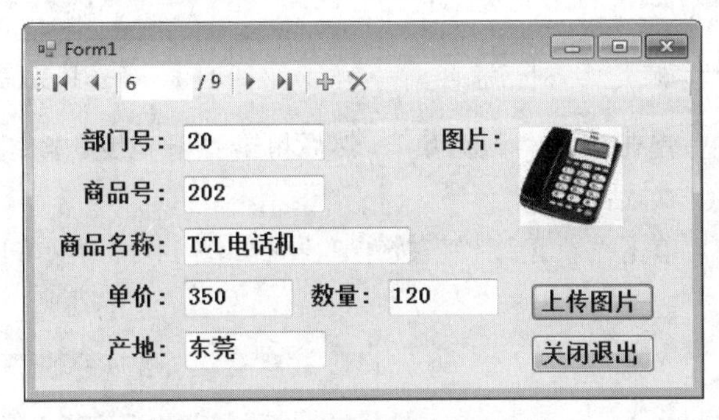

图 11-6　浏览数据与插入图片

要求如下：

（1）利用 BindingNavigator 控件对 Goods.accdb 数据库“商品”表中的记录进行导航浏览。

（2）单击“上传图片”按钮可将选定的图片添加到“商品”表的“图片”字段中。

分析：

（1）可以使用可视化的手段向窗体添加一个 BindingSource 数据源，然后将要显示的字段内容添加到窗体上。在窗体上添加和 BindingSource 数据源相绑定的 BindingNavigator 控件来实现“商品”表中记录的浏览。

（2）利用有关二进制文件的操作实现图片的上传，并通过 OleDbCommand 的 ExecuteNonQuery()对“商品”表中“图片”字段内容进行更新。

操作步骤如下：

（1）为“商品”表增加一个 OLE 对象型字段“图片”。

（2）打开 VB.NET 系统，新建一个 Windows 窗体应用程序项目。

（3）在窗体 Form1 中添加一个控件 OpenFileDialog1。

（4）将“工具箱”中的 BindingSource 控件添加到窗体 Form1 正文的组件面板中，然后按下 F4 功能键，激活“属性”窗口。单击 DataSource 属性右侧的图标▼，在弹出的功能列表框中，单击“添加项目数据源”，打开如图 11-7 所示的“选择数据源类型”对话框。

（5）在图 11-7 中，单击选择“数据库”，然后单击“下一步”按钮，出现如图 11-8 所示的“选择数据库模型”对话框。

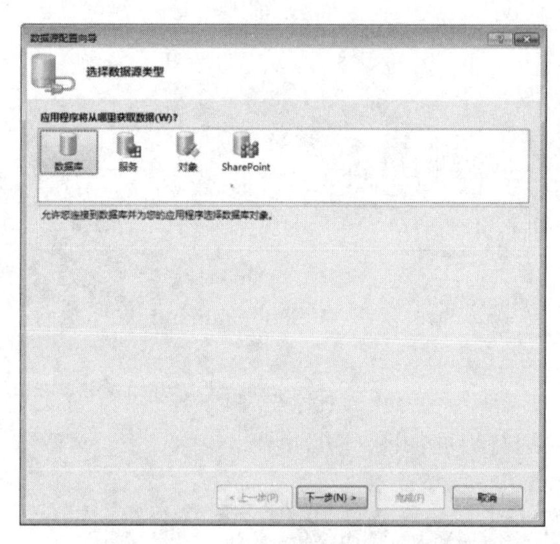

图 11-7 “选择数据源类型”对话框

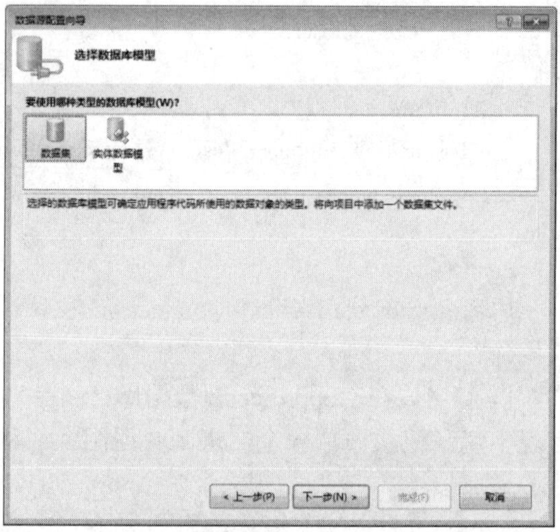

图 11-8 “选择数据库模型”对话框

（6）在图 11-8 中，单击选择“数据集”，然后单击“下一步”按钮，出现如图 11-9 所示的“选择您的数据连接”对话框。

（7）在图 11-9 中，单击“新建连接”按钮，出现如图 11-10 所示的“添加连接”对话框。

图 11-9 “选择您的数据连接”对话框

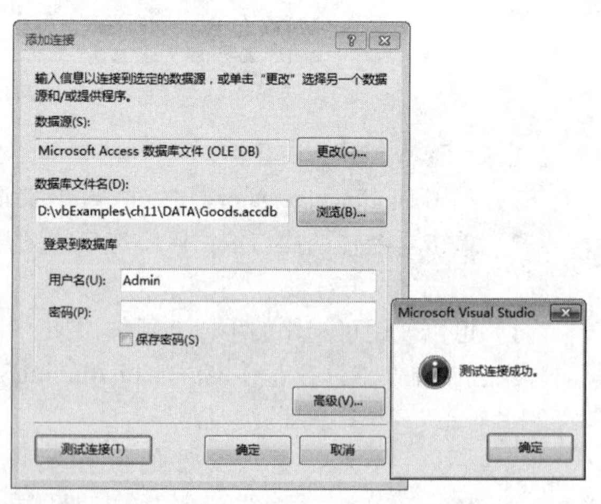

图 11-10 “添加连接”对话框

（8）在图 11-10 中，单击“更改”按钮，在出现的“更改数据源”对话框中，选择一个数据源类型，本题选择“Microsoft Access 数据库文件”，如图 11-11 所示。

（9）在图 11-11 中，单击“确定”按钮，回到如图 11-10 所示的对话框。单击“浏览”按钮，选择要连接的数据库文件，本题选择 Goods.accdb 数据库。

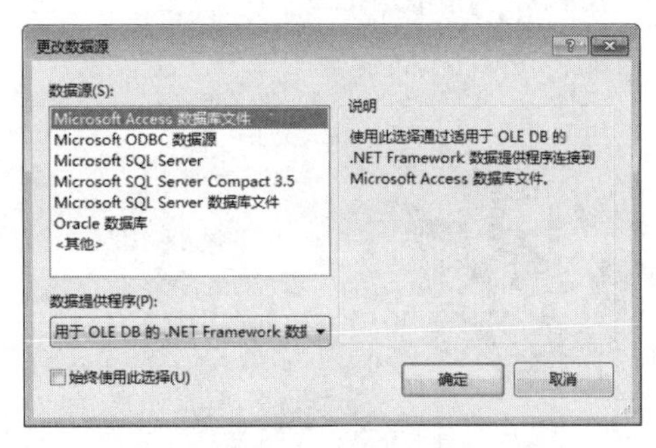

图 11-11　“添加连接”对话框

单击“测试连接”按钮，出现如图 11-10 右侧所示的“测试连接成功”对话框，则表明与 Goods.accdb 数据库正常连接，以后可以对该数据库进行读写操作了。

单击“确定”按钮，回到如图 11-9 所示的对话框。

（10）在图 11-9 中，单击“下一步”按钮，出现如图 11-12 所示的对话框。

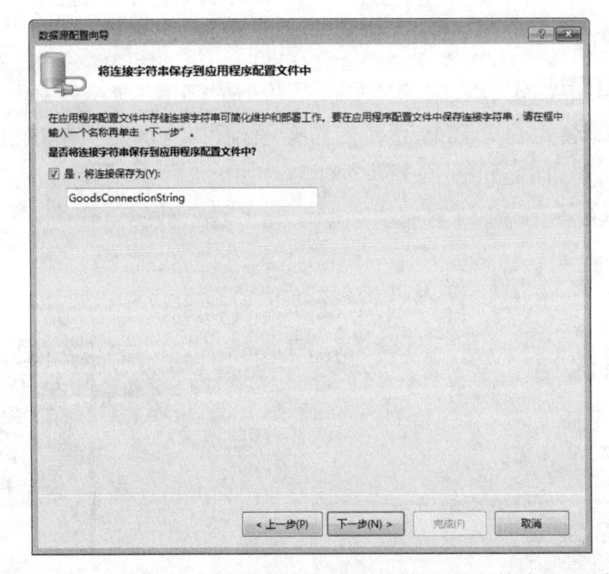

图 11-12　“将连接字符串保存到应用程序配置文件中”对话框

（11）在图 11-12 中，勾选“是否将连接字符串保存到应用程序配置文件中”项目下的“是，将连接保存为”，连接字符串名默认值为“GoodConnectinString”。

单击“下一步”按钮，出现数据文件是否复制到项目中的提示对话框，如图 11-13 所示。

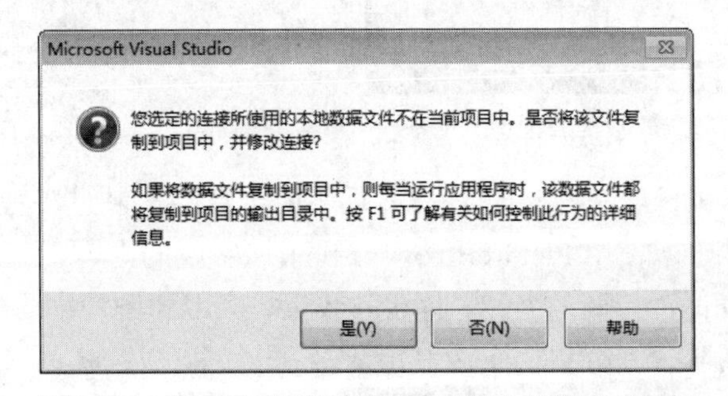

图 11-13　数据文件是否复制到项目中的提示对话框

（12）在图 11-13 中，单击“是”或“否”按钮，都将出现如图 11-14 所示的“选择数据库对象”对话框。

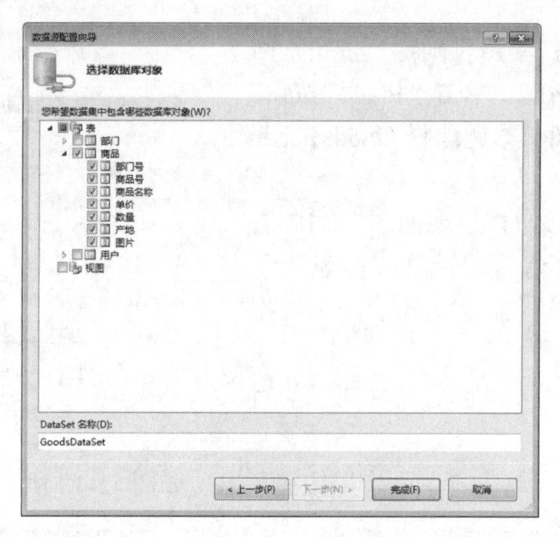

图 11-14 “选择数据库对象”对话框

（13）在图 11-14 中，勾选表中的“商品”，然后单击“完成”按钮，此时在窗体 Form1 下方的组件面板中出现名为 GoodsDataSet 的数据集控件。同时，“解决方案资源管理器”窗口中出现 App.config 和 GoodsDataSet.xsd 两个对象，如图 11-15 所示。

（14）执行 VB.NET 系统中“数据”菜单下的“显示数据”命令，打开如图 11-16 所示的“数据源”窗口。

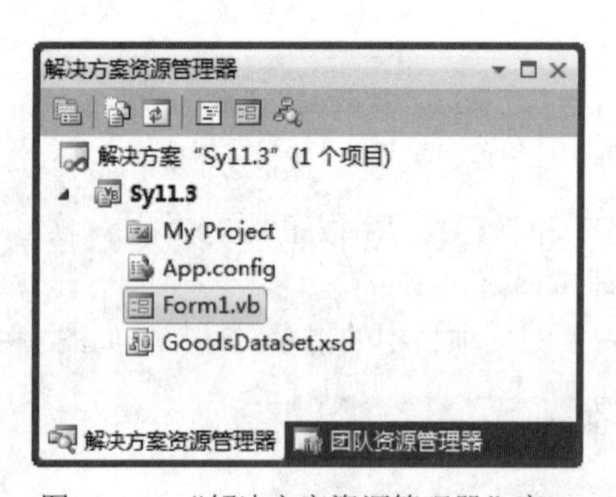

图 11-15 “解决方案资源管理器”窗口

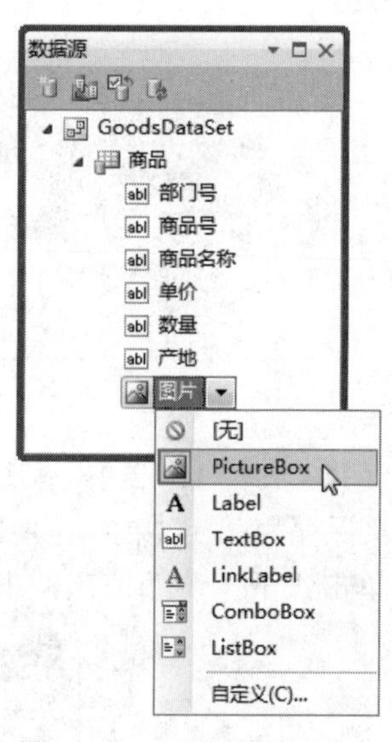

图 11-16 “数据源”窗口

（15）在图 11-16 中，展开 GoodsDataSet 项下的“商品”表。单击“图片”字段右侧的▼按钮，选择 PictureBox，即使用 PictureBox 对象显示该字段的内容。

依次将部门号、商品号、商品名称、单价、数量、产地和图片字段分别拖放到窗体 Form1 中。此时，Form1 窗体下方组件面板中出现了三个名为“商品 BindingSource”“商品 TableAdapter”和“TableAdapterManager”的控件。

（16）在窗体 Form1 中，添加两个命令按钮控件 Button1～2，修改其 Text 属性分别为“上传图片”和“关闭退出”。

（17）在窗体 Form1 中，添加一个名为 BindingNavigator1 的数据绑定导航条控件，并设置其 BindingSource 属性值为“商品 BindingSource”。

（18）编写窗体 Form1 和相关控件的事件代码，完整的程序如下：

```
Imports System.IO
Imports System.Data
Imports System.Data.OleDb '引入命名空间

Public Class Form1
    Dim cnn As OleDbConnection      '声明一个连接变量
    Private Sub DBInit()             '连接数据源
cnn = New OleDbConnection("Provider = Microsoft.ACE.OLEDB.12.0;Data Source=D:\vbExamples\ch11\ _
DATA\Goods.accdb")
cnn.Open()
    End Sub
    Private Sub DBRelease()          '断开数据源
        cnn.Close()
        cnn = Nothing
    End Sub
    Private Sub Button1_Click(…) Handles Button1.Click          '上传图片
        Dim fn As String      '用于表示所选择的文件名
        OpenFileDialog1.Title = "选择图片"
        OpenFileDialog1.Filter = "位图文件|*.bmp|JPEG 文件|*.jpg;*.jpeg|GIF|*.gif|PNG|*.png|ICO|*.ico| _
所有文件|*.*"
        OpenFileDialog1.FilterIndex = 2
        OpenFileDialog1.ShowDialog()
        fn = OpenFileDialog1.FileName
        PictureBox.Image = Image.FromFile(fn)    '图片
        FileOpen(1, fn, OpenMode.Binary)

        Dim bt(FileLen(fn) - 1) As Byte  '声明一个字节数组，其成员是选定的图像字节数
        Do While Not EOF(1) '读取图像文件内容
            FileGet(1, bt)
        Loop
        Dim sqlCmd As OleDbCommand = New OleDbCommand '创建 OleDbCommand 命令对象
        DBInit()
        sqlCmd.Connection = cnn
        sqlCmd.CommandType = CommandType.Text
        sqlCmd.CommandText = "Update 商品 Set 图片=@图片 where 商品号= '" &商品号 _
TextBox.Text & "'"
        sqlCmd.Parameters.Add("@图片", OleDbType.Binary).Value = bt sqlCmd.ExecuteNonQuery()
        MsgBox("图片上传成功")
        FileClose()
        '以下代码用于刷新图片
        sqlCmd = New OleDb.OleDbCommand("SELECT 图片 FROM 商品 WHERE 商品号= _
'" &商品号 TextBox.Text & "'")
```

```
            sqlCmd.CommandType = CommandType.Text
            sqlCmd.Connection = cnn
            Dim dr As OleDbDataReader
            dr = sqlCmd.ExecuteReader()
            PictureBox.Image = Image.FromStream(New MemoryStream(bt))
            New MemoryStream(bt)     '表示将字节数组 bt 转换为一个内存流
            dr.Close()
            dr = Nothing
            DBRelease() '断开数据源
        End Sub
        Private Sub Button2_Click(…) Handles Button2.Click              '关闭退出
            Me.Dispose(True)
        End Sub
        Private Sub Form1_Load(…) Handles MyBase.Load
            '下面代码将数据加载到"GoodsDataSet.商品"表中。用户可以根据需要移动或删除它
            'Me.商品 TableAdapter.Fill(Me.GoodsDataSet.商品)
        End Sub
    End Class
```

例 11-5 如图 11-17 所示，要求在文本框中输入数据并单击相应的按钮，可制作一个查询、插入、删除、修改"商品"数据表的系统。查询、删除、修改数据时以"商品号"为依据。

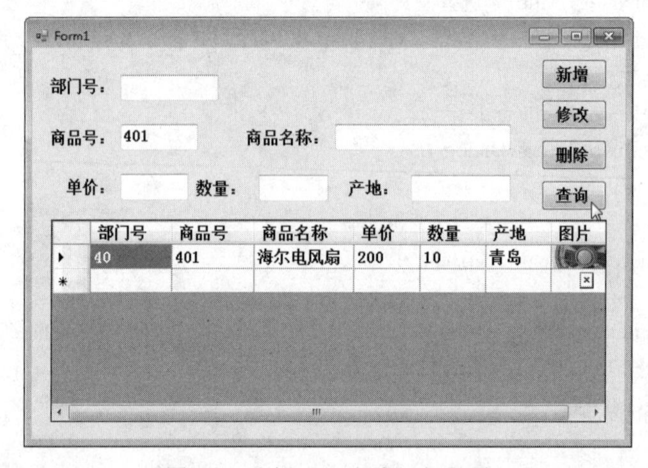

图 11-17 例 11-5 程序运行界面

分析：

（1）本题要使用 SQL 查询语句的 Select、Insert、Delete 和 Update 语句。

（2）为了能够在表格中显示数据，本题需要一个 DataGridView1 控件，另外还需要使用 OleDbCommand 命令对象的 ExecuteNonQuery 方法，以及一个 OleDbDataAdapter 对象和一个 DataSet 对象。

操作步骤如下：

（1）启动 VB.NET 的集成开发环境，新建一个 Windows 窗体应用程序项目。

（2）建立如图 11-17 所示的窗体。设置 DataGridView1 控件的 AutoSizeColumnsMode 属性值为 AllCells（即确定可见列的自动调整大小模式）。

（3）编写窗体 Form1 及各命令按钮的相关事件代码，完整的程序如下：

```
Imports System.Data
Imports System.Data.OleDb '引入命名空间

Public Class Form1
    Dim connStr As String '定义连接字符串
    Public Sub ShowGoods() '在 DataGridView1 控件中显示“商品”表中的所有记录
        Dim selectCmd As String
        selectCmd = "Select * From  商品  Order By  商品号  DESC"
        Dim conn As OleDbConnection, myAdapter As OleDbDataAdapter
        Dim myDataSet As New DataSet()   '声明数据集 DataSet 对象
        conn = New OleDbConnection(connStr)
        conn.Open() '建立连接
        myAdapter = New OleDbDataAdapter(selectCmd, conn)
        myAdapter.Fill(myDataSet, "商品")
        DataGridView1.DataSource = myDataSet.Tables("商品")
    End Sub

    Public Function GetSqlStr(ByVal str As String) As String
        Return str.Replace("'", "''") '将字符串的单引号改成双引号
    End Function

    Private Sub Form1_Load(…) Handles MyBase.Load
        connStr = "Provider = Microsoft.ACE.OLEDB.12.0;Data Source=D:\vbExamples\ch11\DATA\Goods.accdb"
        ShowGoods()
    End Sub

    Private Sub Button1_Click(…) Handles Button1.Click '新增
        Dim insertCmd As String
  insertCmd = "Insert Into  商品  (部门号,商品号,商品名称,单价,数量,产地) Values ('" & _
                    GetSqlStr(TextBox1.Text) & "','" & GetSqlStr(TextBox2.Text) & _
                    "','" & GetSqlStr(TextBox3.Text) & "','" & Val(TextBox4.Text) & _
                    "','" & GetSqlStr(TextBox5.Text) & "','" & GetSqlStr(TextBox6.Text) & "')"

        Dim conn As OleDbConnection, cmd As OleDbCommand
        conn = New OleDbConnection(connStr)
        conn.Open()
        cmd = New OleDbCommand(insertCmd, conn)
        cmd.ExecuteNonQuery()
        conn.Close()
        ShowGoods()
    End Sub

    Private Sub Button2_Click(…) Handles Button2.Click '修改
        Dim updateCmd As String
```

```
        updateCmd = "Update 商品 Set 部门号 ='" & GetSqlStr(TextBox1.Text) & _
                                "',商品号 ='" & GetSqlStr(TextBox2.Text) & _
                                "',商品名称 ='" & GetSqlStr(TextBox3.Text) & _
                                "',单价 ='" & GetSqlStr(TextBox4.Text) & _
                                "',数量 ='" & GetSqlStr(TextBox5.Text) & _
                                "',产地 ='" & GetSqlStr(TextBox6.Text) & _
                                "' Where 商品号 ='" & GetSqlStr(TextBox2.Text) & "'"
        Dim conn As OleDbConnection, cmd As OleDbCommand
        conn = New OleDbConnection(connStr)
        conn.Open()
        cmd = New OleDbCommand(updateCmd, conn)
        cmd.ExecuteNonQuery()
        conn.Close()
        ShowGoods()
    End Sub
    Private Sub Button3_Click(…) Handles Button3.Click '删除
        Dim delCmd As String
        delCmd = "Delete From 商品 Where 商品号 ='" & GetSqlStr(TextBox2.Text) & "'"
        Dim conn As OleDbConnection, cmd As OleDbCommand
        conn = New OleDbConnection(connStr)
        conn.Open()
        cmd = New OleDbCommand(delCmd, conn)
        cmd.ExecuteNonQuery()
        conn.Close()
        ShowGoods()
    End Sub

    Private Sub Button4_Click(…) Handles Button4.Click '查询
        Dim SelCmd As String
        SelCmd = "Select * From 商品 Where 商品号 ='" & GetSqlStr(TextBox2.Text) & "'"
        Dim conn As OleDbConnection, myAdapter As OleDbDataAdapter
        Dim myDataSet As New DataSet()  '声明数据集 DataSet 对象
        conn = New OleDbConnection(connStr)
        conn.Open() '建立连接
        myAdapter = New OleDbDataAdapter(SelCmd, conn)
        myAdapter.Fill(myDataSet, "Query")
        DataGridView1.DataSource = myDataSet.Tables("Query")
        conn.Close()
    End Sub
End Class
```

例 11-6 利用 Goods.accdb 数据库及其中的数据表，开发一应用程序 Gsearch（商品查询），要求如下：

（1）程序运行时时，首先在屏幕上显示一个下拉式菜单，如图 11-18 所示。

（2）当选择“选择查询”菜单项时，运行图 11-19 中创建的窗体 Selquery.vb。在窗体中选择相应的字段后，再单击“查询”按钮，可浏览查询结果，如图 11-20 所示。

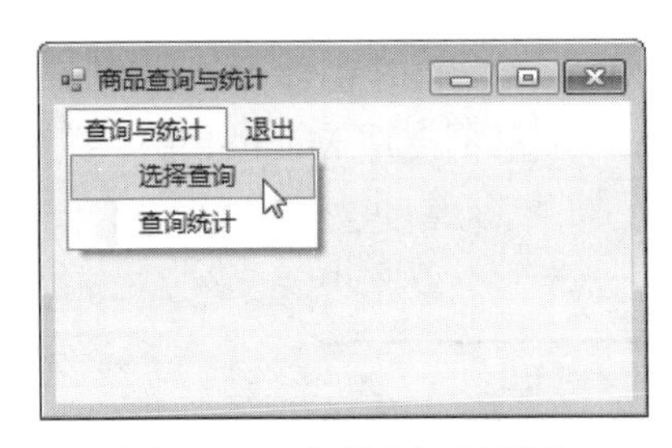

图 11-18　主程序运行界面

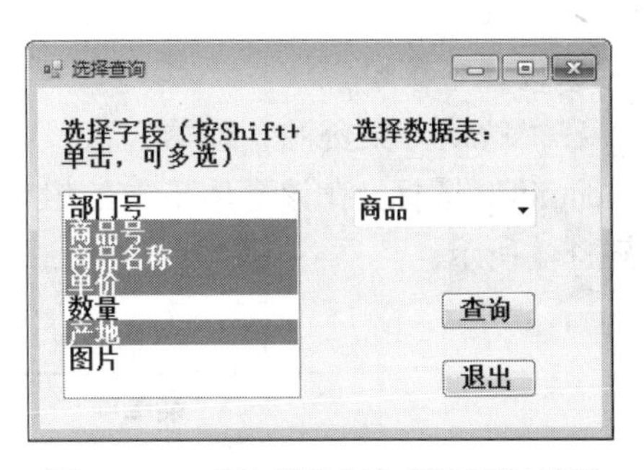

图 11-19　“选择查询”窗体运行界面

（3）当选择“查询统计”菜单项时，出现如图 11-21 所示的“查询统计”窗口。在“部门名称”组合框处选择一个部门名称，单击“统计”按钮，可显示统计结果。

查询结果

商品号	商品名称	单价	产地
101	长虹电视机	2100	绵阳
102	索尼电视机	2300	日本
201	松下传真机	1980	日本
202	TCL电话机	350	东莞
203	华为mate9	4568	深圳
301	海尔计算机	5980	青岛
302	联想计算机	6000	北京
401	海尔电风扇	200	青岛
404	格兰仕微波炉	400	青岛

图 11-20　“查询结果”窗口

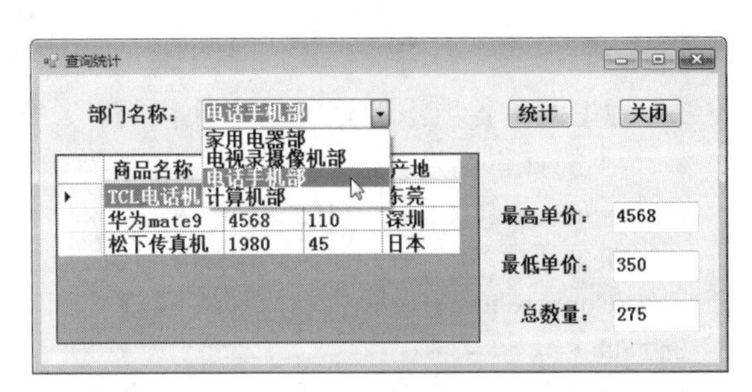

图 11-21　“查询统计”窗口

应用程序设计过程如下：

（1）设计多重窗体。

①启动 VB.NET，新建一个 Windows 窗体应用程序，将应用程序项目名称命名为“Gsearch”。

②执行“项目”菜单中的“添加 Windows 窗体”命令，添加三个窗体 Form2～4。设置窗体 Form1～4 的 Name 属性分别为 Main、Selquery、Results 和 Statistics；Text 属性分别为商品查询与统计、选择查询、查询结果和查询统计。

执行“项目”菜单中的“添加模块”命令，添加一个模块，其名称为 Cprog。

③保存项目，窗体 Form1～4 和模块分别以文件名 Main.vb、Selquery.vb、Results.vb、Statistics.vb 和 Cprog.vb 存盘，如图 11-22 所示。

图 11-22　“解决方案资源管理器”窗口

（2）设计主菜单。

1）在“解决方案资源管理器”窗口中双击窗体 Main.vb，打开窗体设计器。双击工具箱中的 MenuStrip 图标，在该窗体下方的组件面板中添加一个菜单控件 MenuStrip1。菜单项及含义如表 11-4 所示。

表 11-4　菜单项及其含义

菜单项	名称
查询与统计	Search
……选择查询	Query
……查询统计	Stat
退出	Quit

2）为主菜单各项添加有关的事件代码。

- “选择查询”（Query）的 Click 事件代码

```
Private Sub Query_Click(…) Handles Query.Click ' “选择查询” 菜单项
    Me.Hide()
    Selquery.Show() '显示 “选择查询” 窗口
End Sub
```

- “查询统计”（Stat）的 Click 事件代码

```
Private Sub Stat_Click(…) Handles Stat.Click ' “查询统计” 菜单项
    Me.Hide()
    Statistics.Show() '显示 “查询统计” 窗口
End Sub
```

- “退出”（Quit）的 Click 事件代码

```
Private Sub Quit_Click(…) Handles Quit.Click '退出
    Me.Dispose(True)
End Sub
```

3）在模块 Cprog.vb 程序代码中，编写以下语句：

```
Imports System.Data
Imports System.Data.OleDb '引入命名空间
Module Cprog
    Public St As String, DepName As String   '定义两个全局变量，表示统计量和部门
    Public myStr As String = "Provider = Microsoft.ACE.OLEDB.12.0;Data Source=D:\vbExamples\ch11\ _
DATA\Goods.accdb" '声明一个连接字符串变量 myStr
    '如果将数据库所在文件夹放到当前项目的 bin\Debug\Data 文件夹中，则需要下面的连接字符串
    'Provider=Microsoft.ACE.OLEDB.12.0;Data _
Source=D:\vbExamples\ch11\Sy11.6\Gsearch\bin\Debug\Data\Goods.accdb
    Public mySql As String '声明一个 SQL 文本变量
    Public myConn As OleDbConnection = New OleDbConnection()
End Module
```

（3）设计“选择查询”（Selquery.vb）窗体。

1）在“解决方案资源管理器”窗口中双击窗体 Selquery.vb，打开窗体设计器。

2）在窗体上添加两个标签 Label1～2、两个命令按钮 Button1～2、一个列表框 ListBox1 和一个组合框 ComboBox1。设置组合框 ComboBox1 的两个 Items 属性分别为“部门”和“商

品”；列表框 ListBox1 的 SelectionMode 属性值为 MultiSimple，表示可多选。其他各控件属性采用默认值。

3）添加窗体及控件的有关事件代码。

- 编写组合框 ComboBox1 的 SelectedIndexChanged 事件代码，其功能为在组合框中选择不同项时，列表框 ListBox1 的内容也将发生变化，代码如下：

```
Private Sub ComboBox1_SelectedIndexChanged(…) Handles ComboBox1.SelectedIndexChanged
    If Trim(ComboBox1.Text) = "部门" Then
        ListBox1.Items.Clear()
        ListBox1.Items.Add("部门号") : ListBox1.Items.Add("部门名称")
    Else
        ListBox1.Items.Clear()
        ListBox1.Items.Add("部门号")
        ListBox1.Items.Add("商品号")
        ListBox1.Items.Add("商品名称")
        ListBox1.Items.Add("单价")
        ListBox1.Items.Add("数量")
        ListBox1.Items.Add("产地")
        ListBox1.Items.Add("图片")
    End If
End Sub
```

- “查询”按钮 Button1 的 Click 事件代码

```
Private Sub Button1_Click(…) Handles Button1.Click    '查询
    DepName = Trim(ComboBox1.Text) : St = ""
    For i = 0 To ListBox1.Items.Count - 1
        If ListBox1.GetSelected(i) Then    '判断列表项是否被选定
            St = St + Trim(ListBox1.Items(i)) & ","
        End If
    Next
    St = Mid(St, 1, Len(St) - 1) '组成一个字符串
    Me.Hide()
    Results.Show()
End Sub
```

- “退出”按钮 Button2 的 Click 事件代码

```
Private Sub Button2_Click(…) Handles Button2.Click '退出
    Me.Hide()
    Main.Show() '显示 Main 窗口
End Sub
```

- “选择查询”（Selquery.vb）窗体的 Load 事件代码

```
Private Sub Selquery_Load(…) Handles MyBase.Load
    ComboBox1.Text = "部门"
    ListBox1.Items.Clear()
    ListBox1.Items.Add("部门号")
    ListBox1.Items.Add("部门名称")
End Sub
```

- “选择查询”（Selquery.vb）窗体的 FormClosed 事件代码

```
Private Sub Selquery_FormClosed(…) Handles Me.FormClosed
```

```
        Main.Show() '显示 Main 窗口
    End Sub
```

（4）设计“查询结果”（Results.vb）窗体。

1）在“解决方案资源管理器”窗口中双击窗体 Results.vb，打开窗体设计器。

2）在窗体上添加一个数据格视图控件 DataGridView1。

3）为窗体添加相关事件代码，完整的程序代码如下：

```
Imports System.Data
Imports System.Data.OleDb '引入命名空间
Public Class Results '查询结果
    Private Sub Results_FormClosed(…) Handles Me.FormClosed
        Selquery.Show()   '关闭窗口
    End Sub
    Private Sub Results_Load(…) Handles MyBase.Load
        myConn.ConnectionString = myStr
        myConn.Open()
        mySql = "Select " & St & " From " & DepName
        Dim myda As New OleDbDataAdapter(mySql, myConn)
        Dim myds As New DataSet
        myda.Fill(myds, DepName)
        DataGridView1.AutoSizeColumnsMode = DataGridViewAutoSizeColumnsMode.AllCells
        DataGridView1.AutoSizeRowsMode = DataGridViewAutoSizeRowsMode.AllCells
        DataGridView1.DataSource = myds.Tables(DepName)
        DataGridView1.Sort(DataGridView1.Columns(0), System.ComponentModel.ListSortDirection. _
                Ascending) '按第一列排序
        myConn.Close()
    End Sub
End Class
```

（5）设计“查询统计”（Statistics.vb）窗体。

1）在“解决方案资源管理器”窗口中双击窗体 Statistics.vb，打开窗体设计器。

2）在窗体 Statistics.vb 中添加一个组合框控件 ComboBox1、一个数据格视图控件 DataGridView1、四个标签 Label1～4、三个文本框 TextBox1～3 和两个命令按钮 Button1～2。调整各控件的布局和默认属性。

3）为窗体 Statistics.vb 添加相关事件代码，完整的程序代码如下：

```
Imports System.Data
Imports System.Data.OleDb '引入命名空间
Public Class Statistics
    Private Sub Button2_Click(…) Handles Button2.Click '关闭
        Me.Close()
        Main.Show()
    End Sub
    Private Sub Button1_Click(…) Handles Button1.Click '统计
        myConn.ConnectionString = myStr
        myConn.Open() '连接数据源
        DepName = Trim(ComboBox1.Text)
        mySql = "Select 商品.商品名称,商品.单价,商品.数量,商品.产地 From 部门,商品 Where _
部门.部门名称 = " & "'" & DepName & "'" & " And 部门.部门号=商品.部门号"
        '以上用于查询指定部门名称的数据
```

```
        Dim myda As New OleDbDataAdapter(mySql, myConn)
        Dim myds As New DataSet
        myds.Clear() '清除数据集中的所有行
        myda.Fill(myds, "statTable")
        DataGridView1.AutoSizeColumnsMode = DataGridViewAutoSizeColumnsMode.AllCells
        DataGridView1.AutoSizeRowsMode = DataGridViewAutoSizeRowsMode.AllCells
        DataGridView1.DataSource = myds.Tables("statTable")
        DataGridView1.Sort(DataGridView1.Columns(0), System.ComponentModel.ListSortDirection. _
                Ascending) '按第一列排序
        DataGridView1.Refresh()
        myConn.Close()
        Dim rows As Integer = myds.Tables(0).Rows.Count        '获取内存中"商品"表的行数
        Dim cols As Integer = myds.Tables(0).Columns.Count    '获取内存中"商品"表的列数
        Dim i As Integer
        Dim maxPrice!, minPrice!, tNum% '分别定义最高单价、最低单价和总数量
        '读取数据表中每行的"单价"字段值，并求出最大值 maxPrice 和最小值 minPrice
        maxPrice = myds.Tables(0).Rows(0).Item(1)  '取第一条记录的单价作为最大值
        minPrice = myds.Tables(0).Rows(0).Item(1)  '取第一条记录的单价作为最小值
        tNum = myds.Tables(0).Rows(0).Item(2)
        For i = 1 To rows - 1
            If maxPrice < myds.Tables(0).Rows(i).Item(1) Then
                maxPrice = myds.Tables(0).Rows(i).Item(1)
            End If
            If minPrice > myds.Tables(0).Rows(i).Item(1) Then
                minPrice = myds.Tables(0).Rows(i).Item(1)
            End If
            tNum = tNum + myds.Tables(0).Rows(i).Item(2) '求部门所属设备数量之和
        Next
        TextBox1.Text = maxPrice
        TextBox2.Text = minPrice
        TextBox3.Text = tNum
    End Sub

    Private Sub Statistics_FormClosed(…) Handles Me.FormClosed
        Main.Show() '关闭窗口
    End Sub

    Private Sub Statistics_Load(…) Handles MyBase.Load
        TextBox1.Text = "" : TextBox2.Text = "" : TextBox3.Text = ""
        Dim myds1 As New DataSet '建立一个数据集 myds1
        myConn.ConnectionString = myStr
        myConn.Open()
        mySql = "Select  部门名称  From  部门"
        Dim myda As New OleDbDataAdapter(mySql, myConn)
        myda.Fill(myds1, "Department")
        ComboBox1.DataSource = myds1
        ComboBox1.DisplayMember = "Department.部门名称"
        myConn.Close()
    End Sub
End Class
```

（6）设置应用程序的“启动对象”。

执行“项目”菜单中的“Gsearch 属性”命令，显示 Gsearch 选项卡，如图 11-23 所示。

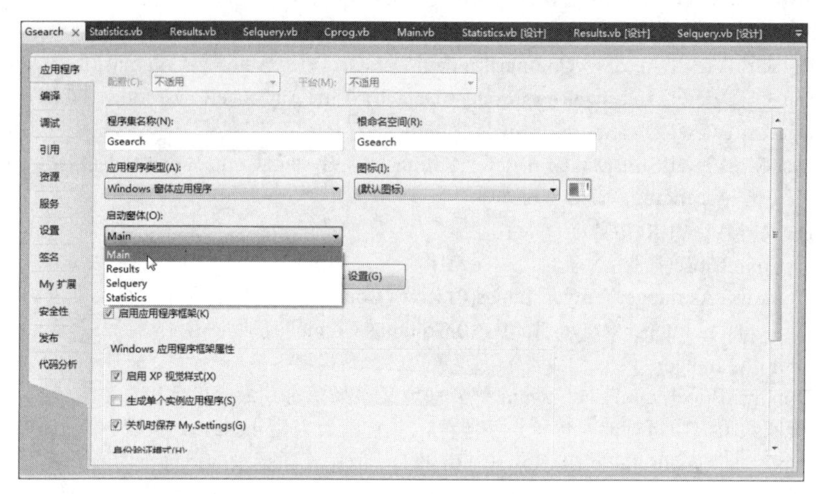

图 11-23 Gsearch 选项卡

在“应用程序”选项卡中，选择“启动窗体”列表框中的 Main，即设置窗体 Main 为应用程序的启动窗体。

例 11-7 打包并发布例 11-6 建立的 Gsearch（商品查询）应用程序。

操作步骤如下：

（1）在 VS2010 中选择“新建项目”→“其他项目类型”→Visual Studio Installer→“安装项目”，打开如图 11-24 所示的“新建项目”对话框。

图 11-24 “新建项目”对话框

（2）在图 11-24 所示的对话框下方的“名称”栏中，将项目名称命名为 Setup1，项目默认保存在 D:\VBSetup 文件夹中。单击“确定”按钮，出现如图 11-25 所示的“文件系统（Setup1）”选项卡。

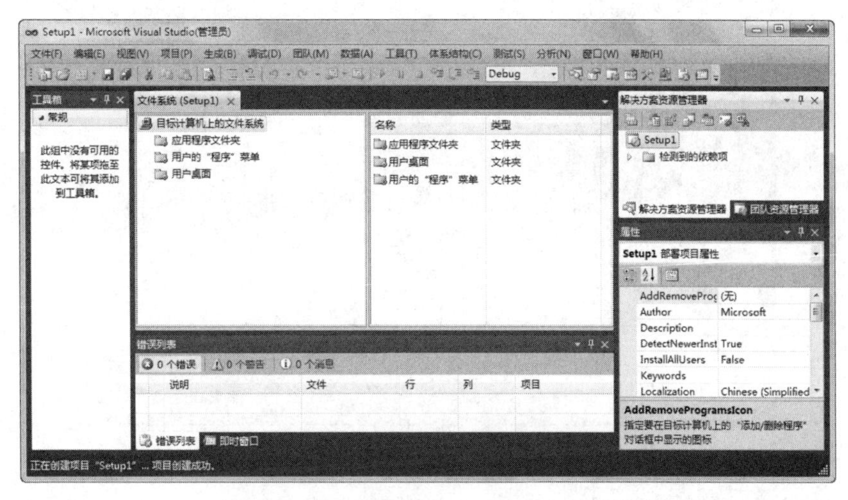

图 11-25　“文件系统（Setup1）”选项卡

如果指定的位置已经有以前所建立的文件夹，将出现如图 11-26 所示的系统提示对话框，单击“是”按钮，系统将覆盖现有的解决方案。

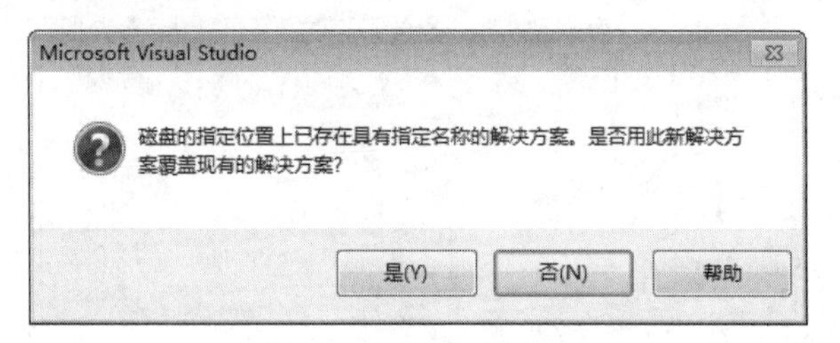

图 11-26　系统提示对话框

图 11-25 所示的“文件系统（Setup1）”选项卡中有三个文件夹：

- “应用程序文件夹”表示要安装的应用程序需要添加的文件。
- “用户桌面”表示这个应用程序安装完，用户的桌面上创建的.exe 快捷方式。
- “用户的‘程序’菜单”表示应用程序安装完，用户的“开始”菜单中显示的内容一般在这个文件夹中，需要再创建一个文件用来存放“应用程序.exe”和“卸载程序.exe”。

（3）添加要打包的文件。

在“应用程序文件夹”上右击鼠标，在弹出的快捷菜单中，依次执行“添加”→“文件”命令，如图 11-27 所示。

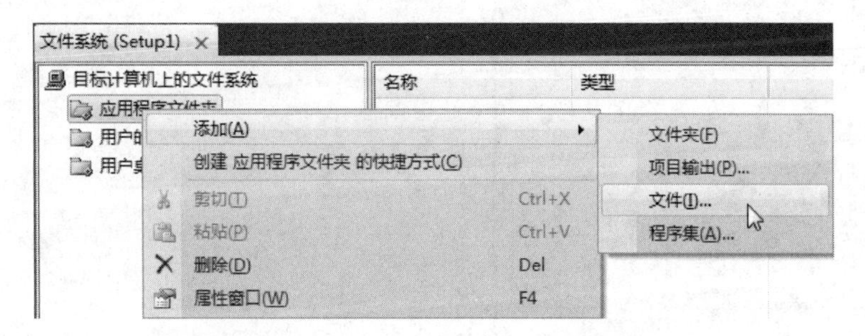

图 11-27　“应用程序文件夹”上的快捷菜单

添加的文件一般是已经编译过应用程序的 Debug 目录下的文件，如图 11-28 所示。

图 11-28 “添加文件”对话框

如果 Debug 下面有子文件夹则需要执行“添加”→“文件夹”命令，例如 Data。创建后的文件夹如图 11-29 所示，然后把对应的子文件夹里的内容添加到应用程序文件夹中。把需要创建程序快捷方式的图标也添加进来，图标文件的扩展名为 ico，如 Gsearch.ico。

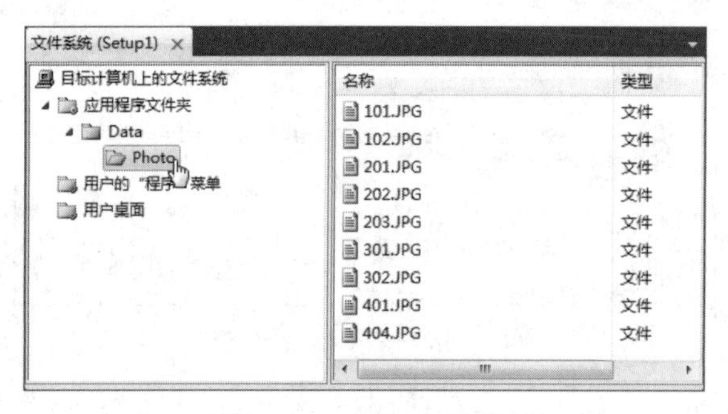

图 11-29 添加文件夹

（4）设置属性。

1）如图 11-30 所示，在“解决方案资源管理器”窗口中，右击项目名称 Setup1，执行快捷菜单中的“属性”命令，打开如图 11-31 所示的“Setup1 属性页”对话框。

图 11-30 项目“Setup1”的快捷菜单

图 11-31 “Setup1 属性页”对话框

2）在图 11-31 所示的对话框中，单击“系统必备”按钮，打开如图 11-32 所示的“系统必备”对话框。

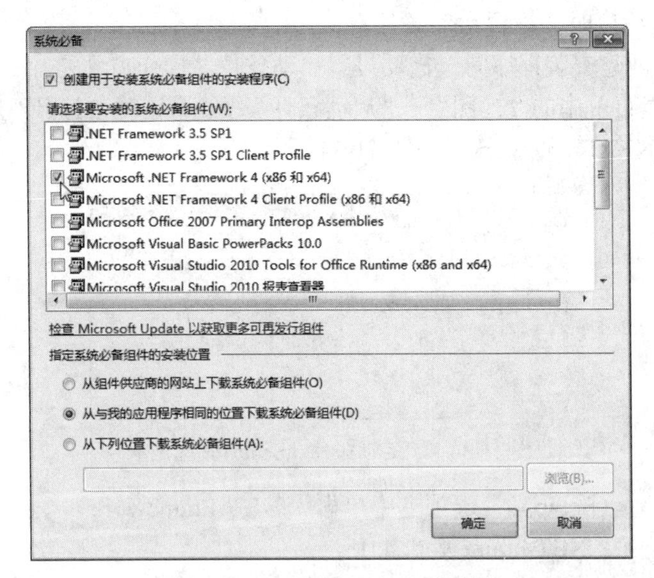

图 11-32 “系统必备”对话框

选择.NET 的版本，这样安装包就会打包.NET FrameWork，在安装时不会从网上下载.NET FrameWork 组件，但是安装包会比较大。

勾选.NET Framework 4（x86 和 x64）或.NET Framework 4 Client Profile（x86 和 x64）。

勾选 Windows Installer 3.1（可选项），并选择“从与我的应用程序相同的位置下载系统必备组件”。

单击“确定”按钮，返回到图 11-31 所示的界面。

3）在图 11-31 所示的对话框中，单击该对话框右上角的“配置管理器”按钮，打开如图 11-33 所示的“配置管理器”对话框。

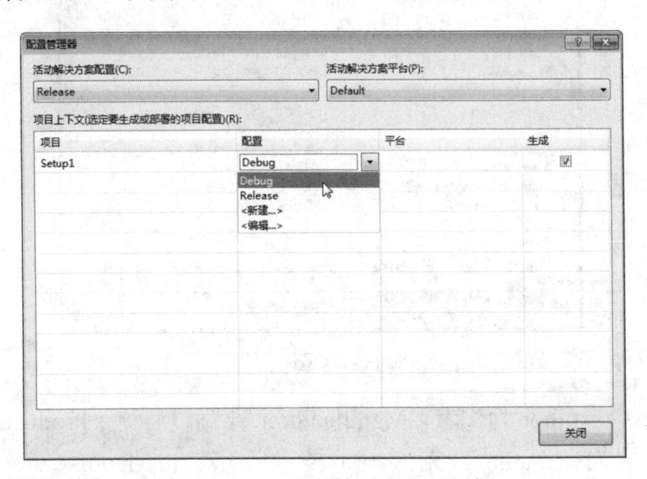

图 11-33 “配置管理器”对话框

在“项目上下文（选定要生成或部署的项目配置）”列表框处，单击项目 Setup1 右侧的配置列的▾按钮，在其列表中选择生成程序所在的目录，本例选择 Debug。

单击“关闭”按钮，返回到图 11-31 所示的界面。再次单击“确定”按钮，返回到图 11-30 所示的界面。

（5）创建安装程序时，设置启动条件。

1）VB.NET 在创建安装程序时，需要设置启动条件。操作方法是：在项目名称（Setup1）上，右击并执行快捷菜单中的“视图”→“启动条件”命令，这时会打开“启动条件（Setup1）”选项卡并创建文件.NET Framework，如图 11-34 所示。

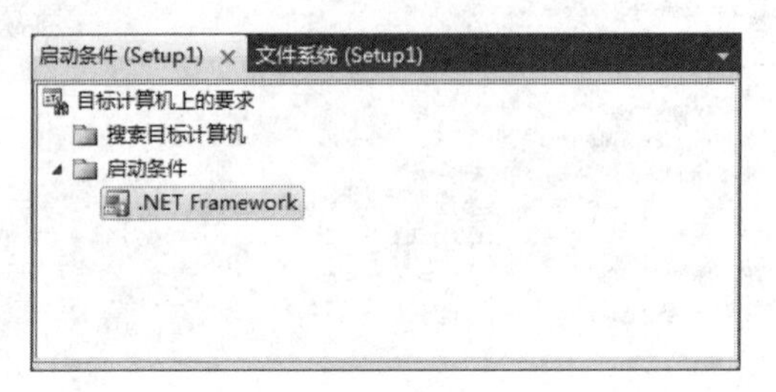

图 11-34 “启动条件（Setup1）选项卡

2）在“启动条件（Setup1）”选项卡中单击“.NET Framework”，然后在其“属性”窗口中设置 Version 属性为“.NET Framework 4.0”。

这样，.NET Framework 4.0 上创建的项目在安装时，就不会安装其他版本的.NET Framework，也不会重启。

（6）设置安装文件的目录（路径）。

在“解决方案资源管理器”窗口中单击“Setup1”项目名称，在“属性”窗口中设置参数，如图 11-35 所示。

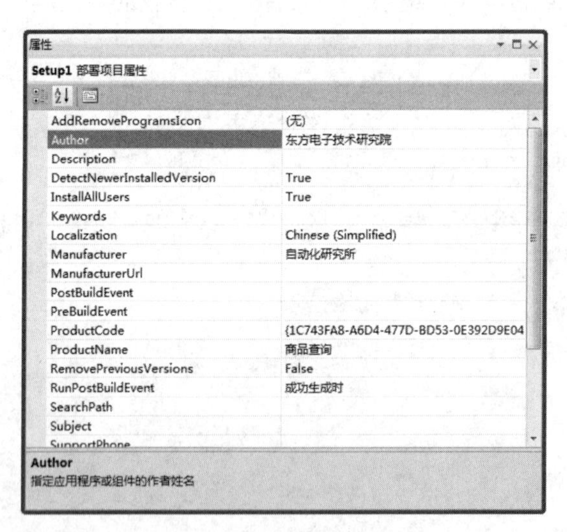

图 11-35 “属性”窗口

1）“属性”窗口中 Author 为作者，Manufacturer 为公司名称，ProductName 为应用程序的名字，例如我们设置为：Author，东方电子技术研究院；Manufacturer，自动化研究所；ProductName，商品查询。这样在“控制面板”程序中会显示公司的名称。

2）将 InstallAllUsers 设置为 True，在安装时会默认为“任何人”，否则默认为“只有我”。

3）在“文件系统”选项卡中，单击“应用程序文件夹”并打开其“属性”窗口，如图 11-36

所示。在 DefaultLocation 属性中设置程序的安装位置。其中，第一项为系统主目录（默认 C:\Programe），第二项为公司名（[Manufacturer]），第三项为应用程序名称，这样在安装时就会创建两层的文件路径。此处需要删除 DefaultLocation 中的[Manufacturer]，删除后只有应用程序的名称。

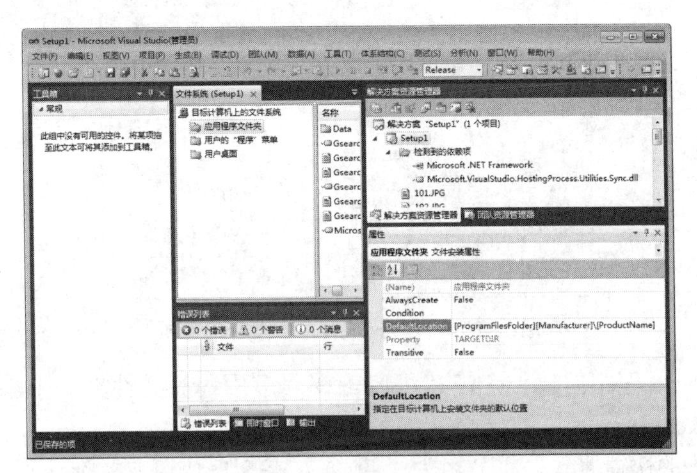

图 11-36 “属性”窗口

（7）创建应用程序图标与卸载程序

1）在“应用程序文件夹”的.exe 文件上右击，创建快捷方式，如图 11-37 所示。

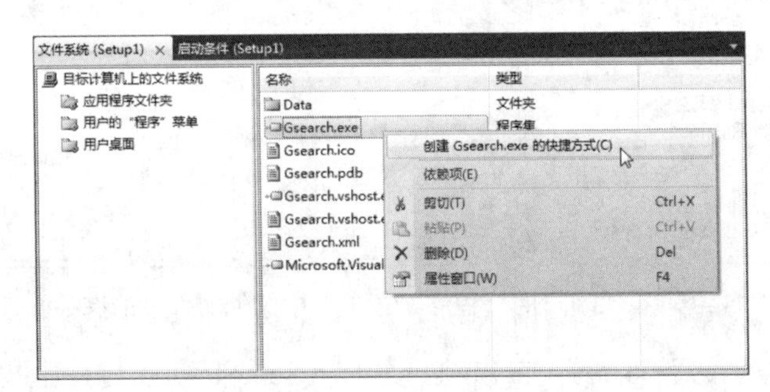

图 11-37 创建应用程序的快捷方式

这时在该文件的下方出现 Gsearch.exe 的快捷方式 快捷方式，将此文件重命名为“商品查询”。

2）单击“商品查询”快捷方式文件名，按下 F4 键，打开“属性”窗口。找到 Icon 属性，单击该属性右侧的▼，执行“浏览”命令，打开如图 11-38 所示的对话框并单击“确定”按钮后，拖动此快捷方式到“文件系统（Setup1）”选项卡的“用户桌面”中。

3）单击“浏览”按钮，出现如图 11-39 所示的“选择项目中的项”对话框。在“查找范围”列表框中，找到并打开之前添加的“Gsearch.ico”。

4）在“用户的‘程序’菜单”中添加一个文件夹，命名为“商品查询”，然后用同样的方式创建 Gsearch.exe 的第二个快捷方式（命名为“商品查

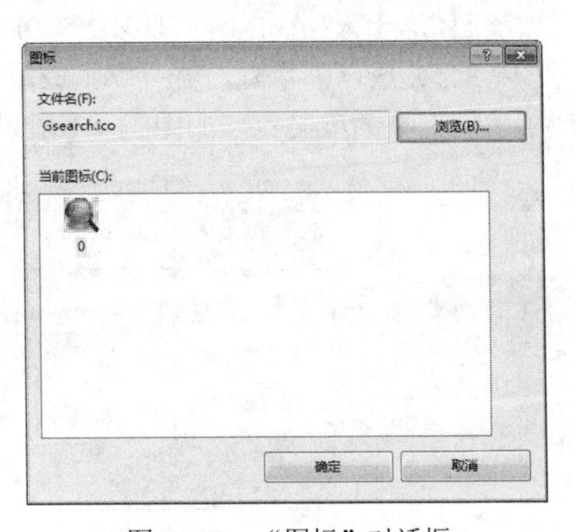

图 11-38 “图标”对话框

询测试程序”)，将其拖动到“用户的‘程序’菜单”。

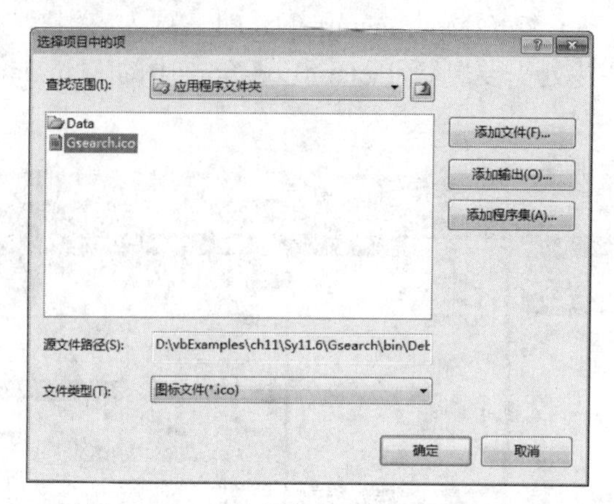

图 11-39 “选择项目中的项”对话框

5）给.NET 应用程序创建一个卸载程序。在“应用程序文件夹”中添加“C:\Windows\System32\Msiexec.exe”。

创建卸载程序的快捷方式，重命名为“卸载”，并把此快捷方式拖动到“用户的‘程序’菜单”，如图 11-40 所示。

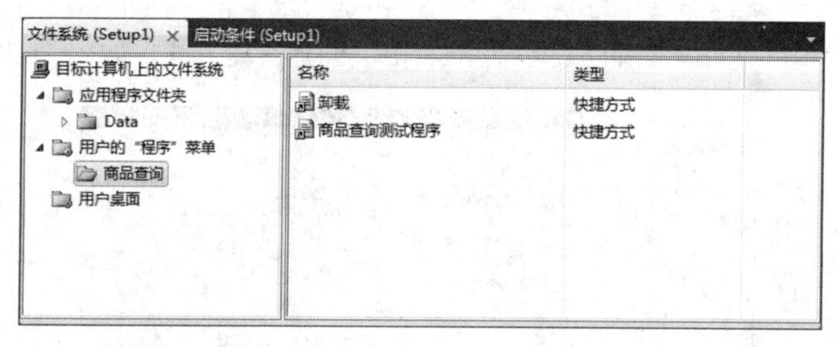

图 11-40 在“用户的‘程序’菜单”中添加文件夹的有关文件

6）在“解决方案资源管理器”，单击项目名称（Setup1），在属性中找到 ProductCode（指定应用程序的唯一标识符）。复制此 ProductCode，粘贴到“卸载”快捷方式的 Arguments 属性（指定此快捷方式的命令行参数），前面加/x 空格，即如下形式：

/x {1C743FA8-A6D4-477D-BD53-0E392D9E04B7}

（8）完成以上步骤，就可以生成解决方案了。生成解决方案后，在 Debug 文件夹中就出现了我们需要的安装包，如图 11-41 所示。

图 11-41 生成的有关安装文件包

复制展开的文件夹到其他计算机，双击 setup.exe 可进行安装。安装完成后在“开始”菜单中有“商品查询”文件夹，里面有我们创建的两个快捷方式，桌面上也有一个快捷方式。如图 11-42 所示。

图 11-42　“开始”菜单中的“商品查询”文件夹和桌面快捷方式

三、实验练习

1．试利用 Access 2010 数据库软件创建数据库 BM.accdb，该数据库有数据表 Book。Book 数据表结构如表 11-5 所示。Book 数据表部分数据如图 11-43 所示。

表 11-5　Book 数据表结构

字段名称	类型	大小	格式	允许空字符串	索引
书号	文本	2		否	有(无重复)
书名	文本	30		否	
单价	数字	长整数	小数位数：自动		
数量	数字	长整数	小数位数：自动		

书号	书名	单价	数量
123456	Visual Basic .NET程序设计	55	3000
234567	Flash CS6网页高手	46	2000
345678	Flash CS6网页程序设计	39	2000
*		0	0

图 11-43　练习 1 图

2．使用 BindingManagerBase 对象，新建可浏览首记录、上一条记录、下一条记录和尾记录的菜单，如图 11-44 所示。

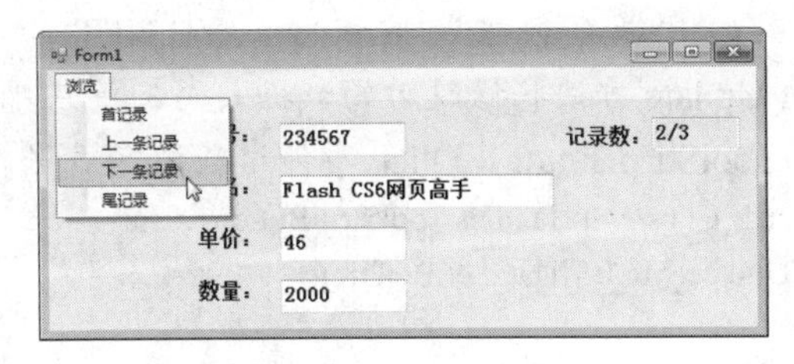

图 11-44　练习 2 图

3．制作可新建、修改、删除图书记录的图书管理程序，如图 11-45 所示。单击“查询”按钮将出现一个 InputBox 对话框，在该对话框中输入需要查询的书名，若找到则 DataGridView1 会显示该条记录，若没有找到则 DataGridView1 不会显示任何记录。

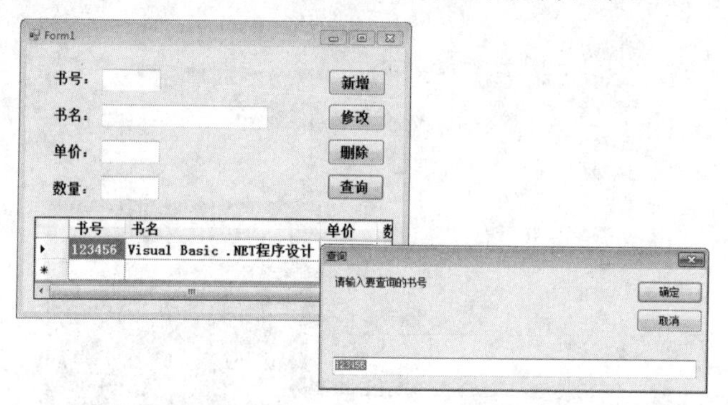

图 11-45　练习 3 图

4．利用配套主教材《Visual Basic.NET 程序设计》第 11 章的“学生”数据表编写一个程序，采用数据绑定的方式将所有记录显示在 DataGridView 控件中，将每条记录的姓名和年龄分别显示在文本框中，并能通过单击 DataGridView 中不同记录实现控件之间的同步，如图 11-46 所示。

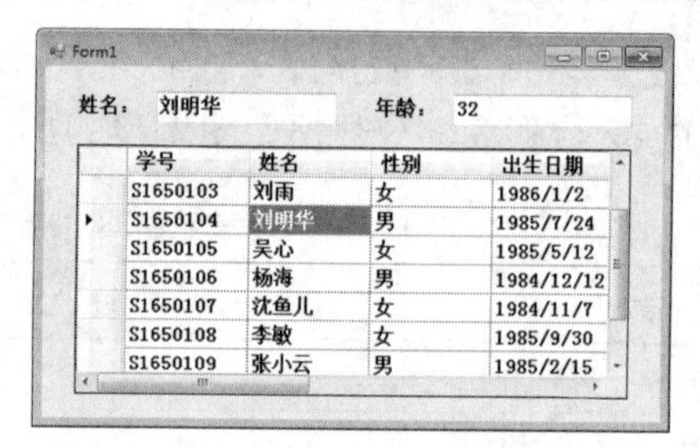

图 11-46　练习 4 图

5．使用练习 1 题 Book 表中的数据，利用向导的方式实现数据的更新，如图 11-47 所示。

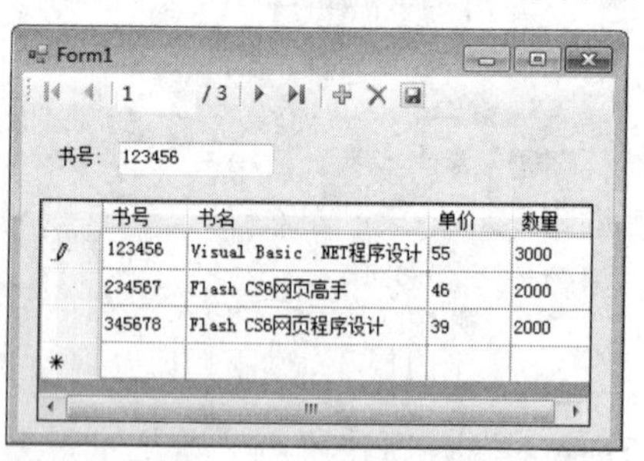

图 11-47　练习 5 图

提示：单击导航栏上的“保存数据”按钮。VB.NET 使用网格的表适配器对象（BOOKTableAdapter）的 Update 方法将修改后的数据集写回到基础数据库。

下列语句用于在学生 ToolStripButton1_Click 事件过程中完成保存操作。

```
Private Sub ToolStripButton1_Click(…) Handles ToolStripButton1.Click
    BOOKTableAdapter.Update(Me.BMDataSet.BOOK)
End Sub
```

完成保存操作后，“学生”表被永久地修改。

6．如图 11-48 所示，在窗口 Form1 中从左到右依次添加 5 个命令按钮控件 Button1～6、2 个数据网格浏览控件 DataGridView1～2 和 1 个列表框控件 ListBox1。

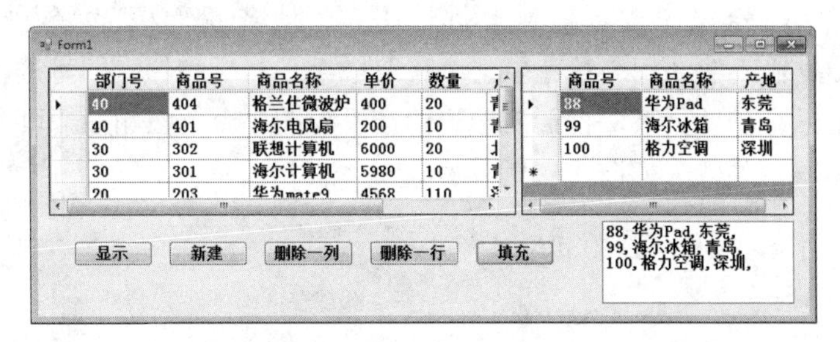

图 11-48　练习 6 图

程序实现如下功能：

（1）单击“显示”按钮 Button1，显示 Goods.accdb 数据库中“商品”表的数据。

（2）单击“新建”按钮 Button2，在 DataGridView2 中建立一个表格并添加 DataGridView1 中的三条数据。

（3）单击“删除一列”按钮 Button3 和“删除一行”按钮 Button4，分别实现删除 DataGridView2 表格的第一列和第一行。

（4）单击“填充”按钮 Button5，可用来将 DataGridView2 表格中的数据填充到 ListBox1 中，每行显示源表中一行信息，信息字段用逗号分隔。

7．创建一个留言簿程序，把客人的留言“放入”数据库中，如图 11-49 所示。

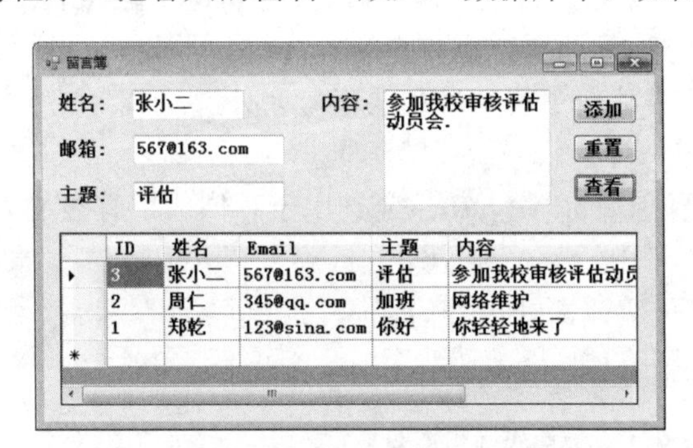

图 11-49　练习 7 图

建立一个留言簿的 Access 数据库文件 Guestbook.accdb，其中表名为 Comments。数据表的结构如表 11-6 所示。

表 11-6　数据表的结构

字段名称	类型	大小	默认值	索引
ID	自动编号	长整型，递增		有(无重复)
姓名	文本	4		
Email	文本	30		
主题	文本	50		
内容	文本	255		
时间	日期/时间	长整数	=Now()	

注意：日期用默认值，这样可以获得留言时的时间，Access 加入记录时会自动写上当前准确时间。

8．绘制成绩等级分布图。在窗体中添加 1 个标签、1 个分组框、1 个文本框、2 个命令按钮。文本框用于接收输入的课程名称；单击“获取成绩”命令按钮，即可连接数据库，获取本课程的成绩，并在标签中显示该课程的人数；单击“绘图”命令按钮，即可绘制出各成绩等级所占百分比的柱形图，其效果如图 11-50 所示。

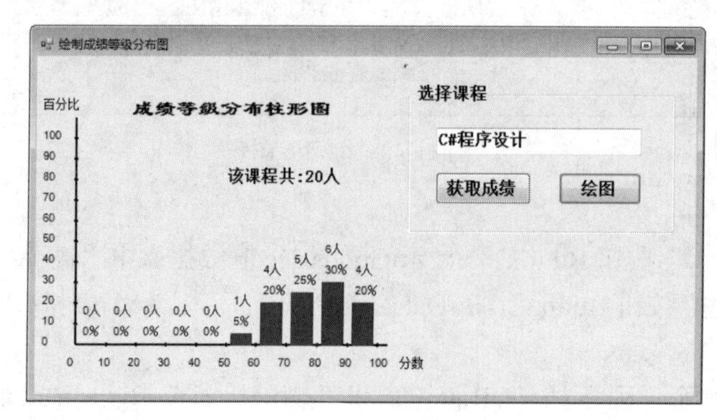

图 11-50　练习 8 图

要求如下：

（1）数据库设计。

以 student.mdb 数据库作为后台数据库，其中有 3 个表：学生表(学号，姓名，专业，班级)，学号为该表的主键；课程表(课程号，课程名称，学时，学分)，课程号为该表的主键；成绩表(学号，课程号，成绩)，成绩表中的学号和课程号为外键。

（2）程序实现。

定义 2 个模块级数组变量 a(9)、p(9)，分别用于存储成绩等级的人数和百分比；定义 1 个整型变量 i。

（3）下面给出部分代码，请补充其他代码。

```
Imports System.Data.OleDb '引用命名空间
Public Class Form1
    Dim i As Integer '定义 2 个模块级数组变量
    Dim a(9) As Integer '定义一个具有 10 个元素的数组，用于存储成绩等级的人数
    Dim p(9) As Integer '定义一个具有 10 个元素的数组，用于存储各等级的百分比

    Private Sub TextBox1_TextChanged(ByVal sender As System.Object, ByVal e As System.EventArgs)
    '在文本框中输入课程后的文本改变事件
        Me.Refresh() '刷新绘图区域，重新开始图形的绘制
        For i = 0 To 9
            a(i) = 0 '将用于存放成绩等级的人数置为 0
            p(i) = 0 '将用于存放成绩等级的百分比置为 0
        Next
    End Sub

    Private Sub Button1_Click(…) Handles Button1.Click            '获取成绩
        Dim conn As New OleDbConnection( _
"Provider=Microsoft.ACE.OLEDB.12.0;Data Source=D:\data\student.accdb")
```

```
        conn.Open()
        Dim strsql As String
        Dim cmd As New OleDbCommand
        cmd.Connection = ?
        strsql = "select count(*) from 成绩 where 课程号 in (select 课程号 from 课程 where _
课程名称='" & TextBox1.Text & "')"
        cmd.CommandText = ?
        Dim intnum As Integer
        intnum = ?  '获取输入课程的总人数
        Label1.Text = "该课程共：" & intnum.ToString & "人" '在标签中显示输入课程的总人数
        '将该课程成绩读入内存
        strsql = "select * from 成绩 where 课程号 in (select 课程号 from 课程 where 课程名称='" & _
TextBox1.Text & "')"
        cmd.CommandText = strsql
        Dim dap As New OleDbDataAdapter(cmd)
        Dim ds As New DataSet
        dap.Fill(?, "cj")
        '下面的代码将内存表中的数据读出并放入数组中
        Dim score(intnum) As Integer
        '定义一个用于存放成绩的数组()
        For i = 0 To intnum - 1
            score(i) = ?
        Next
        '下面的代码对变量 score 的值进行判断，并按等级将其添加到数组 a()中
        For i = 0 To intnum - 1
            Select Case score(i)
                Case 0 To 10
                    a(0) += 1
                Case 11 To 20
                    a(1) += 1
                Case 21 To 30
                    a(2) += 1
                Case 31 To 40
                    a(3) += 1
                Case 41 To 50
                    a(4) += 1
                Case 51 To 60
                    a(5) += 1
                Case 61 To 70
                    a(6) += 1
                Case 71 To 80
                    a(7) += 1
                Case 81 To 90
                    a(8) += 1
                Case 91 To 100
                    a(9) += 1
            End Select
        Next
        '计算各等级的百分比
        For i = 0 To 9
```

```
            p(i) = a(i) / intnum * 100   '计算各等级所占的百分比
        Next
        conn.Close()
    End Sub

    Private Sub Button2_Click(…) Handles Button2.Click   '绘制图形
        Dim g As Graphics
        g = Me.CreateGraphics
        Dim p1 As New Pen(Color.Black, 2)
        Dim p2 As New Pen(Color.Red, 2)
        Dim sb1 As New SolidBrush(Color.Black)
        Dim sb2 As New SolidBrush(Color.Red)
        Dim f As New Font("arial", 8)
        Dim f1 As New Font("隶书", 16, FontStyle.Bold)
        '绘制 X 轴和 Y 轴
        g.DrawLine(p1, 40, 60, 40, 280)
        g.DrawLine(p1, 40, 280, 350, 280)

        '绘制坐标轴刻度及显示的数字
        Dim i, j As Integer
        For i = 0 To 10
            For j = 0 To 9
                '绘制纵坐标轴的刻度，以 20 个像素为单位
                g.DrawLine(p1, 38, 260 - j * 20, 42, 260 - j * 20)
                '绘制横坐标轴的刻度，以 30 个像素为单位
                g.DrawLine(p1, 70 + j * 30, 278, 70 + j * 30, 282)
            Next
            g.DrawString(i * 10, f, sb1, 5, 270 - i * 20)
            '绘制纵向显示的数字
            g.DrawString(i * 10, f, sb1, 30 + i * 30, 290)
            '绘制横向显示的数字
        Next
        '绘制各等级所占百分比的柱形图
        For i = 0 To 9
            g.DrawRectangle(p2, 45 + i * 30, 280 - p(i) * 2, 20, p(i) * 2)        '绘制并填充柱形图
            g.FillRectangle(sb2, 45 + i * 30, 280 - p(i) * 2, 20, p(i) * 2)       '显示各等级人数

            g.DrawString(a(i) & "人", f, sb1, 45 + i * 30, 260 - p(i) * 2 - 20)   '显示各等级百分比
            g.DrawString(p(i) & "%", f, sb1, 45 + i * 30, 280 - p(i) * 2 - 20)
        Next

        g.DrawString("百分比", f, sb1, 5, 40)
        g.DrawString("分数", f, sb1, 360, 290)
        g.DrawString("成绩等级分布柱形图", f1, sb1, 90, 40)
    End Sub
End Class
```

附录　ASCII 基本字符集

1．ASCII 基本字符集及含义

H L	000	001	010	011	100	101	110	111
0000	NUL（null）	DEL	SP（space）	0	@	P	'	p
0001	SOH（start of headline）	DC1	!	1	A	Q	a	q
0010	STX（start of text）	DC2	"	2	B	R	b	r
0011	ETX（end of text）	DC3	#	3	C	S	c	s
0100	EOT （end of transmission）	DC4	$	4	D	T	d	t
0101	ENQ（enquiry）	NAK	%	5	E	U	e	u
0110	ACK（acknowledge）	SYN	&	6	F	V	f	v
0111	BEL（bell）	ETB	’	7	G	W	g	w
1000	BS（backspace）	CAN	(	8	H	X	h	x
1001	HT（horizontal tab）	EM	)	9	I	Y	i	y
1010	LF（NL line feed,new line）	SUB	*	:	J	Z	j	z
1011	VT（vertical tab）	ESC（escape）	+	;	K	[	k	{
1100	FF（NP from fecd, new page）	FS	,	<	L	\	l	|
1101	CR（回车键）	GS	-	=	M	]	m	}
1110	SO	RS	.	>	N	^	n	~
1111	SI	US	/	?	O	_	o	DEL（delete）

2．VB.NET 中大小比较规则

（1）数字 0～9 比字母要小，如"7"<"F"。

（2）数字 0 比数字 9 要小，并按 0 到 9 顺序递增，如"3"<"8"。

（3）字母 A 比字母 Z 要小，并按 A 到 Z 顺序递增，如"A"<"Z"。

（4）同一个字母的大写字母比小写字母要小，如"A"<"a"。

下面几个常见字母的 ASCII 码有时非常有用，如“LF（换行）”为 0x0A；“CR（回车键）”为 0x0D；空格为 0x20；"0"为 0x30；"A"为 0x41；"a"为 0x61。

参考文献

[1] 王建勇，别丽华，吴鹏飞．Visual Basic.NET 程序设计实践教程[M]．北京：科学出版社，2011．

[2] 纪多辙，刘万军，李白萍．Visual Basic.NET 程序设计实践教程[M]．北京：清华大学出版社，2006．

[3] 高等学校教育改革推荐教材编委会．Visual Basic.NET 程序设计实践教程[M]．北京：清华大学出版社，2005．

[4] 余青松，江红．VB.NET 程序设计实验指导与习题测试[M]．北京：清华大学出版社，2011．

[5] 李春葆，赵丙秀，张牧．数据库系统开发教程：基于 SQL Server 2005+VB 学习与上机实验指导[M]．北京：清华大学出版社，2008．

[6] DALE N，MCMILLAN M．Visual Basic.NET 上机实践指导教程[M]．史宗海，译．北京：电子工业出版社，2003．

[7] 龚沛曾，杨志强，陆慰民．Visual Basic.NET 实验指导与测试[M]．2 版．北京：高等教育出版社，2011．

[8] 刘瑞新，程云志．Visual Basic.NET 程序设计教程上机指导及习题解答[M]．2 版．北京：机械工业出版社，2013．

[9] 郝莉，杨丹婕，王燕，等．《Visual Basic.NET 程序设计》实验指导与习题[M]．西安：西安电子科技大学出版社，2015．

[10] 邱炳城．Visual Basic.NET 程序设计实验实训指导[M]．北京：人民邮电出版社，2008．

[11] 李印清．Visual Basic.NET 实验指导与编程实例[M]．北京：清华大学出版社，2006．

[12] 薛梅，巩艳学，李洪国，等．Visual Basic.NET 程序设计基础实验教程[M]．北京：高等教育出版社，2013．

[13] 王秀红，刘造新，吴建明，等．Visual Basic.NET 程序设计教程与实训[M]．北京：北京大学出版社，2016．

[14] 巴利纳．Visual Basic 2005 技术内幕[M]．贾洪峰，译．北京：清华大学出版社，2006．

[15] 潘志红，高群，王立丰．Visual Basic.NET 课程设计指导[M]．北京：北京大学出版社，2008．

[16] 杨宏宇，彭丽．Visual Basic 程序设计实务[M]．北京：中央电视大学出版社，2012．

[17] 张洪星，宋海军．Visual Basic.NET 程序设计实训教程[M]．重庆：重庆大学出版社，2006．

[18] 叶苗群，江宝钏，蒋志迪，等．Visual Basic.NET 实践教程[M]．北京：清华大学出版社，2013．

[19] 何振林，罗奕，张勇，等．Visual Basic 程序设计上机实践教程[M]．2 版．北京：中国水利水电出版社，2014．